中文版Photoshop CC 2018 实用教程（微课视频版）

315集同步视频+手机扫码看视频+211个实例操作

陈　健　高天宇　编著

中国水利水电出版社
www.waterpub.com.cn
·北京·

内 容 简 介

《中文版Photoshop CC 2018实用教程（微课视频版）》是一本Photoshop基础应用视频教程，也是一本完全自学手册。本书从实际应用的角度出发，全面讲述了Photoshop CC 2018各项功能和使用方法。

《中文版Photoshop CC 2018实用教程（微课视频版）》共15章，主要介绍了Photoshop CC 2018的基础知识与基本操作，选区的创建与编辑，图像文件的基本操作，图像的修饰与美化，图像的虚实与背景处理，图像层次与色调调整，图像特殊颜色处理，颜色应用与图形绘制，图层的创建与编辑，路径、图形与文本的应用，通道与蒙版的应用，3D、动作与自动处理，滤镜的应用。具体讲解过程中配以实例操作和视频讲解，可以让读者快速掌握Photoshop CC的各项操作技能与综合应用水平。

《中文版Photoshop CC 2018实用教程（微课视频版）》语言通俗易懂，内容讲解到位，书中实例范围广泛，具有很强的实用性、操作性和代表性，不仅可以作为高等学校、高职高专院校的教材，还可以作为各类培训机构的Photoshop培训教材。各类从事平面设计、淘宝美工、数码照片处理、网页设计、UI设计、手绘插图、服装设计、室内设计、建筑设计、园林景观设计、创意设计等相关工作人员可以选择本书参考学习。

图书在版编目（CIP）数据

中文版 Photoshop CC 2018 实用教程 : 微课视频版 /
陈健 , 高天宇编著 . — 北京 : 中国水利水电出版社 , 2019.10
ISBN 978-7-5170-7912-5

Ⅰ . ①中… Ⅱ . ①陈… ②高… Ⅲ . ①图像处理软件—教材
Ⅳ . ① TP391.413

中国版本图书馆 CIP 数据核字 (2019) 第 180149 号

书　　名	中文版Photoshop CC 2018实用教程（微课视频版） ZHONGWENBAN Photoshop CC 2018 SHIYONG JIAOCHENG
作　　者	陈健　高天宇　编著
出版发行	中国水利水电出版社 （北京市海淀区玉渊潭南路1号D座 100038） 网址：www.waterpub.com.cn E-mail：zhiboshangshu@163.com 电话：（010）62572966-2205/2266/2201（营销中心）
经　　售	北京科水图书销售中心（零售） 电话：（010）88383994、63202643、68545874 全国各地新华书店和相关出版物销售网点
排　　版	北京智博尚书文化传媒有限公司
印　　刷	北京天颖印刷有限公司
规　　格	185mm×235mm　16开本　18.75印张　572千字　2插页
版　　次	2019年10月第1版　2019年10月第1次印刷
印　　数	0001—5000册
定　　价	79.80元

职场实战——人物照片美颜

综合练习——重现风景照亮丽色彩

职场实战——制作"冰"特效字

实例——调整图像颜色

综合练习——萌宠小花猫

电影海报设计——我的朋友是只猫

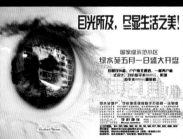

职场实战——房地产广告设计

综合练习——杨帆起航

综合练习——冰绿茶饮料广告设计

职场实战——数码照片合成

综合练习——修饰与美化女孩照片

职场实战——冰激凌平面广告设计

职场实战——旧照片翻新

实例——快速选取图像背景

实例——修补残损草地

实例——打开最近使用过的图像文件

职场实战——"5.1"促销海报设计

职场实战——公益广告设计

实例——修复图像背景

职场实战——数码照片处理

职场实战——环保公益广告设计

前 言

Preface

Photoshop，简称PS，是目前应用最广泛的图像处理软件，其强大的图像处理功能一直以来深受广大设计人员的喜爱。为使广大读者能快速掌握Photoshop CC 2018（简称PS CC 2018）软件的操作技能，并将其应用到实际工作中，作者编写了本书。

本书内容涵盖了PS CC 2018在图像处理方面的各项常用操作技能，实用性强。在章节内容安排上，充分考虑到初学者的学习特点和接受能力，采用从易到难、循序渐进、知识点讲解的同时穿插大量精彩实例操作的方式进行编写，深入浅出地教会读者如何使用PS CC 2018软件进行实际工作，全书从始至终都渗透着"案例导学"的思想模式。具体结构如下：

本章导读：概述本章的相关内容。

主要内容：列举本章节的主要知识点。

实例动手学：以操作步骤和图示相结合的方式讲解实例操作过程。

知识拓展：对相关知识点进行拓展讲解，扩大读者的知识面。

练一练：设计相关实例，让读者自己练习，对知识点进行巩固。

小贴士：对容易出错的地方进行提示，避免出错。

疑难解答：对学习中出现的疑难问题进行详细解答。

综合练习：通过具体案例对本章所学知识进行综合练习。

职场实战：将知识点融入实际工作案例中，通过实例讲解，使读者能学以致用。

本书特色

配套视频讲解，手把手教你学习

为了方便读者学习，本书录制了315集同步高清视频，涵盖全书所有重要知识点和几乎所有实例操作，边看视频边操作，学习更高效。

二维码扫一扫，随时随地看视频

全书设置了大量的二维码，读者可以手机扫码，随时随地看视频，让学习成为一种习惯（若个别手机不能播放，可下载到电脑中观看）。

实例案例丰富，操作性较强

本书共设置了211个中小型实例案例，其中包括187个操作练习，12个综合操作实例及12个职场实战案例，涵盖面较广，操作性较强。

内容全面，符合学习规律

本书内容涵盖PS所有常用及重要知识点，可以满足日常工作的几乎所有设计需要，并设置了"动手学""练一练""知识拓展""疑难解答""小贴士"等各种特色段落，将各类经验技巧融入其中，可让学习少走弯路。

提供在线服务，可在线交流学习

提供公众号、QQ群、Email等多渠道沟通交流服务，让学习无后顾之忧。

前 言

随书资料内容（电子版，需下载）

配套视频：为了方便读者学习，本书录制了315集高清视频，可使读者高效学习。

素材源文件：本书各章所调用的素材文件及实例的最终效果文件，可方便读者对比学习。

PPT：为方便教师教学和学生自学，本书还制作了教学课件PPT。

另外，本书还附赠了工具速查表、常用快捷键，方便读者快速操作，以及色谱表，方便读者具体设计时配色参考。

资源下载方式

（1）读者可以在微信公众号中搜索"设计指北"，关注后发送"PS79125"到公众号后台，获取本书资源下载链接（注意，本书提供书链、百度网盘、360云盘三种下载方式，选择其中一种方式下载即可，不必重复下载。如果百度网盘和360云盘没有购买超级会员，建议使用书链下载）。

（2）将该链接复制到电脑浏览器的地址栏中（一定要复制到电脑浏览器地址栏，通过电脑下载，手机不能下载，也不能在线解压，没有解压密码），按Enter键。

- 如果选择书链下载，执行该操作后，将打开下载对话框，选择合适的位置下载即可（不同浏览器中界面和文字可能略有不同）。
- 如果用百度网盘下载，建议先选中资源前面的复选框，单击"保存到我的百度网盘"按钮，弹出百度网盘账号密码登录对话框，登录后，将资源保存到自己账号的合适位置。然后启动百度网盘客户端，选择存储在自己账号下的资源，单击"下载"按钮即可开始下载（注意，不能网盘在线解压。另外，下载速度受网速和网盘规则所限，请耐心等待）。
- 如果用360云盘下载，进入网盘后不要直接下载整个文件夹，需打开文件夹，将其中的压缩包及文件一个一个单独下载（不要全选下载），否则容易下载出错！

（3）加入本书学习交流QQ群：902867903（若群满，会创建新群，请注意加群时的提示，并根据提示加入对应的群号），读者间可互相交流学习，作者也会不定时在线答疑解惑。

Photoshop CC软件获取方式

要按照书中实例操作，必须安装Photoshop CC 2018软件之后，才可以进行。您可以通过如下方式获取Photoshop CC简体中文版：

（1）登录Adobe官方网站http://www.adobe.com/cn/查询。

（2）可到网上咨询、搜索购买方式。

本书作者

本书由陈健、高天宇执笔完成，其中，第1章~第5章、第11章~第15章由陈健主笔，第6章~第10章由高天宇主笔。此外，参加本书编写和制作的还有史宇宏、陈玉蓉、张伟、姜华华、史嘉仪、石金兵、郝晓丽、翟成刚、陈玉芳、石旭云、陈福波、王虎国、李强等人，在此感谢所有关心和支持我们的同行们。由于作者水平所限，书中难免有不妥之处，恳请广大读者批评指正。

感谢您选择了本书，如对本书有何意见何建议，请您告诉我们，我们的联系方式是：E-mail：yuhong69310@163.com

编 者

目录

Contents

第 3 章　创建选区与选取图像 31

🎥 视频讲解：120 分钟

第 4 章　应用与编辑选区 49

🎥 视频讲解：90 分钟

中文版 Photoshop CC 2018实用教程
（微课视频版）

目　录

Chapter 1

第1章

初识 PS CC

本章导读

Photoshop CC，简称 PS CC，是由美国 Adobe 公司推出的一款应用于 Macintosh 和 Windows 平台上的功能强大的、应用范围广泛的专业图像处理及编辑软件，该软件提供了较完整的色彩调整、图像修饰、图像特效制作以及图像合成等功能，同时，该软件还支持几十种格式的图像，被广泛应用于计算机辅助设计的各个领域，本章首先认识 PS CC。

本章主要内容如下

- PS CC 的应用范围
- PS CC 的界面介绍
- PS CC 的新增功能

1.1 PS CC 的应用范围

随着 PS CC 版本的不断升级，其界面更人性化，功能更加强大，操作更加简单，应用范围更广泛，下面了解 PS CC 的具体应用范围。

1.1.1 平面广告设计

扫一扫，看视频

平面广告作为一种独立的艺术，与我们的生活息息相关。PS CC 作为一款优秀的计算机平面设计和图像处理软件，在广告设计中有着得天独厚的优势和作用，使用该软件，不仅可以完成广告设计中的文字处理、图像颜色校正、版面排版等工作，同时还能进行图像合成以及图像特效处理等使用其他手法无法实现的操作，为广告设计提供了极大的便利。图 1-1 和图 1-2 所示是使用 PS CC 软件设计制作的两款广告。

图 1-1　使用 PS CC 制作的公益广告

图 1-2　使用 PS CC 制作的招贴

1.1.2 网页设计

扫一扫，看视频

随着网络应用技术的不断发展，网络与我们的生活早已息息相关，在我们的生活中，无处不体现着网络带给我们的便利和精彩，而网页设计为网络传播起到了无可替代的作用。尽管网页设计主要依靠 Flash、Dreamweaver 等软件来制作，但在网络后台处理中，PS CC 软件以它广阔的兼容性和强大的图像处理功能，常常被用来处理网页设计中所需的各种素材图片、制作网页中的各种按钮、处理网页文字、制作文字特效等，最终展现给我们一幅内容丰富、色彩艳丽的漂亮画面。图 1-3 和图 1-4 所示是使用 PS CC 软件设计制作的某信息技术公司网页主页和某房地产开发公司网页主页效果。

图 1-3　使用 PS CC 制作的某信息技术公司网页主页

图 1-4　使用 PS CC 制作的某房地产开发公司网页主页

1.1.3　效果图后期处理

在 3ds Max 效果图制作中，许多场景效果的处理都需要 PS CC 软件来完成，以达到逼真的环境效果。图 1-5 所示是使用 3ds Max 软件制作的某别墅三维模型，图 1-6 所示是使用 PS CC 软件对该别墅三维模型进行后期处理后的效果。

扫一扫，看视频

图 1-5　使用 3ds Max 软件制作的某别墅三维模型

图 1-6　使用 PS CC 进行后期处理后的效果

1.1.4　数码照片处理

随着数码时代的到来，数码产品充斥着我们的生活，如我们可以使用 PS CC 软件对数码照片进行照片合成、残损照片修复等。图 1-7 和图 1-8 所示是使用 PS CC 将一幅数码照片处理前后的对比效果。

扫一扫，看视频

图 1-7　中年人物照片

图 1-8　使用 PS CC 处理后的照片

1.2　PS CC 的界面介绍

PS CC 是 Photoshop 家族的最新版本，该版本功能更加强大，界面更人性化。这一节首先认识 PS CC 的界面。

1.2.1　启动 PS CC 程序

当成功安装 PS CC 后，可以采用多种方式启动 PS CC 程序，下面学习相关方法。

扫一扫，看视频

动手学：启动 PS CC

- 程序菜单启动。单击 Windows 桌面左下角的 图标，在打开的程序菜单中选择【Adobe Photoshop CC 2018】命令。
- 快捷图标启动。安装 PS CC 后，在桌面上会有一个启动图标，双击 Windows 桌面上的 PS CC 快捷启动图标 Ps，即可启动该程序。
- 文件启动。PS CC 默认图像格式为 PSD 格式，双击 PSD 格式的图像文件，启动 PS CC 并打开该文件。

1.2.2　PS CC 初始界面基本操作

当启动 PS CC 程序之后，首先进入的是 PS CC 初始界面，如图 1-9 所示。

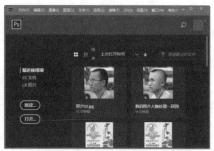

图 1-9　PS CC 初始界面

扫一扫，看视频

初始界面包括左、右两部分，左边部分有相关选项与按钮，用于选择不同的文件以及新建、打开图像文件，在左边选择不同的选项，右边则显示相关内容。下面学习初始界面的基本操作知识。

动手学：初始界面的基本操作

- 在左边选择"最近使用项"选项，在右边显示最近打开并使用过的图像文件，如图 1-9 所示。
- 在左边选择"CC 文件"选项，在右边同步到您的 Creative Cloud 文件，如图 1-10 所示。

图 1-10　同步到 Creative Cloud 文件

- 在左边选择"LR 照片"选项，在右边查看您的 Lightroom 照片，如图 1-11 所示。

图 1-11　查看或获取 Lightroom 照片

- 单击 新建... 按钮，打开【新建文档】对话框，选择文件类型，或设置文件参数。新建图像文件如图 1-12 所示。

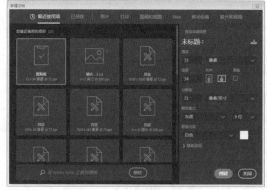

图 1-12　【新建文档】对话框

- 单击 打开... 按钮，打开【打开】对话框，选择要打开的图像文件，如图 1-13 所示。

图 1-13　【打开】对话框

- 在初始界面上单击右边的图像缩览图，打开该图像并进入 PS CC 的操作界面。
- 与其他版本的操作界面相同，PS CC 默认设置下的操作界面主要包括"菜单栏""工具选项栏""工具栏""浮动面板""图像编辑窗口"五大部分，如图 1-14 所示。

图 1-14　PS CC 的操作界面

1.2.3　菜单栏

菜单是 PS CC 软件的重要组成部分，也是用户编辑图像的重要依据，图像的大多数效果都要依靠菜单来实现，如打开文件、保存文件、编辑处理文件、编辑选区、图像特效合成以及图像特效处理等。

菜单的应用比较简单，下面学习相关方法。

动手学:应用菜单

- 将光标移动到菜单栏菜单名称上，单击打开菜单下拉列表，移动光标到要执行的菜单上，再次单击打开菜单。
- 在每一个菜单名称的后面，有一个带下划线的英文字母，该英文字母是菜单的快捷操作字母。按 Alt+ 菜单快捷键打开菜单下拉列表，然后按向下、向上、向右的方向键选择子菜单，按 Enter 键即可执行菜单。

扫一扫，看视频

🚀 小贴士

有些菜单的后面标有省略号，这说明执行该菜单将打开一个对话框，供用户进行选择性参数设置，例如执行【选择】/【色彩范围】命令，即可打开【色彩范围】对话框，如图 1-15 所示。

如果菜单后面标有黑色三角形，表示该菜单的后面还有子菜单，移动光标到黑色三角形中，稍停

片刻，即可显示子菜单，但有时有些菜单显示灰色，则表示不可以操作。影响菜单操作的因素有以下几种。

图 1-15　执行菜单打开【色彩范围】对话框

（1）色彩模式影响菜单的操作。一般情况下，PS CC 编辑的图像都是 RGB 色彩模式的图像，当图像色彩模式为 RGB 模式以外的其他模式时，大多数的【滤镜】菜单显示灰色，不可执行。

（2）文字层影响菜单的操作。在 PS CC 中，文字层是一种特殊层，文字层对文字有保护作用，因此，当操作层为文字层时，【编辑】菜单和【图像】菜单中的许多选项显示灰色，不可以操作。

（3）"剪切路径"效果影响菜单的操作。在 PS CC 中，剪切路径是包含路径的一种矢量图形，剪切路径同样对所创建的矢量图形起到一定的保护作用，因此，当操作层中包含剪切路径时，部分色彩调整类菜单显示灰色，不可以操作。

（4）图像透明区域影响菜单的操作。PS CC 编辑图像其实是在编辑像素，如果操作区域为透明效果，那么该区域就没有任何像素，因此，【填充】菜单之外，其他菜单都不可执行。

（5）图层"锁定"选项功能影响菜单的操作。在 PS CC 的【图层】面板中，有一组图层"锁定"选项功能，该组锁定功能可以将图层的透明区域、像素、位置等全部锁定。当层被锁定后，某些菜单不可以操作。

当出现上述这些情况时，用户只要转换图像的色彩模式或改变操作层的属性，就可以激活不可操作的菜单。

1.2.4　工具箱

　　PS CC 的工具包括选取图像工具、绘图工具、编辑工具以及文字工具，这些工具都放在 PS CC 的工具栏中。下面学习选择工具的相关操作方法。

动手学：选择工具

- 移动光标到工具按钮上单击，激活工具，如图 1-16 所示。

扫一扫，看视频

图 1-16　单击激活工具

🚀 小贴士

　　每一个工具，系统都为其设置了快捷键，将光标移动到工具按钮位置，稍等片刻，在光标下方即可显示工具名称、快捷键、作用以及动态演示效果，如图 1-17 所示。

图 1-17　光标下方显示相关内容

- 按键盘中的工具快捷键激活工具，如按 V 键激活"移动工具"，如图 1-18 所示。

🚀 小贴士

　　由于工具众多，系统默认下的工具栏只显示部

分工具，其他工具处于隐藏状态，此时将光标移动到工具按钮上，按住鼠标左键稍停留片刻，或直接右击，会弹出隐藏的工具，移动光标到相应的工具按钮上再次单击即可激活工具，如图 1-19 所示。

图 1-18　激活"移动工具"

图 1-19　在弹出的工具按钮上单击

- 所有工具按钮如图 1-20 所示。

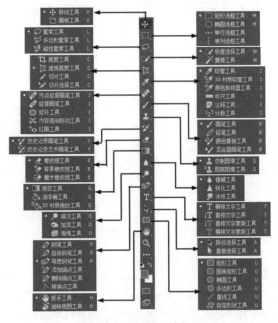

图 1-20　PS CC 工具按钮

🚀 小贴士

　　执行菜单栏中的【窗口】/【工具】命令，可

以隐藏或显示工具栏。另外，按住 Shift 键的同时，反复按工具的快捷键，可以在隐藏工具和显示工具之间切换。

1.2.5 工具选项栏

工具选项栏用于设置工具的属性，包括参数、选项等。默认设置下，选择一个工具后，会显示其选项栏，例如激活 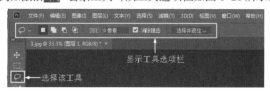 "套索工具"，该工具选项栏如图 1-21 所示。

图 1-21 工具选项栏

在选项栏设置不同的参数或选取某一选项，工具的操作效果不同，下面学习应用工具选项栏的相关方法。

动手学：应用工具选项栏

- 激活 "椭圆选框工具"，在其工具选项栏的"羽化"选项中设置"羽化"值为 0 像素，在图像中绘制圆形选区。
- 按 Alt+Delete 组合键为选区填充前景色，效果如图 1-22 所示。

扫一扫，看视频

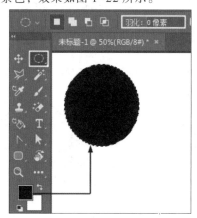

图 1-22 设置羽化效果

- 重新设置"羽化"值为 30 像素，并在图像中绘制另一个选区。
- 按 Alt+Delete 组合键为选区填充前景色，效果如图 1-23 所示。

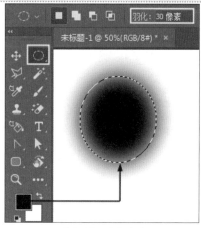

图 1-23 羽化效果

1.2.6 浮动面板

浮动面板是 PS CC 中所有工作面板的统称，这些浮动面板都置放在菜单栏中的【窗口】菜单下，执行菜单栏中的相关菜单命令即可打开所需面板，下面通过一个简单操作，学习浮动面板的基本操作技能。

动手学：打开浮动面板

- 打开浮动面板。例如要打开【动作】面板，则可以执行【窗口】/【动作】命令，如图 1-24 所示。

扫一扫，看视频

图 1-24 打开【动作】面板

称前会显示对钩，表示该面板处于打开状态，而面板名称前没有对钩的，表示该面板没有被打开，如图1-25所示。

图 1-25 【窗口】菜单的显示状态

- 激活浮动面板。系统默认下，浮动面板以面板组的形式放置在界面的右侧，但每个浮动面板在功能上都是独立的，单击面板标签，即可激活浮动面板，如图1-26所示。

图 1-26 激活浮动面板

- 拆分浮动面板。将光标移动到浮动面板的标签（面板名称）处，按住鼠标左键直接将其拖到界面的其他位置释放鼠标，可以将浮动面板从面板组中分开，如图1-27所示。

图 1-27 拆分浮动面板

🚀 小贴士

当浮动面板以面板组的形式出现时会占据很大的界面空间，这时可以使面板组以图标的形式排列，以节省界面空间。单击面板组右上方双向箭头，即可将面板组折叠为图标，并固定在界面右上方，如

图1-28所示。

图 1-28 折叠面板

当然，如果想展开面板组，再次单击面板组右上角的双向箭头，即可将其扩展为面板组，并固定在界面右上方。

1.2.7 图像编辑窗口

扫一扫，看视频

图像编辑窗口就是用户编辑图像的区域，该区域位于界面中间位置。当打开一个文件后，用户可以在编辑窗口对该图像进行编辑操作。另外，用户还可以在编辑窗口通过图像标题栏了解图像的许多有用信息，如图像的保存路径、图像名称、显示比例、图像色彩模式以及目前所操作的图层等，如图1-29所示。

图 1-29 标题栏显示图像信息

- 图像名称：显示图像的名称，如"风景""花卉"等。
- 图像存储格式：显示图像的存储格式，如 PSD、JPG、TIF 等。
- 显示比例：显示图像的屏幕显示比例，如 50%、90% 等。
- 色彩模式：显示图像的色彩模式，如 RGB 模式、CMYK 模式等。

1.3 PS CC 的新增功能

新版 PS CC 新增了许多非常实用的功能，下面对其进行逐一介绍。

1.3.1　新增工具提示功能

PS CC 新增的工具提示功能，可以使初级用户方便地了解工具的名称、作用以及使用方法，下面通过具体操作，学习了解工具的提示功能。

扫一扫，看视频

动手学：了解工具的提示功能

将光标移动到工具按钮上稍等片刻。此时光标下方会显示工具的演示动画，并在演示动画的下方显示工具的名称、快捷键与作用等文字说明，如图 1-30 所示。

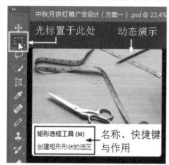

图 1-30　工具按钮显示工具的名称、快捷键与作用

1.3.2　新增【学习】面板提供手把手教学

PS CC 添加了【学习】面板，可以通过【窗口】菜单打开该面板，其内置了摄影、修饰、合并图像、图形设计 4 个主题的教程，每一个教程都有各种常见的应用场景，选择一个场景后会有文字提示引导用户如何实现该操作。下面以"摄影"主题栏为例，详细讲解【学习】面板的使用方法。

扫一扫，看视频

实例——使用【学习】面板

步骤 01 执行【窗口】/【学习】命令打开【学习】面板，显示摄影、修饰、合并图像、图形设计 4 个主题教程，如图 1-31 所示。

图 1-31　4 个主题教程

步骤 02 单击"摄影"选项右边的 按钮将其展开，出现摄影调色的相关内容，如图 1-32 所示。

图 1-32　摄影主题的相关内容

步骤 03 选择"调配颜色"选项，进入调配颜色的第 1 步，提示调整颜色的效果，同时会在图像编辑窗口出现演示画面对比图，如图 1-33 所示。

图 1-33　调配颜色的第 1 步

步骤 04 单击"下一步"按钮，进入调配颜色的第 2 步，显示所用命令以及命令的操作信息等相关演示与提示，如图 1-34 所示。

图 1-34　提示操作信息

步骤 05 根据提示执行相关命令，例如执行【图像】/【调整】/【亮度 / 对比度】命令，则出现相关操作提示与参数设置，如图 1-35 所示。

图 1-35　相关操作与参数设置

步骤 06 根据设置进行调整并确认，单击"下一步"按钮，继续出现相关操作提示，根据提示对图像进行调整，最后出现如图 1-36 所示的对话框，表示该图像效果调整完毕。

图 1-36　图像调整结果

步骤 07 如果还想学习下一个教程，可以单击"下一个教程"按钮，进入下一个教程的学习。

1.3.3　增强云获取的途径，访问所有云同步的 Lightroom 图片

扫一扫，看视频

　　启动 PS CC，在开始界面上单击"LR 照片"选项，即可获取 Lightroom 照片，如图 1-37 所示。

图 1-37　获取 Lightroom 照片

　　当然，这需要用户登录后才可查看或获得 Lightroom 照片，如图 1-38 所示。

图 1-38　登录界面

1.3.4　文件共享

我们知道，在前面的几个版本中，PS 已经支持通过软件把图片分享到 Behance 网站，而在 PS CC 中，对此项功能做了更强大的优化，添加了共享功能，集合了很多社交 APP，而且可以继续从商店下载更多可用应用。

扫一扫，看视频

该操作比较简单，执行【文件】/【在 Behance 上共享】命令，即可进入共享界面，如图 1-39 所示。

图 1-39　共享界面

1.3.5　新增"描边智能平滑"功能与多种模式使编辑图像效果更好

PS 的位图文件特性，决定了其在对图像、文字等描边，以及使用画笔、铅笔、混合器画笔和橡皮擦工具处理图像时总是

扫一扫，看视频

会有锯齿，这是最令用户诟病的。

新版 PS CC 终于处理了该缺陷，现在用户在使用这些工具时，只需要在"工具选项栏"设置平滑值，当"平滑值"为 0% 时，相当于早期版本中的绘画效果，会有锯齿出现，当"平滑值"为 100% 时，即可获得较为平滑的绘画和描边效果，如图 1-40 所示。

图 1-40　平滑效果比较

另外，新增的"拉绳模式""描边补齐""补齐描边末端""缩放调整"4 种绘画模式使绘画更多样化。在画笔工具选项栏中单击 "齿轮"按钮展开模式栏，即可选择不同的绘画模式，如图 1-41 所示。

图 1-41　选择绘画模式

- 拉绳模式：仅在绳线拉紧时绘画，在平滑半径之内移动光标不会留下任何标记。
- 描边补齐：暂停描边时，允许绘画继续使用光标补齐描边，禁用此模式可以在光标移动停止时马上停止绘画应用程序。
- 补齐描边末端：完成从上一个绘画位置到用户松开鼠标所在位置的绘画。
- 缩放调整：通过调整平滑，防止抖动描边，在放大文档时减小平滑；在缩小文档时增加平滑。

1.3.6　新增【画笔】面板的画笔管理模式使画笔使用更方便

PS CC 画笔工具的管理非常方便，新增的【画笔】面板，将画笔的管理模式改为类似于文件夹模式，使画笔的管理与应用更为直观。下面通过一个简单操作，学习【画笔】面板的使用方法。

扫一扫，看视频

实例——使用【画笔】面板

步骤 01 执行【窗口】/【画笔】命令，打开【画笔】面板，如图 1-42 所示。

图 1-42 【画笔】面板

步骤 02 根据具体需要，选择不同类型的画笔将其展开，选择合适的画笔，并进行简单设置。例如展开"常规画笔"，选择"硬边圆"画笔，如图 1-43 所示。

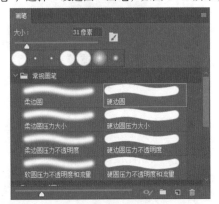

图 1-43 展开"常规画笔"选择画笔

步骤 03 新建画笔。单击【画笔】面板下方的 "创建新画笔"按钮，即可打开【新建画笔】对话框，如图 1-44 所示。

图 1-44 【新建画笔】对话框

步骤 04 为新画笔命名，然后单击"确定"按钮，新建一个画笔，如图 1-45 所示。

图 1-45 新建画笔

🚀 小贴士

用户也可以单击 "创建新组"按钮新建一个新组，然后在改组中创建新画笔。另外，也可以删除一个画笔或画笔组，只需寻找要删除的画笔或画笔组，单击 "删除"按钮即可。

1.3.7 新增"弯度钢笔工具"使绘制路径更简单

扫一扫，看视频

在以往 PS 版本中，要绘制路径是非常麻烦的。首先需要使用钢笔工具绘制路径雏形，然后使用路径调整工具慢慢调整，或者在绘制时使用快捷键在直线或曲线模式之间进行切换。

新版 PS CC 新增的弯度钢笔工具让用户以轻松的方式绘制平滑曲线和直线路径。下面通过一个简单操作，学习绘制平滑曲线的方法。

实例——绘制平滑曲线路径

步骤 01 在【工具栏】选择 "弯度钢笔工具"，分别单击确定 3 个或 3 个以上的锚点，即可绘制一个弯度路径，如图 1-46 所示。

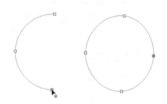

图 1-46 绘制弯度路径

步骤 02 移动光标到锚点上，按住鼠标左键拖曳鼠标，即可调整路径形态，如图 1-47 所示。

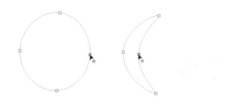

图 1-47　调整路径

1.3.8　新增"绘画对称"功能使图案内容更丰富

新版 PS CC 新增了"绘画对称"功能，使绘制对称图形变得更简单、方便。下面通过一个简单操作来学习绘制对称图形的方法。

扫一扫，看视频

实例——绘制对称图形

步骤 01 激活任意绘画工具，如激活 ✐"铅笔工具"，在此时画笔工具选项栏会出现一个 🦋"蝴蝶"图标。

步骤 02 单击 🦋"蝴蝶"图标展开下拉列表，选择各种对称形式，如图 1-48 所示。

图 1-48　选择对称形式

> 🚀 **小贴士**
>
> 默认状态下，"绘画对称"功能为关闭状态，要启用此功能，则需要执行【编辑】/【首选项】/【技术预览】命令，在打开的【首选项】对话框中勾选"启用绘画对称"选项，即可启用此功能，此时会在画笔工具选项栏出现 🦋"蝴蝶"图标。

步骤 03 选择"双轴对称"模式，然后选择合适的画笔，绘制双轴对称的图案，效果实时反映，从而更加轻松地绘制复杂图案，如图 1-49 所示。

图 1-49　绘制对称图形

1.3.9　新增的可变字体功能使文字输入更具多样性

扫一扫，看视频

我们知道，Windows 的计算机语言文字类型大概有早期的 A 为扩展名的 FON 字体（属于点阵字体），T 为扩展名的 TTF 和 TTC 的字体，O（OpenType font）是指扩展名为 .otf 的字体文件或扩展名为 .ttf 的 OpenType 字体文件。T 和 O 的字体是矢量字体。

PS CC 新增的可变字体主要是针对以 O 为扩展名的 PS（postscript）字体，即 OT-ps 字体，OT-ps 字体有 OT-ps-TTC，OT-ps-TTF，OT-ps-OTF。OT-ps-OTF 下的类型扩展变化有 SVG 和 VAR。VAR 即是可变量的矢量文字，既可局部变量，也可全局变量及其他变量。目前还没有中文的 VAR 类型的字体开发，因此，可变字体主要还是针对英文字体。

所谓"可变字体"，简单来说就是通过滑竿自定义字体的属性，调整字体直线宽度、宽度、倾斜度、视觉大小等自定义属性。用户可以使用【属性】面板中便捷的滑块控件调整其直线宽度、宽度和倾斜度。在调整这些滑块时，PS 会自动选择与当前设置最接近的文字样式。例如，在增加常规文字样式的倾斜度时，PS 会自动将其更改为一种斜体的变体。下面通过一个简单操作，学习可变字体功能的应用方法。

实例——创建可变字体

步骤 01 激活文字工具并输入一个文字，如输入"KB"。

步骤 02 回到工具选项栏的"字体"选择项，展开后找到"O"类型，右下角有"VAR"的字样，或者打开【字符】面板选择字体，如图 1-50 所示。

图 1-50 选择字样

步骤 03 打开【属性】面板，在下方调整文字的直线宽度、宽度、倾斜度等，如图 1-51 所示。

图 1-51 调整文字

读书笔记

虽然这种字体变形并不能完全满足我们的全部要求，但也是一项不错的功能。

1.3.10 全景图制作功能

扫一扫，看视频

其实 Adobe 早在 2017 年就在 Premiere 等视频软件中支持 360° 全景制作了，2018 年也将这个功能引入 PS CC 中。执行菜单栏中的【3D】/【球面全景】命令，就可以制作全景图。当然，目前的全景图制作还有待进一步更新，而 Adobe 也为此专门推出了一款新的软件 Adobe Dimension CC，可以支持把全景图放置在真实环境中创作，目前官网提供试用版。

除以上所介绍的这些新增功能外，PS CC 还有其他一些新功能，如智能缩放、对微软的 Dial 的功能支持等，这些新功能并不是太常用，在此不再一一介绍，感兴趣的读者可以自己尝试操作。

Chapter 2
第 2 章

PS CC 的基本操作

本章导读

　　PS CC 的基本操作包括新建、打开、存储与存储为、导出、缩放、查看与旋转视图等，本章就来学习相关内容。

本章主要内容如下

- 新建
- 打开
- 存储与存储为
- 导出
- 缩放、查看与旋转视图

2.1 新建

在 PS CC 中，可以新建空白文档与画板，新建时可以设置文档大小、颜色模式、分辨率等，也可以选择系统预设，新建标准文档与画板，例如照片、打印、图稿和插图、Web、移动设备等，这一节将学习相关知识。

2.1.1 新建文档

扫一扫，看视频

PS CC 允许用户新建自定义大小、背景内容和色彩模式的空白文档，也允许新建标准尺寸的空白文档，例如照片、打印、图稿和插图、Web、移动设备、胶片和视频等，新建这些空白文档的操作非常简单，下面通过一个实例操作来学习新建文档的方法。

1. 新建标准文档

可以新建标准文档，例如标准照片尺寸文档、标准打印尺寸文档、标准图稿和插图文档、标准Web文档、标准移动设置文档以及标准胶片和视频文档等。

实例——新建标准照片空白文档

步骤 01 如果是初次启动 PS CC，会进入 PS CC 的初始界面，如图 2-1 所示。

图 2-1　PS CC 初始界面

步骤 02 在初始界面上单击"新建"按钮，进入新建界面，如图 2-2 所示。

图 2-2　新建界面

小贴士

新建界面的上方提供了不同类型的文档可供选择，激活各选项，即可在下方显示相关类型的文档预览图供用户选择，选择一个预览图，确认即可创建该类型尺寸的文档。用户也可以进入"最近使用项"或"已保存"选项，选择用户最近常使用或已保存的文档，新建相同尺寸与设置的新文档。

步骤 03 单击"照片"选项，在下方显示不同尺寸照片的可选文档预览图，如图 2-3 所示。

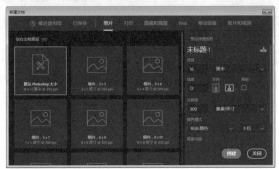

图 2-3　显示照片文档

步骤 04 选择"横向：2×3"文档预览图，单击右下方的"创建"按钮，即可创建一个该尺寸的新文档，并进入 PS CC 操作界面，如图 2-4 所示。

图 2-4　新建照片空白文档并进入操作界面

2. 新建自定义空白文档

任意尺寸的文档，就是根据具体需要，设置文档的尺寸、分辨率、色彩模式等，新建一个空白文档。例如新建一个名为"广告设计"、长为 15 厘米、宽为 10 厘米、分辨率为 300 像素、RGB 颜色模式、透明背景的空白文档，其操作如下。

实例——新建自定义空白文档

步骤 01 在【新建文档】对话框中选择任意文档预览图，在右侧为新文档命名，并设置宽度、高度、分辨率、颜色模式和背景内容，如图 2-5 所示。

图 2-5　设置新文档参数

步骤 02 单击右下方的"创建"按钮，即可创建新文档，并进入 PS CC 操作界面，如图 2-6 所示。

图 2-6　新建文档并进入操作界面

🚀 小贴士

如果已经进入 PS CC 操作界面，要想再次新建一个文件，则执行【文件】/【新建】命令，或者按 Ctrl +N 键，即可打开【新建文档】对话框，如图 2-2 所示。在【新建文档】对话框中，相关设置如下。

- "未标题"：用于输入新建文件的名称。
- "宽度"：设置文件的宽度，单位有"像素""厘米""英寸"等。
- "高度"：设置文件的高度，单位有"像素""厘

米""英寸"等。
- "分辨率"：设置文件的分辨率。
- "颜色模式"：设置文件的色彩模式。
- "背景内容"：设置文件背景颜色，单击右侧的色块为图像背景设置颜色。

✏️ 疑问解答

疑问 1：什么是图像像素与分辨率？

解答：要搞清楚图像像素和分辨率，首先必须清楚 PS 处理的图像类型。PS 所处理的图像属于位图，也叫点阵图。简单地说，位图就是由许多点所组成的图像，这些点就叫像素，将位图放大到一定倍数，就可以看到这些像素，如图 2-7 所示。

扫一扫，看视频

分辨率 (ppi) 是指每平方英寸内像素的数目，如果一个图像的分辨率为 72，就是指该图像每平方英寸内有 72 个像素。一般来说，图像的分辨率越高，图像越清晰，得到的印刷图像的质量就越好，反之图像就不清晰，其印刷效果也不好。两幅相同的图像，其分辨率分别为 72ppi 和 300ppi，将其放大 200% 后的效果比较如图 2-8 所示。

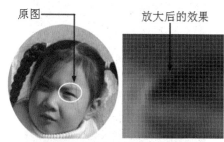

图 2-7　位图放大后的效果

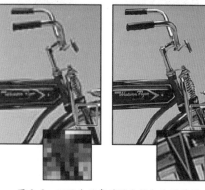

图 2-8　不同分辨率的图像放大后的效果

像素和分辨率的组合决定图像数据的数量。除非对图像进行重新取样，否则当更改像素或分辨率时，图像数据的数量将保持不变。如果更改图像的分辨率，则会相应地更改图像的宽度和高度以保持图像数据的数量不变，反之亦然。在 PS CC 中，可以在【图像大小】对话框中查看图像像素和分辨率之间的关系。

疑问 2：新建文件时设置多少分辨率比较合适？

解答：前面我们讲过，分辨率影响图像质量，因此，如果是平常的练习，可以新建分辨率为 72 的图像，这也是 PS 默认的分辨率，这种分辨率的图像占用空间较小，操作更流畅，但是，如果是进行大型的设计工作，例如出版印刷等，较大的分辨率更好，一般可以设置分辨率为 300，这种分辨率可以得到更清晰的图像效果，适合图像的输出打印。

疑问 3：什么是颜色模式？新建图像时常用的颜色模式是什么？

解答：颜色模式是图像所采用的颜色的类型。不同颜色模式的图像会有不同的颜色效果。PS 支持多种颜色模式的图像，在【新建】对话框的"颜色模式"列表中进行选择，如图 2-9 所示。

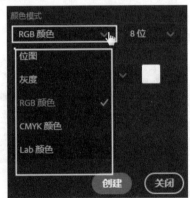

图 2-9　选择颜色模式

一般情况下，PS 常用的颜色模式是 RGB 颜色模式，这种颜色模式是由红、绿、蓝 3 种颜色作为原色，是一种加色模式，其他所有颜色都是有由这 3 种原色调配而成的。

2.1.2　新建画板

所谓画板其实就是文档中的作图区域，一个文档中可以有多个画板，用来做全套设计，例如设计一个包装盒，用不同的画板来设计该包装盒的正面、反面、

侧面等，这样就不必把不同的部分做成多个文件保存。下面学习新建画板的相关方法。

1. 新建标准照片尺寸的画板

画板可以是自定义大小，也可以是标准尺寸。下面新建一个标准照片尺寸的画板。

实例——新建标准照片尺寸的画板

步骤 01 在【新建文档】对话框左侧上方单击"照片"选项，在下方显示不同尺寸照片的可选文档预览图，如图 2-3 所示。

步骤 02 选择下方"横向：4×6"的照片预览图，然后在右侧勾选"画板"选项，如图 2-10 所示。

图 2-10　新建画板

步骤 03 单击右下方的"创建"按钮，即可创建名为"画板 1"的标准照片尺寸的画板，如图 2-11 所示。

图 2-11　新建"画板 1"

2. 新建多个画板

可以在一个文档中新建多个画板。下面在"画板 1"的四周新建其他画板。

实例——新建多个画板

步骤 01 激活工具箱中的 🔲 "画板工具"，此时在画板四周出现 ⊕ 图标，如图 2-12 所示。

> 🚀 **小贴士**
>
> 激活工具箱中的 🔲 "画板工具"后，如果"画板 1"四周没有出现 ⊕ 图标，表示该画板没有被激活，此时按 F7 键打开【图层】面板，单击"画板 1"即可将其激活，如图 2-13 所示。

图 2-12　画板周围出现图标

图 2-13　激活"画板 1"

步骤 02 单击"画板 1"右侧的 ⊕ 图标，此时在其右侧新建了名为"画板 2"的新画板，如图 2-14 所示。

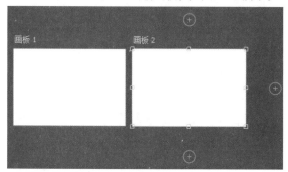
图 2-14　新建"画板 2"

步骤 03 继续单击其他位置的 ⊕ 图标，新建其他画板。

3. 应用画板作图

不能直接在画板上作图，而是需要为画板新建图层，在图层上作图。

实例——应用画板作图

步骤 01 按 F7 键打开【图层】面板，发现在"画板 1"下面的系统自动为该画板新建了图层 1，如图 2-15 所示。

图 2-15　"画板 1"下方新建图层 1

步骤 02 激活图层 1，使用任意绘画工具在图层 1 上绘图，如图 2-16 所示。

图 2-16　在图层 1 上作图

步骤 03 激活"画板 2"，单击【图层】面板下方的 🔲 "创建新图层"按钮，为"画板 2"新建"图层 2"。

步骤 04 激活"图层 2"，继续在图层 2 上作图，如图 2-17 所示。

图 2-17　在图层 2 上作图

> 🚀 **小贴士**
>
> 每一个画板上可以新建多个图层。另外，当不需要某一个画板时，可以激活该画板，然后单击【图层】面板下方的 🗑 "删除"按钮将其删除，如果画板中有图层，则会弹出询问对话框，询问是否删除画板或相关内容，如图 2-18 所示。

图 2-18　弹出询问对话框

单击"画板和内容"按钮，将画板及其图层同时删除；单击"仅限画板"按钮，只删除画板，保留画板下的内容；单击"取消"按钮，取消该操作，如图 2-19 所示。

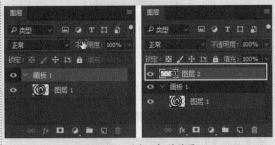

图 2-19 删除画板的效果

4.调整画板大小

不管新建的画板是自定义尺寸还是标准尺寸，用户都可以随时改变画板的尺寸，以满足作图需要。下面调整"画板 2"的尺寸。

实例——调整"画板 2"的尺寸

步骤 01 激活 "画板工具"，在【图层】面板激活"画板 2"。

步骤 02 在 "画板工具"选项栏的"自定"列表中重新选择一个标准尺寸，或输入宽度和高度尺寸，以调整画板的尺寸，如图 2-20 所示。

图 2-20 调整画板尺寸

步骤 03 例如选择"iPhone 6 Plus"作为新尺寸，此时"画板 2"的尺寸如图 2-21 所示。

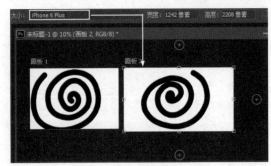

图 2-21 调整"画板 2"的尺寸

小贴士

在 "画板工具"选项栏单击 "制作横版"按钮或 "制作纵版"按钮，可以设置画板的纵横效果，"画板 2"的纵版效果，如图 2-22 所示。另外，打开【属性】面板，不仅可以调整画板的尺寸，同时还可以调整画板的背景颜色以及画板的位置等，如图 2-23 所示。

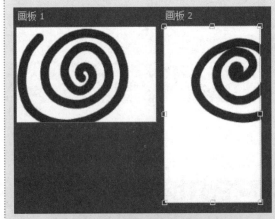

图 2-22 "画板 2"的纵版效果

图 2-23 【属性】面板

2.2 打开

用户可以打开最近使用过或原来保存的图像文件。也可以将这些图像打开为智能对象。这一节学习打开图像文件的相关知识。

2.2.1 打开最近使用过的图像文件

最近使用过是指最近打开或编辑过的图像文件，当需要打开最近使用过的图像文件时，往往不太容易找到，此时可以借助 PS CC 的新功能，轻松找到并打开这些文件。下面通过一个简单实例，学习打开最近使用过的图像文件的方法。

扫一扫，看视频

实例——打开最近使用过的图像文件

步骤 01 启动 PS CC 进入初始界面，激活"最近使用项"选项，即可在初始界面上显示最近打开过的图像预览图，如图 2-24 所示。

图 2-24　显示最近打开的文件

🚀 **小贴士**

系统默认设置下，最近打开过的文件为 20 个，用户可以执行【编辑】/【首选项】命令，在打开的【首选项】对话框中选择"文件处理"选项，然后在"近期文件包含"选项中设置最近打开的文件数，如图 2-25 所示。

另外，在该界面上，还可以对打开过的图像按照打开时间、文件大小以及类型等进行排序，也可以设置文件的预览方式为"视图预览"或"列表预览"，如图 2-26 所示。

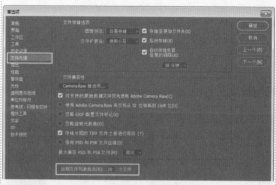

图 2-25　设置最近打开文件数目

图 2-26　设置文件预览方式

步骤 02 单击要打开的最近使用过的图像预览图，即可将其打开，如图 2-27 所示。

图 2-27　打开文件

在初始界面上，执行【文件】/【最近打开文件】命令，在其子菜单下，显示最近打开过的 20 个文件（具体文件数取决于【首选项】中设置的文件数），选择任意一个文件，即可将其打开，如图 2-28 所示。

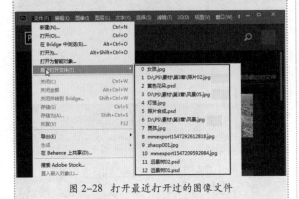

图 2-28　打开最近打开过的图像文件

2.2.2　打开保存的图像文件

扫一扫，看视频

　　保存的图像文件就是我们以前保存的图像文件，要打开这些图像文件其实很简单。下面通过简单操作，学习打开已保存的图像文件的方法。

实例——打开已保存的图像文件

步骤 01 在初始界面上单击"打开"按钮弹出【打开】对话框。

步骤 02 在左边列表中选择文件所在磁盘位置，例如 D 盘、E 盘等磁盘；在右侧列表中选择要打开的文件或文件夹，如图 2-29 所示。

图 2-29　选择文件路径

步骤 03 双击该文件或单击"打开"按钮，即可将该文件打开，如图 2-30 所示。

图 2-30　打开图像文件

　　在初始界面上，也可以执行【文件】/【打开】命令，或按 Ctrl+O 快捷键，打开【打开】对话框，选择要打开的图像文件将其打开。

2.2.3　将图像文件打开为智能对象

扫一扫，看视频

　　先来说说什么是"智能对象"。"智能对象"其实就是原始对象的隐射，可以保护原始内容和特效，让用户对对象进行非破坏性的编辑。

　　用户可以将保存的图像文件打开为智能对象，从而对其进行编辑。下面通过简单实例，学习将图像文件打开为智能对象的方法。

实例——将图像文件打开为智能对象

步骤 01 在初始界面上执行【文件】/【打开为智能对象】命令弹出【打开】对话框。

步骤 02 在左边列表中选择文件所在磁盘位置，例如 D 盘、E 盘等磁盘；在右侧列表中选择要打开的图像或图像所在的文件夹，如上图 2-29 所示。

步骤 03 双击该文件或单击"打开"按钮，即可将该文件打开。

步骤 04 按 F7 键打开【图层】面板，智能对象在图层中有特殊符号，如图 2-31 所示。

图 2-31　打开为智能对象

2.2.4　应用智能对象

智能对象对编辑图像有很大帮助。下面通过一个简单实例，学习智能对象的应用方法。

扫一扫，看视频

实例——应用智能对象

步骤 01 继续上一节的操作。按 Ctrl+J 快捷键将"女孩"的智能对象复制为"女孩 拷贝"层。

步骤 02 按 Ctrl+T 快捷键为"女孩 拷贝"层添加自由变换框，并对其进行变形，如图 2-32 所示。

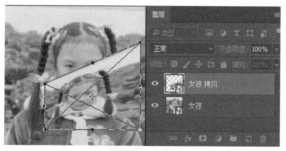

图 2-32　变形操作

步骤 03 按 Enter 键确认，然后双击"女孩"图层缩览图启用编辑，并在打开的编辑窗口中输入相关文字，如图 2-33 所示。

图 2-33　输入文字

步骤 04 关闭该窗口，在关闭时出现询问对话框，询问是否存储对图像的编辑效果，如图 2-34 所示。

图 2-34　询问对话框

步骤 05 单击"是"按钮，存储对图像的编辑效果。

步骤 06 回到原来的图像，会发现两个智能对象图层都已经写上新加的文字，其中变形图层中的文字还根据图层变形的状态适当进行了调整，如图 2-35 所示。

图 2-35　智能对象的应用效果

> 🚀 **小贴士**
>
> 智能对象对图像编辑的帮助非常大，有关智能对象的详细应用，将在后面章节进行详细讲解，在此不再赘述。

2.3　存储与存储为

可以对打开或编辑后的图像文件进行存储或另存，这是保存图像文件的方法，这一节继续学习相关知识。

2.3.1　存储

执行【存储】命令可以对打开或编辑后的图像文件进行保存，但使用【存储】命令保存图像文件时一定要慎重，执行该命令不会出现任何对话框，它会将编辑后的图像文件按照原名称直接保存在原根目录下，这会将原图像覆盖。下面通过一个简单的操作，学习使用【存储】命令保存图像的方法。

扫一扫，看视频

实例——使用【存储】命令保存图像文件

步骤 01 打开"素材"/"女孩.jpg"图像文件，对该图像进行编辑。

步骤 02 执行【文件】/【存储】命令，将编辑后的图像文件保存在原根目录下，原图像被覆盖。

> 🚀 **小贴士**
>
> 按 Ctrl+S 组合键，也可以直接将图像文件按照原名称以及路径进行保存。

2.3.2 存储为

扫一扫，看视频

与【存储】命令不同，【存储为】命令是一个较常用的保存图像文件的命令，该命令允许用户对图像文件进行重命名、重新选择存储路径、设置保存类型等进行保存，这样原图像不会被覆盖。下面通过一个简单实例，学习使用【存储为】命令保存图像文件的方法。

实例——使用【存储为】命令保存图像文件

步骤 01 打开"素材"/女孩.jpg"图像文件，对该图像进行编辑。

步骤 02 执行【文件】/【存储为】命令，打开【另存为】对话框，在该对话框中选择存储路径并重新命名、选择存储格式等，如图 2-36 所示。

图 2-36 设置存储路径

步骤 03 单击"保存"按钮，将编辑后的图像重新命名并保存，原图像保持不变。

> ✏️ **疑问解答**

扫一扫，看视频

疑问：什么是图像格式？PS 默认的图像格式是什么？

解答：图像格式是图像在存储时选择的一种压缩方式，选择不同的存储格式存储图像，会得到不同的图像效果。PS 支持多种格式的图像文件，但其默认图像存储格式为 PSD 格式，这种格式是一种无损压缩格式，以这种格式存储的图像，能最大限度地保留图像的细节，使图像更清晰，其缺点是占用空间较大。除默认的 PSD 格式，常见的格式还有 TIF、JPEG、PNG、BNP、GIF 等，在存储图像时，可以在"保存类型"列表中选择不同的格式存储图像。

2.4 导出

与【存储】、【存储为】命令不同，【导出】是指将 PS 中的图像文件导出为其他类型或格式的图像文件，例如导出为 PNG 或 JPEG 格式的图像等，导出时可以为导出的图像文件重命名，并设置新的导出路径。

在【文件】/【导出】子菜单下，选择相关命令，可以将图像文件导出，如图 2-37 所示。

图 2-37 【导出】子菜单

这一节继续学习导出图像文件的相关知识。

2.4.1　快速导出为 PNG 格式的图像

PNG 格式的图像是一种可以保存透明背景的图像文件，这种格式的文件不仅可以保留图像的细节，同时还可以在很多软件平台上使用。下面通过一个简单的实例，学习将图像快速导出为 PNG 格式的图像的方法。

扫一扫，看视频

实例——导出 PNG 格式的图像

步骤 01 打开"素材"/"女孩 .jpg"图像文件。

步骤 02 执行【文件】/【导出】/【快速导出为 PNG】命令，打开【导出为】对话框。

步骤 03 该对话框与【另存为】对话框比较相似，区别在于该对话框不用选择文件存储格式，只须为图像重命名，选择存储路径，然后单击"保存"按钮，即可将图像导出为 PNG 格式的图像。

> 🚀 **小贴士**
>
> 【快速导出为 PNG】是系统默认的导出格式，图像被导出为 PNG 格式后，图像背景层将会被转换为 0 图层。另外，用户可以执行【导出首选项】命令，在打开的【首选项】对话框的"导出"选项中设置快速导出的格式，如图 2-38 所示。
>
>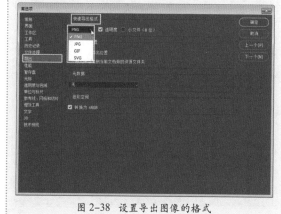
>
> 图 2-38　设置导出图像的格式

2.4.2　导出其他格式的图像

除将图像文件导出为 PNG 格式的图像，用户还可以将图像导出为其他格式的图像，以方便使用。下面通过一个简单的实例，学习将图像导出为其他格式的图像的方法。

扫一扫，看视频

实例——导出其他格式的图像

步骤 01 继续 2.4.1 小节的操作。执行【文件】/【导出】/【导出为】命令，打开【导出为】对话框，如图 2-39 所示。

图 2-39　【导出为】对话框

步骤 02 默认设置下，该对话框将图像导出为 PNG 格式的图像，用户可以在"格式"列表中选择导出格式，如图 2-40 所示。

图 2-40　设置导出格式

步骤 03 另外，还可以设置导出时的图像大小、画布大小、缩放比例等内容，然后单击"全部导出"按钮，在打开的【导出】对话框中设置导出路径，单击"保存"按钮，即可将图像导出，如图 2-41 所示。

图 2-41　设置导出路径

2.4.3　将图层导出为文档

扫一扫，看视频

不仅可以将图像导出为不同格式的图像文件，还可以将图像中的图层导出为文档。下面继续通过一个简单的实例，学习将图层导出为文档的方法。

实例——将图层导出为文档

步骤 01 打开"效果"/"第3章"目录下的"照片合成 .psd"图像文件，该图像有背景层和一个图层，如图 2-42 所示。

图 2-42　打开的图像文件

步骤 02 执行【文件】/【导出】/【将图层导出到文件】命令，打开【将图层导出到文件】对话框，如图 2-43 所示。

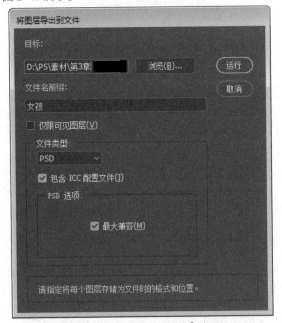

图 2-43　【将图层导出到文件】对话框

步骤 03 在该对话框中设置导出路径、类型、名称等，

然后确认，将图像的每一个层单独导出为一个图像，如图 2-44 所示。

图 2-44　将图层导出为文档

2.4.4　存储为 Web 所用格式

扫一扫，看视频

除可以导出不同格式的图像文件，还可以直接将图像存储为 Web 可用的图像。下面继续通过一个简单的实例操作，学习相关知识。

实例——将图像存储为 Web 所用格式

步骤 01 继续 2.4.3 小节的操作。执行【文件】/【导出】/【存储为 Web 所用格式】命令，打开其对话框，如图 2-45 所示。

图 2-45　【存储为 Web 所用格式】对话框

步骤 02 单击左上方的四个标签，可以设置图像显示"原稿""优化""双联""四联"，图 2-46 所示为"四联"显示。

步骤 03 四联显示时，除左上角的"原稿"，还可以分别激活其他 3 个图像，在右上角的"预设"选项组中可以设置不同的格式、颜色值等，设置颜色数目为

2 时的图像效果如图 2-47 所示。

图 2-46　四联显示

图 2-47　颜色数目为 2

步骤 04 在"颜色表"中可以设置增加或删除图像的颜色，选择删除颜色后的图像效果如图 2-48 所示。

图 2-48　删除颜色

步骤 05 一切设置完成后，单击"存储"按钮，在打开的【将优化结果存储为】对话框选择存储路径、重命名并设置格式、切片等，将图像保存，如图 2-49 所示。

图 2-49　存储图像

步骤 06 最后单击"完成"按钮完成操作。

2.4.5　路径到 Illustrator

可以将图像文件导出到 Illustrator，以方便在 Illustrator 中应用图像。下面通过一个简单的实例学习相关知识。

扫一扫，看视频

实例——将图像导出到 Illustrator

步骤 01 继续上一节的操作。执行【文件】/【导出】/【路径到 Illustrator】命令，打开【导出路径到文件】对话框，如图 2-50 所示。

图 2-50 【导出路径到文件】对话框

步骤 02 单击"确定"按钮打开【选择存储路径的文件名】对话框，选择存储路径并命名，如图 2-51 所示。

图 2-51　选择存储路径并命名

步骤 03 单击"保存"按钮进行保存。

除以上所介绍的几种导出方式，用户还可以将画板导出到文件或 PDF 文件等，这些操作比较简单，在此不再赘述。

2.5 缩放、查看与旋转视图

可以对视图进行缩放、旋转、平移等，以方便查看图像文件，这一节学习相关知识。

2.5.1 缩放

扫一扫，看视频

PS CC 提供了 🔍 "缩放工具"用于缩放视图，以便查看图像。下面通过一个简单的实例来学习缩放视图的方法。

实例——缩放视图

步骤 01 打开素材 /"女孩 .jpg"图像文件。

步骤 02 激活【工具箱】中的 🔍 "缩放工具"，在菜单栏下方显示选项栏，如图 2-52 所示。

图 2-52　缩放工具选项栏

步骤 03 激活 🔍 "放大"按钮，在图像上单击，每单

击一次，图像放大一倍；激活 🔍 "缩小"按钮，在图像上单击，每单击一次，图像缩小 1/2。

步骤 04 勾选"调整窗口大小以满屏显示"选项，在放大或缩小图像时都会满屏显示。

步骤 05 勾选"缩放所有窗口"选项，当打开多个图像时，这些图像会同时放大或缩小。

步骤 06 勾选"细微缩放"选项，向左移动鼠标缩小图像，向右移动鼠标放大图像。

步骤 07 单击"适合屏幕"按钮，将当前窗口缩放为屏幕大小；单击"填充屏幕"按钮，缩放当前窗口以适应屏幕。

🚀 **小贴士**

按 Ctrl+ 加号快捷键放大图像，按 Ctrl+ 减号快捷键缩小图像；在图像窗口左下角的百分比输入框中输入百分比，即可放大或缩小图像，如图 2-53 所示。在图像上右击，在弹出的下拉式菜单中选择相应的缩放命令，即可对视图进行缩放操作，如图 2-54 所示。

图 2-53　设置百分比

图 2-54　右键菜单

2.5.2　平移与查看

当视图被放大后，用户可以激活工具箱中的 "抓手工具"来平移、查看视图，该操作比较简单，在此不再详细讲述。

另外，用户还可以使用【导航器】面板放大、缩小与平移视图，以查看图像。下面通过一个简单的实例，学习使用【导航器】面板平移与查看视图的方法。

扫一扫，看视频

实例——使用【导航器】面板平移与查看视图

步骤 01 执行【窗口】/【导航器】命令，打开【导航器】面板。

步骤 02 单击【导航器】面板中的 按钮放大视图；单击【导航器】面板中的 按钮缩小视图，或滑动【导航器】面板中的 按钮缩放视图，如图 2-55 所示。

步骤 03 将光标移动到【导航器】面板中的"查看框"中，光标显示小推手图标，按住鼠标左键推动"查看

框"查看图像，如图 2-56 所示。

图 2-55　使用【导航器】查看视图

图 2-56　查看图像

✍ 小贴士

以上缩放视图的操作，只是改变了视图的大小，而并非改变了图像本身的大小。

2.5.3　旋转

可以对视图进行旋转，旋转时，既可以输入旋转角度，也可以手动旋转。下面通过一个简单的实例，学习旋转视图的方法。

扫一扫，看视频

1. 设置角度旋转视图

可以设置角度对视图进行精确旋转。

实例——设置角度旋转视图

步骤 01 打开"素材"/"淘气的小猫咪.jpg"图像文件。

步骤 02 激活工具箱中的 "旋转视图工具"，在其选项栏的"旋转角度"输入框中输入 30°，此时视图旋转了 30°，如图 2-57 所示。

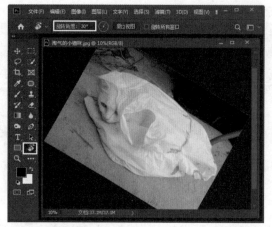

图 2-57　设置角度旋转视图

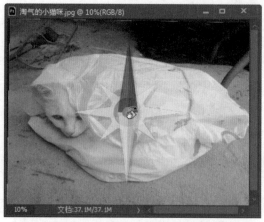

图 2-58　图像上出现指南针图标

2. 手动旋转视图

首先旋转时，图像上出现指南针，通过指南针确定旋转角度以旋转视图。下面通过一个简单的实例，学习手动旋转视图的方法。

实例——手动旋转视图

步骤 01 继续 2.5.2 小节的操作。激活工具箱中的  "旋转视图工具"，在图像上按住鼠标左键，此时图像上出现指南针图标，如图 2-58 所示。

步骤 02 按住鼠标左键拖曳以旋转视图，如图 2-59 所示。

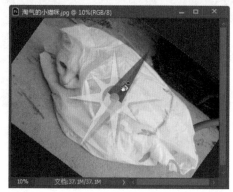

图 2-59　手动旋转视图

🚀 小贴士

当视图被旋转后，单击"复位视图"按钮，可以恢复视图。另外，勾选"旋转所有窗口"选项，则可以对打开的所有图像进行旋转。

📖 读书笔记

Chapter 3

第 3 章

创建选区与选取图像

本章导读

　　在 PS CC 中，图像的一切操作都是从选择开始的，PS CC 提供了多种创建选区与选取图像的相关工具与命令，这一章首先学习 PS CC 创建选区与选取图像的相关知识。

本章主要内容如下

- 创建规则选区
- 创建不规则选区
- 快速选取图像
- 选取图像的其他方法
- 综合练习——将红色花朵调整为黄色花朵
- 职场实战——数码照片合成

3.1 创建规则选区

面罩工具包括 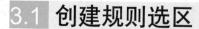 "矩形选框工具"、 "椭圆选框工具"、 "单行选框工具"和 "单列选框工具"，用于创建规则的选区，如矩形选区、椭圆形选区等。这一节学习使用面罩工具创建规则选区的相关知识。

3.1.1 创建矩形选区

可以使用 "矩形选框工具"创建矩形选区。下面通过一个简单的实例，学习相关知识。

扫一扫，看视频

实例——创建矩形选区

步骤 01 新建图像文件。

步骤 02 激活 "矩形选框工具"，在图像中拖曳鼠标，创建一个矩形选区，如图 3-1 所示。

图 3-1 创建矩形选区

可以在选项栏设置相关选项与参数，以创建更复杂的矩形选区，其选项栏如图 3-2 所示。

图 3-2 "矩形选框工具"选项栏

- "新选区"：系统默认的创建方法，创建一个新的矩形选区，如图 3-1 所示。
- "添加到选区"：在原有的选区上再次创建一个矩形选区，如图 3-3 所示。

图 3-3 添加到选区

- "从选区中减去"：从原有的选区中减去选区，

形成新的选区，如图 3-4 所示。

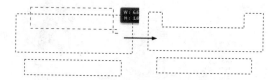

图 3-4 从选区中减去

- "与选区交叉"：与原有的选区相交，保留相交的公共部分，形成新的选区，如图 3-5 所示。

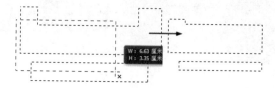

图 3-5 与选区交叉

小贴士

按住 Shift 键，可将创建添加到已有选区的选区，即"添加到选区"；按住 Shift+Alt 组合键，即可创建与已有选区相交的交叉选区，即"与选区交叉"；按住 Alt 键，即可创建与已有选区相减的选区，即"从选区中减去"。

- "羽化"：使选区边缘产生虚化效果，值越大，羽化效果越明显，如图 3-6 所示。

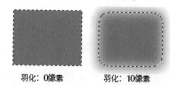

羽化：0像素　　　　羽化：10像素

图 3-6 选区羽化效果比较

- 样式：设置选取范围的样式，有"正常""固定比例"与"固定大小"，用于创建固定比例、大小与任意大小的选取范围，如图 3-7 所示。

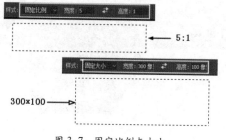

图 3-7 固定比例与大小

小贴士

在创建固定大小的矩形选区时，当设置的"宽度"与"高度"值超出了图像大小时，系统只能以图像本身的宽度与高度确定选区的大小。

练一练

使用 "矩形选框工具"，创建如图 3-8 所示的选区。

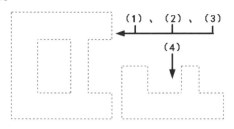

图 3-8　创建选区

操作提示

（1）创建矩形选区。

（2）激活 "从选区中减去" 按钮，在矩形选区上继续创建选区。

（3）激活 "添加到选区" 按钮，继续在选区上创建新选区。

（4）激活 "与选区交叉" 按钮，继续在选区上创建新选区。

3.1.2　创建椭圆形选区

使用 "椭圆选框工具" 可以创建圆形或椭圆形选区，将光标移动到 "矩形选框工具" 按钮上，按住鼠标左键稍等片刻，即可弹出该工具，其选项栏如图 3-9 所示。

扫一扫，看视频

图 3-9　"椭圆选框工具"及其选项栏

"椭圆选框工具"的操作方法、工具选项栏的相关设置等，与 "矩形选框工具"完全相同，除可以进行选区的相加、相减、交叉的操作外，还可以在"样式"列表中设置样式，创建固定大小的正圆或椭圆选区，这些操作在此不再赘述。

与 "矩形选框工具"稍有不同的是，在 "椭

圆选框工具"的选项栏中增加了一个"消除锯齿"选项，勾选该选项可以使创建的圆形选区边缘更光滑，避免出现锯齿效果。如图 3-10 所示，左图为消除锯齿，其选区边缘比较光滑，右图为没有消除锯齿，其边缘出现锯齿效果。

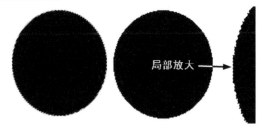

图 3-10　"消除锯齿"效果比较

因此，在使用 "椭圆选框工具"选取图像时，切记勾选"消除锯齿"选项。

小贴士

面罩工具除 "矩形选框工具"与 "椭圆选框工具"外，还有 "单行选框工具"与 "单列选框工具"，这两个工具的操作比较简单，激活这两个工具后，在图像上单击，即可创建高度为 1 个像素、宽度为图像宽度的单行选区与宽度为 1 个像素、高度为图像高度的单列选区，这两个工具不常用，且操作简单，在此不作详细讲解。

3.2　创建不规则选区

套索工具主要用于创建不规则的选区，以选取人物、花草等形状不规则的图像范围，其工具包括 "套索工具"、 "多边形套索工具"和 "磁性套索工具"，这一节学习创建不规则选区的相关知识。

3.2.1　创建任意选区

"套索工具"是一个非常自由的选区工具，适合创建任意形状的选区。下面通过一个具体实例，学习相关知识。

扫一扫，看视频

实例——创建任意形状的选区

步骤 01　单击【工具箱】中的 "套索工具"。

步骤 02　按住鼠标左键在图像中随意拖曳，创建任意选区。

步骤 03 释放鼠标完成选区的创建，如图 3-11 所示。

图 3-11 使用套索工具创建选区

系统默认下，只显示一个套索工具，将光标移动到【工具箱】中的 ◯ "套索工具"、▷ "多边形套索工具" 或 ▷ "磁性套索工具" 任意工具按钮上，按住鼠标稍等片刻，即可弹出其他套索工具，如图 3-12 所示。

图 3-12 套索工具

由于该工具的随意性，该工具不适合用于选取图像，而适合创建随意的选区，其选项栏设置也比较简单，所有设置均与 ◯ "椭圆选框工具" 完全相同，在此不再赘述。

3.2.2 创建多边形选区

▷ "多边形套索工具" 是一个功能强大、应用较频繁的选取工具，常用来创建多边形选区，以选取人物、花卉等不规则的图像范围，其选项栏设置与 ◯ "套索工具" 选项栏设置完全相同，但其操作方法却较复杂。下面通过一个简单的实例，学习使用该工具的使用方法。

扫一扫，看视频

实例——创建多边形选区

步骤 01 激活【工具箱】中的 ▷ "多边形套索工具"，在图像上单击拾取第 1 个点。

步骤 02 移动光标到其他合适位置再次单击拾取第 2 个点。

步骤 03 依次移动光标到合适位置单击拾取其他选择点。

步骤 04 将光标移动到起点位置，光标下方出现小圆

环，单击完成选区的创建，如图 3-13 所示。

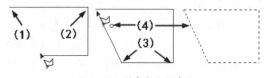

图 3-13 创建多边形选区

在选取的过程中，如果出现选择错误，可以按 Delete 键删除最近的点，连续按可以删除多个点，然后重新移动光标到正确的位置再单击，确定新的选择点，如图 3-14 所示。

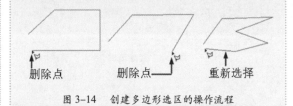

删除点　　　　删除点　　　重新选择

图 3-14 创建多边形选区的操作流程

✎ 练一练

打开 "素材" / "男孩.jpg" 素材文件，如图 3-15 （a）所示；使用 ▷ "多边形套索工具" 选取男孩头像，如图 3-15 （b）所示。

（a）　　　　　　　　（b）

图 3-15 选取男孩头像

✎ 操作提示

（1）激活 ▷ "多边形套索工具"，在男孩头像边缘合适位置单击拾取一点。

（2）移动光标到头像边缘其他合适位置再次单击拾取另一点。

（3）依次移动光标到头像边缘其他位置单击拾取其他点选取头像。

（4）移动光标到起点位置单击结束操作。

3.2.3　创建磁性选区

　"磁性套索工具"类似于磁铁效果，是以像素颜色作为参照进行选择，可以快速选取颜色较为复杂的图像范围，其工具选项栏设置与  "套索工具"设置基本相同，在此不再赘述。

扫一扫，看视频

下面通过一个简单的实例，学习使用该工具选取图像范围的方法。

实例——选取男孩图像

步骤 01 打开"素材"/"男孩 .jpg"素材文件，按 Ctrl+ 加号组合键将图像放大显示，以方便选取图像。

步骤 02 激活【工具箱】中的 "磁性套索工具"，在男孩头部上方边缘单击拾取第 1 点。

步骤 03 沿男孩头部、脸部边缘移动光标，系统会以上一点像素颜色作为参照，自动选取与上一点颜色相近的像素颜色并添加点，以选取图像。

步骤 04 移动光标到第 1 点位置，光标下方出现小圆环。

步骤 05 单击结束操作并选取图像，如图 3-16 所示。

（1）（2）（3）（4）

图 3-16　选取图像的操作流程

🚀 小贴士

使用 "磁性套索工具"选取图像时，由于该工具是以图像像素作为参照进行选择的，也就是说，下一个点是以上一个点的像素颜色作为参照，选取与上一个像素相同或相近的颜色，因此，当遇到较复杂的颜色时，可以单击添加点，以进行精确选择。另外，当图像放大后，按住 Space 键，光标会显示为小推手图标，此时按住鼠标左键可以平移图像，以方便选取图像范围。

🏸 练一练

打开"素材"/"小猫咪 01.jpg"素材文件，如图 3-17（a）所示；使用 "磁性套索工具"选取猫咪，如图 3-17（b）所示。

（a）　　　　　　　　（b）

图 3-17　选取猫咪

🏸 操作提示

（1）激活 "磁性套索工具"，在猫咪边缘合适位置单击拾取一点。

（2）沿猫咪边缘移动光标，系统自动选取图像。

（3）依次沿猫咪边缘移动光标，继续选取猫咪。

（4）移动光标到起点位置单击结束操作。

🚀 小贴士

在使用 "磁性套索工具"选取图像时，有时颜色太复杂，会出现选择错误的情况，这时可以按 Delete 键删除添加的点，退回到以前的操作状态，然后重新移动光标或单击添加点以正确选取图像。

3.3 快速选取图像

除使用前面所讲的各种选择工具选取图像外，用户还可以使用 "快速选择工具"与 "魔棒工具"快速选取面积较大且颜色比较统一的图像，这一节学习相关知识。

3.3.1　使用"快速选择工具"选取图像

 "快速选择工具"是从 PC CS 版本就新增的一个选择工具，该工具不仅可以快速选取图像范围，也可以增加、减去选区。

扫一扫，看视频

下面通过一个简单的实例，学习使用 "快速选择工具"选取图像的方法。

实例——选取仙人掌花图像

步骤 01 打开"素材"/"仙人掌花 .jpg"素材文件。

步骤 02 激活【工具箱】中的 "快速选择工具"，

在"仙人掌花"图像边缘拖曳鼠标，选取图像。

步骤 03 继续沿图形边缘拖曳鼠标选取图像，直到图像被完全选取，如图 3-18 所示。

图 3-18　快速选取仙人掌花图像

🚀 **知识拓展**

在选取图像的过程中，可以在其工具选项栏中进行相关的设置，如图 3-19 所示。

图 3-19　工具选项栏

🖌 "新选区"：创建新的选区，其功能与其他选择工具中的"新选区"功能相同。

🖌 "添加到选区"：增加已有选区的范围，以精确选取图像。例如，图像没有被全部选择，此时激活 🖌 "添加到选区"工具，继续在未选取的区域拖曳鼠标，继续选取图像，如图 3-20 所示。

图 3-20　添加到选区

🖌 "从选区减去"：减少已有选区的范围，以精确选取图像。例如选取花朵图像时将背景选择，此时激活 🖌 "从选区减去"工具，继续在选取的背景区域拖曳，即可将选取的背景从选区减去，如图 3-21 所示。

图 3-21　从选区减去

在进行大面积范围或更小范围的选择时，单击"画笔选项"按钮以设置画笔，方便选择，如图 3-22 所示。

图 3-22　设置画笔

勾选"自动增强"选项，可以自动增强选区边缘，使选取的图像更精确。

🎯 **练一练**

打开"素材"/"鱼缸 .jpg"素材文件，如图 3-23（a）所示；使用 🖌 "快速选择工具"快速选取鱼缸，如图 3-23（b）所示。

（a）　　　　　　　　（b）

图 3-23　快速选取鱼缸

🎯 **操作提示**

（1）激活 🖌 "快速选择工具"，沿鱼缸边缘拖曳鼠标选取图像。

（2）激活选项栏中的 🖌 "从选区减去"工具，将选取的背景图像从选区中减去。

（3）激活选项栏中的 🖌 "添加到选区"工具，将未选取的鱼缸添加到选区。

3.3.2　使用"魔棒工具"选取图像

🖌 "魔棒工具"是操作最简单的一个选择工具，该工具会以光标落点的像素颜色为基色，自动选取与该基色相同的颜

扫一扫，看视频

色范围，常用于选取背景复杂的人物或花草图像等。

　　下面通过一个简单的实例，学习使用 "魔棒工具"选取图像的方法。

实例——快速选取图像背景

步骤 01 　打开"素材" / "风景 .jpg"素材文件。

步骤 02 　激活【工具箱】中的 "魔棒工具"，在图像蓝色天空背景中单击。

步骤 03 　此时图像背景被选择，如图 3-24 所示。

图 3-24 　选取图像背景 1

　　此时发现，并没有将图像蓝色背景全部选择。这是为什么呢？我们来看看 "魔棒工具"的选项栏设置，如图 3-25 所示。

图 3-25 　 "魔棒工具"的选项栏

　　在该选项栏中，有一个"连续"选项，该选项决定了是否选取和基色相同并相邻的颜色范围。系统默认下，该选项被勾选，说明只能选取与基色相同并相邻的颜色范围，在本例的操作中，下方的蓝色背景和上方的蓝色背景之间有绿色的树叶隔开，使得所选择的颜色相同但并不相邻，因此没有将下方的颜色全部选择。

步骤 04 　在 "魔棒工具"选项栏取消"连续"选项的勾选。

步骤 05 　再次在图像蓝色背景中单击，此时图像中的蓝色区域全部被选择，如图 3-26 所示。

图 3-26 　选取背景图像 2

小贴士

　　使用 "魔棒工具"选取图像时，"容差"值决定了选取范围的大小，"容差"值越大，选取范围越大，反之选取范围越小，其取值范围为 0 ~ 225，用户在实际应用中应根据实际情况，灵活设置该值的大小。另外， "魔棒工具"的其他选项设置与前面所讲的其他选择工具的设置相同，在此不再赘述。

练一练

　　打开"素材" / "灯笼 .jpg"素材文件，如图 3-27（a）所示；使用 "魔棒工具"选取图像背景，并填充背景颜色为白色，如图 3-27（b）所示。

（a）　　　　　　　　　（b）

图 3-27 　选择灯笼图像背景

操作提示

　　（1）激活 "魔棒工具"，在选项栏设置"容差"为 30，取消"连续"选项的勾选。

　　（2）在背景灰白色天花板图像上单击，选择天花板图像。

　　（3）激活选项栏中的 "添加到选区"按钮，继续在未选取的天花板图像上单击将其选择，直到所有天花板图像被选择。

　　（4）按 D 键设置系统颜色为默认色，按 Delete 键删除，按 Ctrl+D 组合键取消选区。

3.4 选取图像的其他方法

除前面向大家介绍的几种选取图像的方法外，PS CC 还提供了【色彩范围】和【焦点区域】两个命令来选取图像，下面学习这两种方法。

3.4.1 使用【色彩范围】命令选取图像

【色彩范围】命令特别适合快速选取更为复杂的图像，如花丛中的花朵等，并可以增加或减去选取范围。下面通过一个简单的实例，学习使用【色彩范围】命令选取复杂图像范围的方法和技巧。

扫一扫，看视频

实例——使用【色彩范围】命令选取红色花朵

步骤 01 打开"素材"/"风景 05.jpg"素材文件。

步骤 02 执行【选择】/【色彩范围】命令，打开【色彩范围】对话框。

步骤 03 选中"选择范围"选项，激活 🖊 "吸管工具"，在粉红色花朵上单击拾取颜色范围，并拖动滑块调整"颜色容差"值，以调整选择精度，如图 3-28 所示。

图 3-28 选择图像的操作

步骤 04 单击"确定"按钮，结果红色花朵被全部选中，如图 3-29 所示。

图 3-29 选取红色花朵图像

图 3-31　"选择范围"与"图像"选项

🔖 练一练

　　打开"素材"/"风景 .jpg"素材文件，使用【颜色范围】命令选取蓝色天空，如图 3-32 所示。

图 3-32　选取蓝色天空

🔖 操作提示

　　（1）执行【选择】/【颜色范围】命令打开【颜色范围】对话框。

　　（2）激活 🖊 "吸管工具"，在图像的蓝色天空单击拾取色样，然后拖动滑块调整颜色容差。

　　（3）单击"确定"按钮，完成蓝色天空的选取。

3.4.2　使用【焦点区域】命令选取图像

　　【焦点区域】命令适合选取大面积的图像范围，在选取时可以添加或减去选择范围，使我们的选择更精确。下面通过一个简单的实例，学习使用【焦点区域】命令选取图像范围的方法。

扫一扫，看视频

实例——使用【焦点区域】命令选取图像背景

步骤 01　打开"素材"/"灯笼 .jpg"素材文件。

步骤 02　执行【选择】/【焦点区域】命令打开【焦点

区域】对话框，如图 3-33 所示。

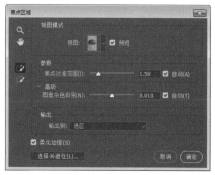

图 3-33　【焦点区域】对话框

- 在"视图模式"选项的"视图"下拉列表中选择视图模式，如选择"闪烁虚线"模式，则图像周围显示选择虚线，如图 3-34 所示。

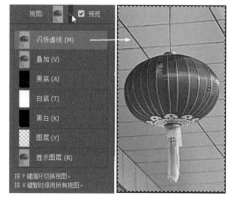

图 3-34　闪烁虚线模式

- 在"参数"选项中拖动"焦点对准范围"滑块，以优化焦点区域；拖动"图像杂色级别"滑块，以确保含杂色的图像中选择过多背景时，增强图像杂色级别，勾选"自动"选项，系统自动进行调整。
- 在"输出"选项的"输出到"列表中设置输出类型，如图 3-35 所示。

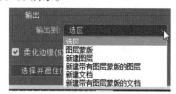

图 3-35　设置输出类型

- 勾选"柔化边缘"选项，可以使选区边缘更柔和。

步骤 03　选择视图模式为"闪烁虚线"模式，设置输出类型为"选区"，并勾选"柔化边缘"选项。

步骤 04 激活 🔲 "焦点区域减去"工具，沿灯笼图像边缘拖曳，减去选区，如图 3-36 所示。

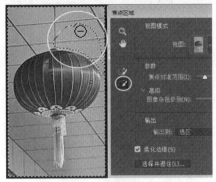

图 3-36 减去选区

步骤 05 激活 🔲 "焦点区域添加"工具，在灯笼图像上拖曳，以添加选区，如图 3-37 所示。

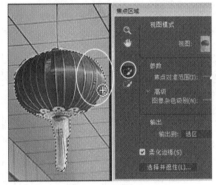

图 3-37 添加选区

步骤 06 单击"确定"按钮，此时灯笼图像被选择，如图 3-38 所示。

图 3-38 灯笼图像被选择

🚀 知识拓展

使用【焦点区域】命令选择图像后，可以根据具体需要选择不同的输出类型，如图 3-39 所示。

扫一扫，看视频

图 3-39 选择输出类型

"选区"：直接输出选区，如图 3-39 所示。

"图层蒙版"：将选择结果输出为图层蒙版，如图 3-40 所示。

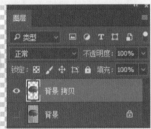

图 3-40 输出为图层蒙版

"新建图层"：将选择的对象新建为图层，如图 3-41 所示。

图 3-41 输出为新图层

"新建带有图层蒙版的图层"：将选择的对象新建为带有图层蒙版的新图层，如图 3-42 所示。

图 3-42 输出为带有图层蒙版的新图层

"新建文档"：将选择对象新建为新文档，如图 3-43 所示。

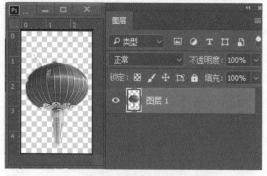

图 3-43　输出为新文档

"新建带有图层蒙版的新文档"：将选择对象新建为带有图层蒙版的新文档，如图 3-44 所示。

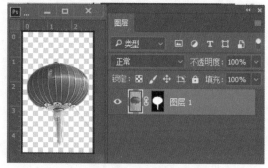

图 3-44　输出为带有图层蒙版的新文档

✎ 练一练

打开"素材" / "中年男人 01.jpg"素材文件，如图 3-45（a）所示；使用【焦点区域】命令选取中年男人图像，如图 3-45（b）所示。

（a）　　　　　　　　（b）

图 3-45　选取中年男人图像

✎ 操作提示

（1）执行【选择】/【焦点区域】命令打开【焦点区域】对话框。

（2）激活 🖉 "焦点区域减去"工具，沿中年男人边缘拖曳，减去背景选区。

（3）激活 🖉 "焦点区域添加"工具，在中年男人上拖曳，添加中年男人完成图像的选择。

3.4.3　使用【选择并遮住】命令选取图像

【选择并遮住】命令在所有选择类工具的选项栏都出现过，它是集"快速选择工具"与"套索工具"的功能于一身的一种选择命令，其选择图像的方法与【焦点区域】命令有些相似，都是可以添加或减少选区，以选取图像。下面通过具体实例，学习使用【选择并遮住】命令选取图像的方法。

扫一扫，看视频

实例——使用【选择并遮住】命令选取女孩图像

步骤 01 打开"素材" / "女孩 .jpg"素材文件。

步骤 02 执行【选择】/【选择并遮住】命令进入该模式，同时打开【属性】对话框，如图 3-46 所示。

图 3-46　【选择并遮住】模式

步骤 03 在左侧工具栏中激活 🖉 "快速选择工具"，在上方的工具选项栏中激活 ⊕ "添加到选区"工具，沿女孩图像边缘拖曳鼠标选择图像，如图 3-47 所示。

图 3-47 选择女孩图像

步骤 04 激活 ⊖ "从选区中减去"工具，在女孩头部与发辫位置拖曳，将该位置的背景图像从选区中减去，如图 3-48 所示。

图 3-48 减去选择

步骤 05 单击"确定"按钮，完成女孩图像的选择。

📎 知识拓展

在【选择并遮住】模式下，界面分为 3 部分，左侧为工具栏，上方为选项栏，右侧为【属性】面板，如图 3-49 所示。

• 工具栏：提供了用于选择与编辑选区的相关工具以及缩放、平移视图的相

关工具。

图 3-49 【选择并遮住】模式界面

• ⟋ "快速选择工具"、 ⟋ "套索工具"、 ⟋ "多边形套索工具、 ⟋ "画笔工具"：选择任意工具选取图像。

• ⟋ "调整边缘画笔工具"：选取图像后，使用该工具对选区边缘进行调整，以精确选取图像。

• ⟋ "缩放工具"：向下拖曳放大图像，向上拖曳缩小图像，以便对图像细部进行处理。

• ⟋ "抓手工具"：当图像放大后，按住鼠标左键拖曳以平移视图。

• 选项栏：用于进行工具的选项设置。

• ⊕ "添加选区"、 ⊖ "减去选区"：不管采用何种工具选取图像，都可以激活这两个工具，以选取图像或减去选区。

• ⟋ "画笔设置"：当使用 ⟋ "画笔工具"进行选择，或使用 ⟋ "调整边缘画笔工具"对选区边缘进行修整时，可以设置画笔大小，以便精确选取图像。

• 属性】面板：用于对选区进行属性设置。

• "视图模式"：设置视图的显示模式，单击"视图"按钮，选择一种视图模式，如图 3-50 所示。

• "边缘检测"：拖动"半径"滑块，调整选区边缘的区域大小。

• "全局调整"：对选区进行全面调整，包括选区的平滑度、羽化效果、对比度等。其中，拖动"移动边缘"滑块，可以调整选区的大小，如图 3-51 所示。

• "输出设置"：设置选区的输出类型，在"输出到"列表中进行选择，其类型如图 3-52 所示。

图 3-53（b）所示。

（a）　　　　　　　　（b）

图 3-53　选择灯笼图像

✎ 操作提示

（1）执行【选择】/【选择并遮住】命令进入该模式。

（2）激活 ✐ "画笔工具"，同时在选项栏激活 ⊕ "添加选区"工具，沿灯笼图像边缘拖曳，选取灯笼图像。

（3）分别激活 ⊖ "减去选区"工具与 ✐ "调整边缘画笔工具"，对选区进行调整。

（4）单击"确认"按钮，完成灯笼图像的选择。

3.5 综合练习——将红色花朵调整为黄色花朵

学习了各种选择图像的方法，下面通过将图像中红色花朵［如图 3-54(a) 所示］调整为黄色花朵［如图 3-54(b) 所示］的综合练习，对所学知识进行综合巩固练习。

图 3-50　选择视图模式

图 3-51　全局调整

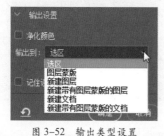

图 3-52　输出类型设置

✎ 练一练

打开"素材"/"灯笼 .jpg"素材文件，如图 3-53（a）所示；使用【选择并遮住】命令选取灯笼图像，如

（a）

（b）

图 3-54　调整花朵颜色

3.5.1 裁切画面

打开"素材"/"风景 05.jpg"素材文件，发现该图像天空占比太多，而花朵占比较少，画面比例不够协调，下面首先进行画面的裁切，使画面整体效果更协调。

扫一扫，看视频

步骤 01 激活 "矩形选框工具"，在其选项栏按下 "新选区"按钮，并设置"羽化"值为 0 像素，在图像下方拖曳鼠标，选择下方图像，如图 3-55 所示。

步骤 02 按 Ctrl+C 组合键将选择的图像复制，然后按 Ctrl+N 键打开【新建文件】对话框，直接单击"创建"按钮，采用默认设置创建新文档。

步骤 03 按 Ctrl+V 组合键，将前面复制的图像粘贴到新建文档中，结果如图 3-56 所示。

图 3-55 选择下方图像

图 3-56 粘贴图像

步骤 04 关闭"风景 05.jpg"图像，完成画面的裁切。

3.5.2 选取花朵图像

下面选取花朵图像，以便调整花朵图像的颜色。鉴于该图像的复杂程度，选取花朵图像时使用 "魔棒工具"或者【颜色范围】命令两种方法比较合适，在此使用 "魔棒工具"来选择花朵图像。

扫一扫，看视频

步骤 01 按 F7 键打开【图层】面板，发现粘贴的图像生成图层 1。

步骤 02 激活图层 1，并激活 "魔棒工具"，在其选项栏设置"容差"为 80，并取消"连续"选项的勾选，其他设置默认。

步骤 03 在花朵图像上单击红色花朵，将所有红色花朵全部选中，如图 3-57 所示。

图 3-57 选择红色花朵

3.5.3 调整花朵颜色

下面调整花朵图像的颜色，将红色花朵调整为黄色花朵。调整花朵颜色的方法很多，在此使用【色相/饱和度】命令来调整花朵颜色。

步骤 01 按 Ctrl+U 组合键打开【色相/饱和度】对话框。

步骤 02 设置"色相"为 80，"饱和度"为 100，其他设置默认，如图 3-58 所示。

图 3-58 【色相/饱和度】参数设置

步骤 03 单击"确定"按钮，并按 Ctrl+D 组合键取消选择区，发现红色花朵被调整成了黄色花朵，如图 3-59 所示。

图 3-59 调整后的花朵颜色

🚀 小贴士

【色相/饱和度】命令是一种功能强大的图像颜色校正命令，有关该命令的详细使用方法，将在 8.3.2 小节进行详细讲解。

步骤 04 执行【存储为】命令，将该图像存储为"黄色花朵 .psd"文件。

3.6 职场实战——数码照片合成

本节通过数码照片合成的具体实例，学习选取图像在实际工作中的应用方法和技巧，结果如图 3-60 所示。

图 3-60　照片合成流程与效果

3.6.1 打开素材文件并选取人物图像

下面首先打开所要合成的两幅照片图像，并选取其中一幅图像中所要合成的人物图像。

步骤 01 打开"素材"/"照片 01.jpg"与"照片 02.jpg"素材文件，如图 3-61 所示。

扫一扫，看视频

图 3-61　打开素材文件

步骤 02 单击"照片 02.jpg"图像标签，使其成为当前操作文件。

🚀 **小贴士**

在 PS CC 中打开的图像会以全屏方式出现在图像编辑窗口，当同时打开多幅图像后，这些打开的图像以叠加的方式出现在同一图像编辑窗口，位于最上方的图像为当前编辑图像，如图 3-62 所示。

图 3-62　多幅图像叠加在一个窗口

编辑某一幅图像时，在该图像标签上单击，此图像即位于最上方，成为当前编辑的图像。例如单击"照片 02"图像标签，则该图像为当前编辑的图像，如图 3-63 所示。

图 3-63　当前编辑的图像

步骤 03 单击 ✋ "抓手工具"，在"照片 02"图像上右击并选择"100%"，使"照片 02"放大显示，如图 3-64所示。

🚀 **小贴士**

一般情况下，打开的图像文件并不以 100% 的比例来显示，为了能精确选取图像，可以将图像按照实际大小显示。使用 ✋ "抓手工具"在图像上右击，在弹出的列表中选择"100%"选项，可以使图像以100%的比例显示。

图 3-64　选择缩放比例

步骤 04 激活 "多边形套索工具"，在其工具选项栏激活 "新选区"工具，勾选"消除锯齿"选项，并设置"羽化"为 3 像素，如图 3-65 所示。

图 3-65　设置选项

✏️ 小贴士

在选择图像时，设置合适的"羽化"值可以使选择后的图像边缘出现虚化、柔和的效果，看起来比较自然，否则，选取后的图像边缘比较僵硬。有关"羽化"的作用以及设置，在 4.3.5 小节进行详细讲解。另外，勾选"消除锯齿"选项，可以使图像边缘平滑无锯齿。

步骤 05 在"照片 02"图像中的女孩头部上方位置单击拾取第 1 个点，沿头部边缘移动光标到合适位置再次单击拾取第 2 个点，依次移动光标到合适位置单击拾取其他选择点，将女孩图像选中。

步骤 06 将光标移动到起点位置，光标下方出现小圆环，单击选取女孩图像，如图 3-66 所示。

✏️ 小贴士

由于图像被放大显示，在选取图像时，可以按住 Space 键，此时光标显示为小推手，可以对图像进行平移，以方便选取其他地方的图像。另外，当出现选择错误时，可以按 Delete 键返回，然后重新选择。

图 3-66　选取女孩图像

3.6.2　添加图像并调整其大小与位置

扫一扫，看视频

下面将选取的女孩图像添加到"照片 01"图像中，并调整其大小与位置。

步骤 01 激活 "移动工具"，按住"照片 02"图像标签，将其从标签栏中拖到图像编辑窗口并释放鼠标，使"照片 02"就与"照片 01"同时显示在图像编辑窗口中，如图 3-67 所示。

图 3-67　两幅照片同时显示

步骤 02 将光标移动到女孩图像选区内，按住鼠标左键将其拖到"照片 01"图像中释放鼠标，结果如图 3-68 所示。

图 3-68　添加女孩图像

步骤 03 下面调整女孩图像的大小。按 Ctrl+T 组合键为女孩图像添加自由变换框，然后在其选项栏设置比例为 60%，如图 3-69 所示。

图 3-69　设置缩放比例

小贴士

当对图像使用自由变换工具后，不仅可以调整图像大小，将光标移动到变换框内拖曳，还可以调整图像的位置，有关自由变形命令的应用，在前面章节已有讲解，在此不再赘述。

步骤 04 按 Enter 键确认变形操作，完成图像的添加。

3.6.3　图像的细节处理

由于在选择女孩图像时，选取了女孩脚下的海滩礁石，该礁石与"照片 01"图

扫一扫，看视频

像中的礁石衔接较生硬，下面对其进行处理，使其能很自然地融入"照片 01"图像中。

步骤 01 激活 "套索工具"，在其选项栏设置"羽化"为 30 像素，选取女孩脚下的礁石图像边缘，如图 3-70 所示。

图 3-70　选取礁石图像边缘

步骤 02 按 Delete 键删除选取图像，此时女孩脚下的礁石与"照片 01"图像礁石完全融合，如图 3-71 所示。此时我们发现，女孩脸部轮廓与手位置的背景图像并未被删除，下面继续对其进行处理。

图 3-71　融合后的效果

步骤 03 继续将图像以 100% 比例显示，激活 "多边形套索工具"，在其工具选项栏激活 "添加到选区"工具，并设置"羽化"为 0 像素，如图 3-72 所示。

图 3-72　设置选项

步骤 04 使用 "多边形套索工具" 选取女孩脸部轮廓与手位置的背景图像，按 Delete 键删除，再按 Ctrl +D 组合键取消选区，如图 3-73 所示。

图 3-73　选择并删除背景图像

图 3-74　合成后的照片

步骤 05 至此，图像合成效果完成，双击 "抓手工具" 使图像满屏显示，效果如图 3-74 所示。

步骤 06 执行【文件】/【存储为】命令，将该文件命名存储为 "照片合成 .psd" 文件。

 读书笔记

Chapter
4

第4章

应用与编辑选区

本章导读

创建选区后，为了能更好地编辑图像，需要对选区进行必要的编辑，如设置羽化效果、修改选区大小、保存选区、载入选区等，这一章继续学习应用与编辑选区的相关知识。

本章主要内容如下

- 选区的基本操作
- 扩大选取与选取相似
- 修改选区
- 变换与移动选区
- 存储与载入选区
- 综合练习——制作三色盘
- 职场实战——制作特效文字

4.1 选区的基本操作

选区的基本操作包括全选、取消选择、重新选择、反选与移动选区，这一节将学习相关知识。

4.1.1 全部

使用【全部】命令，可以将图像全部选区，这不同于使用选择工具选取图像特定范围，因此该命令不适合选取图像的局部。下面通过一个简单的实例，学习选取全部图像的相关知识。

扫一扫，看视频

实例——全部选取图像

步骤 01 打开"素材"/"女孩 01.jpg"素材文件。

步骤 02 执行【选择】/【全部】命令，此时"女孩"图像被全部选取，如图 4-1 所示。

图 4-1 全部选取

> 🚀 小贴士
>
> 按 Ctrl+A 组合键，也可以将打开的图像全部选取，图像被全部选取后，可以按 Ctrl+C 组合键将其复制，再按 Ctrl+V 组合键对其粘贴。

4.1.2 取消选择

【取消选择】命令用于取消对图像的选取，该命令适用于所有被选取的图像。一般情况下，当选取错误或者完成了对选取范围的编辑后，就需要取消选择，取消选择的操作也比较简单。下面通过取消对"女孩"图像的选择的简单实例，学习取消选择的相关知识。

扫一扫，看视频

实例——取消对女孩图像的选择

步骤 01 继续 4.1.1 小节的操作。

步骤 02 执行【选择】/【取消选择】命令，此时被全部选择的"女孩"图像被取消了选择，如图 4-2 所示。

图 4-2 取消选择

> 🚀 小贴士
>
> 按 Ctrl+D 组合键，也可以取消对图像的选择，不管是全部选择还是部分选择，取消选择后，编辑图像时将针对全部图像范围。

4.1.3 重新选择

扫一扫，看视频

取消图像的选择后，如果需要再次找回前一次的选择，则可以执行【重新选择】命令，找回前一次的选择。需要说明的是，该命令只能找回前一次的选择，而不能找回前面所有的选择。下面通过重新选择"女孩"图像的简单实例操作，学习相关知识。

实例——重新选择女孩图像

步骤 01 继续 4.1.2 小节的操作。

步骤 02 执行【选择】/【重新选择】命令，此时已取消选择的"女孩"图像又被重新选择，如图 4-3 所示。

图 4-3 重新选择

> 🚀 小贴士
>
> 按 Ctrl+Shift+D 组合键，也可以重新选择图像。

4.1.4　反选

　　先来说说什么是"反选"，所谓"反选"，就是重新选取选区以外的图像范围。例如已经选取了女孩图像，反选后则选取除女孩图像之外的其他背景图像。执行该命令，其实是一个重复选择的过程，一般情况下该命令常应用在选取复杂图像时，只有在图像中有选区的情况下，【反选】命令才可以使用。下面通过简单实例操作，学习相关知识。

扫一扫，看视频

实例——选取图像中的花草树木

步骤 01 打开"素材"/"风景 .jpg"素材文件，这是一幅以蓝天作为背景的风景照片，如图 4-4 所示。

图 4-4　打开的风景照片

　　下面要选取除蓝天背景之外的其他花草、树木与观景亭图像，这该如何选择呢？首先来分析一下，如果直接选择花草、树木与观景亭图像，这会非常困难，此时可以先选取比较好选的蓝天背景，然后借助【反选】命令就可以轻松选取花草、树木与观景亭了。

步骤 02 激活 ✎ "魔棒工具"，在其选项栏取消"连续"选项的勾选，并设置"容差"为 35，如图 4-5 所示。

图 4-5　 ✎ "魔棒工具"设置

步骤 03 在图像蓝天背景上单击，此时蓝天背景图像被全部选择，如图 4-6 所示。

步骤 04 执行【选择】/【反选】命令，此时选取花草、树木与观景亭对象，如图 4-7 所示。

图 4-6　选取蓝天背景

图 4-7　选取花草、树木与观景亭

小贴士

　　按 Ctrl+Shift+I 组合键，也可以执行【反选】命令。

练一练

　　打开"素材"/"风景 06.jpg"素材文件，如图 4-8 所示；选取图像中的葵花黄色花瓣，如图 4-9 所示。

图 4-8　打开的图像

图 4-9　选取黄色花瓣

图 4-10　选取花蕊

✎ 操作提示

　　（1）激活 🪄 "魔棒工具"，设置"容差"为 100，取消"连续"选项的勾选，单击选取葵花绿叶。

　　（2）执行【选择】/【反选】命令选取除绿叶之外的黄色花瓣与蓝天白云。

　　（3）再次使用 🪄 "魔棒工具"的"从选区中减去"功能，从选区中减去蓝天白云，完成黄色花瓣的选择。

4.2 扩大选取与选取相似

　　在选取图像时，由于各种原因，导致选取范围太小，往往不能将要选取的图像像素全部选择，这时该怎么办呢？这一节我们就来学习相关知识，以解决相关问题。

4.2.1 扩大选取

　　所谓"扩大选取"就是增加选取的范围，选取更大范围的图像。下面通过一个简单的实例操作，学习相关知识。

扫一扫，看视频

实例——扩大选取

步骤 01 打开"素材"/"风景 06.jpg"素材文件。

步骤 02 激活 ⬭ "椭圆选框工具"选取葵花盘中间的褐色花蕊，如图 4-10 所示。

步骤 03 执行【选择】/【扩大选取】命令，发现选区被扩大，如图 4-11 所示。

图 4-11　选区被扩大

步骤 04 连续执行【扩大选取】命令，选区被再次扩大，如图 4-12 所示。

图 4-12　选区被再次扩大

图像范围。

4.2.2 选取相似

先来说说什么是"相似",在 PS CC 中,所谓"相似",一般是指图像颜色的色相、饱和度等比较接近,【选取相似】命令就是可以选取颜色相似的图像范围。下面通过选取葵花黄色花瓣的简单实例,学习相关知识。

实例——选取葵花黄色花瓣

步骤 01 继续上一节的操作,激活 "魔棒工具",设置"容差"为 10,取消"连续"选项的勾选,单击选取葵花黄色花瓣,此时我们发现黄色花瓣并没有被全部选择,如图 4-15 所示。

图 4-15 选取黄色花瓣

步骤 02 执行【选择】/【选取相似】命令,更多的黄色花瓣被选择,如图 4-16 所示。

图 4-16 选取更多花瓣

小贴士

【扩大选取】命令不同于 "魔棒工具",扩大选取时不会以已选取的图像像素作为参照,而是直接对选取范围进行扩大。

练一练

打开"素材"/"风景 06.jpg"素材文件,首先选取部分背景图像,如图 4-13 所示;然后使用【扩大选取】命令选取更多背景图像范围,如图 4-14 所示。

图 4-13 选取背景图像

图 4-14 扩大选取范围

操作提示

(1)激活 "魔棒工具",在蓝色背景单击选取部分背景范围。

(2)执行【选择】/【扩大选取】命令选取更多背景图像范围。

(3)继续执行【扩大选取】命令,选取更多背景

步骤 03 继续执行【选取相似】命令，直到黄色花瓣被全部选择。

🚀 **小贴士**

与【扩大选取】不同，【选取相似】时是以图像中已选取的颜色像素作为参照，选取与该颜色像素相似的其他颜色范围，该命令适合选取大面积颜色比较复杂的图像范围，如花丛中的花朵、草坪等图像范围。

✎ **练一练**

打开"素材"/"风景06.jpg"素材文件，首先选取葵花的部分绿叶，如图4-17所示；然后使用【选取相似】命令选取图像中的所有绿色葵花叶，如图4-18所示。

图4-17 选取部分绿叶

图4-18 选取所有绿叶

✎ **操作提示**

（1）激活 ✂ "魔棒工具"，在绿色葵花叶上单击选取部分绿叶。

（2）执行【选择】/【选取相似】命令选取更多的绿叶。

（3）继续执行【选取相似】命令，直至选取所有绿叶。

4.3 修改选区

在图像上创建选区后，有时为了更好地编辑图像，还需要对选区进行适当的修改，如设置选区的羽化效果、平滑效果、扩展、收缩选区、增加选区边界等。

在【选择】/【修改】子菜单下，系统提供了用于修改选区的相关命令（如图4-19所示），执行相关命令，即可对选区进行修改，这一节继续学习相关知识。

图4-19 修改选区的相关命令

4.3.1 边界

扫一扫，看视频

【边界】命令可以为选区增加一个边界，从而获得新选区。下面通过一个简单的操作，学习【边界】命令的使用方法。

实例——设置选区边界

步骤 01 新建空白图像文件。

步骤 02 使用 ⬭ "椭圆选框工具"创建椭圆形选区，如图4-20所示。

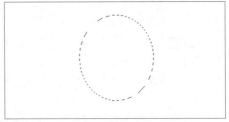

图4-20 创建椭圆形选区

步骤 03 执行【选择】/【修改】/【边界】命令，此时弹出【边界选区】对话框，设置边界的"宽度"为 20 像素，如图 4-21 所示。

4-21 设置边界宽度

步骤 04 单击"确定"按钮，此时椭圆形选区增加了边界，如图 4-22 所示。

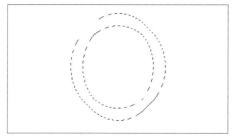

图 4-22　增加选区边界

🚀 **小贴士**

　　【边界】的宽度值不可以是负值，其取值范围为 1~200，如果边界宽度值设置过大，会使选区变形，值越大，选区变形效果越明显。图 4-23 所示为"宽度"为 10 像素和 50 像素时的边界效果。

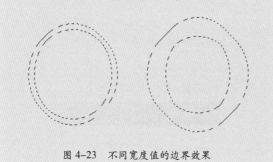

图 4-23　不同宽度值的边界效果

✏️ **练一练**

　　新建图像文件，使用【边界】命令制作如图 4-24 所示的特效文字。

图 4-24　特效文字

✏️ **操作提示**

　　（1）新建图像文件，使用 🔤 "横排文字蒙版工具"在图像上输入"边界"的文字蒙版。

　　（2）单击【选项】栏中的 ✅ 按钮确认得到"边界"的文字选区。

　　（3）执行【选择】/【修改】/【边界】命令，设置边界的"宽度"为 5 像素，然后确认。

　　（4）按 Ctrl+Delete 组合键填充背景色，然后按 Ctrl+D 组合键取消选区。

🚀 **小贴士**

　　🔤 "横排文字蒙版工具"是一种文字输入工具，使用该工具可以输入文字蒙版，也就是我们常说的文字选区，有关该工具的详细使用，将在第 12 章进行详细讲解，在此不再赘述。

4.3.2　平滑

　　使用【平滑】命令，可以使选区中的锐角更平滑，得到圆角选区，如圆角矩形选区。下面通过创建一个圆角矩形选区的简单操作，学习【平滑】命令在实际工作中的使用方法。

扫一扫，看视频

实例——创建圆角矩形选区

步骤 01 继续 4.3.1 小节的操作。激活 ▣ "矩形选框工具"，设置"羽化"为 0 像素，在图像中创建矩形选区，如图 4-25 所示。

图 4-25　创建矩形选区

步骤 02 执行【选择】/【修改】/【平滑】命令，在打开的【平滑选区】对话框中设置"取样半径"为 20 像素，如图 4-26 所示。

图 4-26　设置取样半径

步骤 03 单击"确定"按钮，此时矩形选区具有了圆角效果，如图 4-27 所示。

图 4-27　矩形选区的圆角效果

🚀 小贴士

　　【平滑】命令可以针对任何选区进行平滑设置，其"取样半径"为 1~500 像素。需要注意的是，如果该值超过了原选区大小，则会使选区缩小，而并不能产生圆角效果。

✎ 练一练

　　使用 ▨ "多边形套索"工具创建三角形选区，如图 4-28 所示，然后使用【平滑】命令，设置"取样半径"为 20 像素，创建圆角效果的三角形选区，如图 4-29 所示。

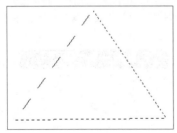

图 4-28　创建三角形选区

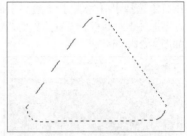

图 4-29　创建圆角效果的三角形选区

✎ 操作提示

　　（1）激活 ▨ "多边形套索"工具，设置"羽化"为 0 像素，创建三角形选区。

　　（2）执行【选择】/【修改】/【平滑】命令，设置"取样半径"为 20 像素，然后确认。

✎ 疑问解答

扫一扫，看视频

　　疑问：在为 ▣ "矩形选框工具"设置"羽化"后，创建的矩形选区具有圆角效果，如图 4-30 所示；而"羽化"值为 0 像素，创建矩形，再进行"平滑"后，选区同样有圆角效果，如图 4-31 所示。那么这两个圆角矩形有什么区别？

图 4-30　羽化后的选区

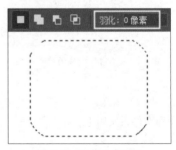

图 4-31　圆角后的选区

　　解答：在为 ▣ "矩形选框工具"设置"羽化"后

创建的选区，其圆角并非真正的圆角，而是"羽化"效果，如图 4-32 所示；而对矩形选区进行【平滑】设置后出现的圆角才是真正的圆角，该圆角矩形不具有羽化效果，如图 4-33 所示。

图 4-32　羽化后的矩形选区

图 4-33　圆角后的矩形选区

> 🚀 **小贴士**
>
> 　　"羽化"是选区的一种效果，有关"羽化"的意义以及具体设置，请参阅第 4 章相关内容的讲解，在此不再赘述。

4.3.3　扩展

　　【扩展】命令是通过设置扩展值来扩大选取范围，这一节通过一个简单的实例操作，学习该命令的使用方法。

扫一扫，看视频

实例——扩展选区

步骤 01 继续 4.3.2 小节的操作。激活 ▢ "矩形选框工具"，在其选项栏设置"羽化"为 0 像素，设置"样式"为"固定大小"，并设置"宽度"为 300 像素，"高度"为 100 像素，在图像中创建矩形选区，如图 4-34 所示。

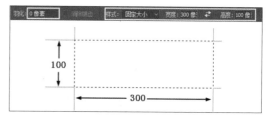

图 4-34　创建矩形选区

步骤 02 执行【选择】/【修改】/【扩展】命令，在打开的【扩展选区】对话框中设置"扩展量"为 5 像素，如图 4-35 所示。

图 4-35　设置"扩展量"

步骤 03 单击"确定"按钮，此时矩形选区扩展了 5 像素，如图 4-36 所示。

图 4-36　扩展后的矩形选区

> 🚀 **小贴士**
>
> 　　【扩展】命令可以针对任何选区进行扩展，其"扩展量"的取值为 1~500 像素。需要注意的是，如果该值过大，则会使选区产生类似于圆角或倒角的效果，"扩展量"为 20 像素时的选区效果，如图 4-37 所示。
>
>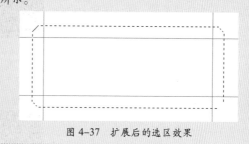
>
> 图 4-37　扩展后的选区效果

✍ 练一练

新建图像文件，使用【扩展】命令制作如图 4-38 所示的特效文字效果。

图 4-38　特效文字

✍ 操作提示

（1）新建图像文件，按 F7 打开【图层】面板，单击该面板下方的 🗅 "创建新图层" 按钮新建图层 1。

（2）使用 🔲 "横排文字蒙版工具" 在图像上输入 "扩展" 的文字蒙版，单击选项栏中的 ✅ 按钮确认得到 "边界" 的文字选区，按 Ctrl+Delete 组合键向文字选区填充背景色。

（3）执行【选择】/【修改】/【边界】命令，设置边界的 "宽度" 为 5 像素，然后确认将选区扩展 5 像素。

（4）再次新建图层 2，按 Ctrl+Delete 组合键向选区填充另外一种颜色的背景色，然后按 Ctrl+D 组合键取消选区。

（5）执行【图层】/【排列】/【后移一层】命令将图层 2 调整到图层 1 的下方。

🚀 小贴士

在该练习中使用到了填充颜色以及调整图层顺序等相关知识，这些知识将在第 10 章和第 11 章进行详细讲解。

✍ 疑问解答

疑问：【扩大选区】命令与【扩展】命令都可以扩大选取范围，那么这两个命令有什么区别？

扫一扫，看视频

解答：【扩大选区】命令可以将选区随机扩展以扩大选取图像范围，而【扩展】命令允许用户根据需要设置一个扩展值以扩大选取图像范围，这两个命令在本质上没有区别，一个随机，一个可控。

4.3.4　收缩

与【扩展】命令恰好相反，【收缩】

扫一扫，看视频

命令是通过设置收缩值来缩小选取范围的，这一节通过一个简单的实例操作，学习该命令的使用方法。

实例——收缩选区

步骤 01 继续 4.3.3 小节的操作。激活 🔲 "矩形选框工具"，在其选项栏设置 "羽化" 为 0 像素，设置 "样式" 为 "固定大小"，并设置 "宽度" 为 300 像素，"高度" 为 100 像素，在图像中创建矩形选区，如图 4-39 所示。

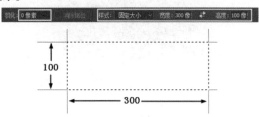

图 4-39　创建矩形选区

步骤 02 执行【选择】/【修改】/【收缩】命令，在打开的【收缩选区】对话框中设置 "收缩量" 为 5 像素，如图 4-40 所示。

图 4-40　设置 "收缩量"

步骤 03 单击 "确定" 按钮，此时矩形选区收缩了 5 像素，如图 4-41 所示。

图 4-41　收缩后的矩形选区

🚀 小贴士

【收缩】命令可以针对任何选区进行收缩，其 "收缩量" 的取值为 1~500 像素。需要注意的是，如果该值过大，则会弹出警告框，表示没有任何像素被收缩，如图 4-42 所示。

图 4-42　警告框

✎ **练一练**

　　新建图像文件，使用【收缩】命令制作如图 4-43 所示的特效文字效果。

图 4-43　特效文字

✎ **操作提示**

　　（1）新建图像文件，使用 ⬚ "横排文字蒙版工具" 在图像上输入 "收缩" 的文字蒙版，单击选项栏中的 ✔ 按钮确认得到 "收缩" 的文字选区。

　　（2）按 Ctrl+Delete 组合键向文字选区填充背景色。然后按 F7 打开【图层】面板，单击该面板下方的 ▣ "创建新图层" 按钮新建图层 1。

　　（3）执行【选择】/【修改】/【收缩】命令，设置边界的 "宽度" 为 2 像素，然后确认将选区收缩 5 像素。

　　（4）按 Ctrl+Delete 组合键向选区填充另外一种颜色的背景色，然后按 Ctrl+D 组合键取消选区。

4.3.5　羽化

　　【羽化】命令可以为创建的选区设置一个羽化效果。说起 "羽化" 大家应该不陌生，在第 3 章的相关内容中已经有所讲解。在创建选区时，在选择工具选项栏设置 "羽化" 值，可以使创建的选区具有羽化功能，而【羽化】命令则是在创建选区后，为选区设置一个羽化效果，二者在本质上没有区别，但在操作上有所不同，这一节通过相关实例，学习【羽化】命令的使用方法和技巧。

扫一扫，看视频

实例——使用【羽化】命令设置选区羽化

步骤 01 继续 4.3.4 小节的操作。激活 ⬚ "矩形选框工具"，在其选项栏设置 "羽化" 为 0 像素，在图像中创建矩形选区，如图 4-44 所示。

图 4-44　创建矩形选区

步骤 02 执行【选择】/【修改】/【羽化】命令，在打开的【羽化选区】对话框中设置 "羽化半径" 为 20 像素，如图 4-45 所示。

图 4-45　设置 "羽化半径"

步骤 03 单击 "确定" 按钮，此时矩形选区具有了羽化效果，如图 4-46 所示。

图 4-46　具有羽化效果的矩形选区

步骤 04 向选区内填充颜色，羽化效果如图 4-47 所示。

图 4-47　填充并羽化后的选区效果

🚀 小贴士

"羽化半径"的取值范围为 0.1~1000 像素，设置羽化后，当弹出警告框，表示任何像素都不大于 50% 的选择，选区边将不可见。这表示羽化值过大，此时可以设置一个较小的羽化值进行羽化。

✏️ 练一练

新建图像文件，使用【羽化】命令制作如图 4-48 所示的特效文字效果。

图 4-48 特效文字

✏️ 操作提示

（1）新建图像文件，使用 ▓ "横排文字蒙版工具"在图像上输入"羽化"的文字蒙版，单击选项栏中的 ✅ 按钮确认得到"收缩"的文字选区。

（2）按 Ctrl+Delete 组合键向文字选区填充背景色。然后执行【选择】/【修改】/【收缩】命令将选区收缩。

（3）继续执行【选择】/【修改】/【羽化】命令，设置合适的"羽化半径"对选区进行羽化。

（4）按 Ctrl+Delete 组合键向选区填充另外一种颜色的背景色，然后按 Ctrl+D 组合键取消选区。

✏️ 疑问解答

疑问：【羽化】命令与选择工具选项栏中的"羽化"选项都可以设置选区的羽化效果，那么这两个命令有什么区别？

扫一扫，看视频

解答：【羽化】命令主要是为创建后的选区设置羽化。例如首先创建一个没有羽化效果的选区，再根据具体需要为该选区设置羽化效果。而选择工具选项栏中的"羽化"选项则是在创建选区之前设置羽化，这样，创建的选区本身就已经有羽化效果。二者的区别在于：一个是创建选区之前设置羽化；另一个是创建选区之后设置羽化。

4.4 变换与移动选区

可以像变换与移动图像那样对选区进行变换与移动，这对于编辑图像非常有利。这一节学习变换与移动选区的相关知识。

4.4.1 变换选区

 可以对选区进行任意变换操作，但选区内的图像不受任何影响。下面通过一个简单的实例，学习变换选区的相关知识。

扫一扫，看视频

实例——变换选区

步骤 01 激活 ▓ "矩形选框工具"创建矩形选区，并向选区填充任意颜色，如图 4-49 所示。

图 4-49 创建选区并填充颜色

步骤 02 执行【选择】/【变换选区】命令，此时选区上出现自由变换框，拖动变换框上的控制点进行调整，发现选区发生了变换，而选区内的图像并没有变化，如图 4-50 所示。

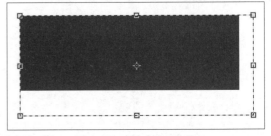

图 4-50 变换选区的结果

🚀 小贴士

变换选区时，将光标移动到变换框任意一个顶点上，光标显示弯曲双向箭头时拖曳鼠标，此时可以对选区进行旋转，如图 4-51 所示。

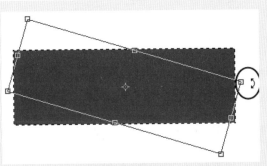

图 4-51 旋转选区

拖动任意顶点，可以缩放选区；按住 Ctrl 键拖动顶点，可以任意变换选区，如图 4-52 所示。

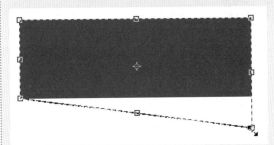

图 4-52 任意变换选区

按住 Ctrl+Alt 组合键拖动顶点，可以透视变换选区，如图 4-53 所示。

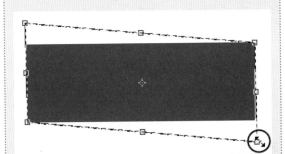

图 4-53 透视变换选区

按住 Alt 键拖曳顶点，可以以中心点为中心缩放选区，变换完成后，按 Enter 键确认，再按 Ctrl+D 组合键取消选区。

练一练

使用【变换选区】命令，将矩形选区调整为梯形选区，如图 4-54 所示。

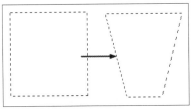

图 4-54 变换选区

操作提示

（1）创建矩形选区，执行【选择】/【变换选区】命令，在选区上添加自由变换框。

（2）按 Ctrl+Shift+Alt 组合键的同时，向左拖曳变换框右下角的控制点到合适的位置。

（3）按 Enter 键确认变换。

疑问解答

疑问：【变换选区】与【自由变换】的区别是什么？

解答：【变换选区】是指对选择区进行任意变换操作，而不影响选区内的图像，如图 4-55 所示。而【自由变换】则是对选区内的图像进行任意变换操作，变换时其选区内的图像也会发生变化，如图 4-56 所示。

扫一扫，看视频

图 4-55 变换选区的效果

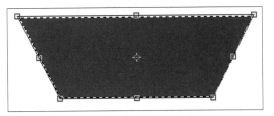

图 4-56 自由变换的效果

4.4.2 移动选区

可以对选区进行移动操作，以调整选区的位置，一般使用选择类工具进行移动。下面通过一个简单的实例，学习相关知识。

扫一扫，看视频

实例——移动选区

步骤 01 继续 4.4.1 小节的操作。激活任意选择类工具，将光标置于选区内，光标显示效果如图 4-57 所示。

图 4-57 光标显示效果

步骤 02 按住鼠标向左拖曳，将选区向左移动到合适位置，如图 4-58 所示。

图 4-58 移动选区的位置

🚀 **小贴士**

激活任意选择类工具，按方向键，即可对选区进行移动操作。

✏️ **练一练**

使用移动选区功能与填充背景色知识，制作如图 4-59 所示的图像效果。

图 4-59 移动选区

✏️ **操作提示**

（1）使用 🔘 "椭圆选框工具"创建椭圆形选区，按 Ctrl+Delete 组合键填充红色背景色。

（2）按住 Shift 键的同时按向右的方向键 2 次，将选区向右移动 20 像素，重新填充绿色背景色。

（3）使用相同的方法继续将选区分别向右移动 20 像素，并分别填充蓝色、黄色、洋红、天蓝以及白色，最后取消选区。

🚀 **小贴士**

移动时，按住 Shift 键，每按一次方向键，则表示移动了 10 像素。

✏️ **疑问解答**

扫一扫，看视频

疑问：移动选区时能否使用 ✥ "移动工具"？为什么？

解答：选区只能使用选择类工具移动，而不能使用 ✥ "移动工具"移动。使用 ✥ "移动工具"移动选区时，会将选区连同选区内的图像一起移动，如图 4-60 所示。

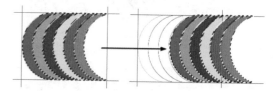

图 4-60 移动选区

4.5 存储与载入选区

可以将选区存储在当前图像中，在适当的时候载入以编辑图像。这一节学习存储与载入选区的相关内容。

4.5.1 存储选区

存储选区是指将创建的选区保存在当前文件中，存储时可以连同选区的羽化效果一起保存，保存的选区可以随时载入，这对于编辑图像非常方便。下面通过一个简单的实例，学习存储选区的相关方法。

扫一扫，看视频

实例——存储选区

步骤 01 首先使用 🔘 "椭圆选框工具"创建椭圆形选区。

步骤 02 执行【选择】/【存储选区】命令，打开【存储选区】对话框，如图 4-61 所示。

图 4-61　【存储选区】对话框

步骤 03 在"名称"输入框中输入选区的名称，如输入"椭圆选区 1"，单击"确定"按钮将选区保存。

🚀 小贴士

保存选区时，除了可以将选区存储在当前文件中，还可以将选区存储为新文档，在"文档"列表选择"新建"选项，并为新文档命名，如图 4-62 所示。

图 4-62　设置新文档

单击"确定"按钮，即可将选区存储在新建文档中，如图 4-63 所示。

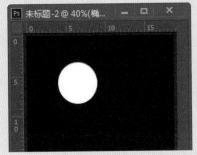

图 4-63　存储选区到新文档

4.5.2　载入选区

选区被存储后，可以使用【载入选区】命令将其载入，以更好地编辑图像。这一节继续通过简单实例，学习【载入选区】的相关知识。

扫一扫，看视频

实例——载入选区

步骤 01 继续 4.5.1 小节的操作。执行【选择】/【载入选区】命令，打开【载入选区】对话框，如图 4-64 所示。

图 4-64　【载入选区】对话框

步骤 02 在"文档"列表中选择选区所在文档，在"通道"列表中选择所要载入的选区，单击"确定"按钮，即可载入存储的选区。

🚀 小贴士

载入选区时，勾选"反相"选项，则会载入存储的选区的反向选区。另外，当当前文件中有选区存在时，可以在"操作"列表中选择载入选区与当前选区直接的关系，有添加、减去和交叉三个选项，其效果与选择工具选项栏中的添加、减去和交叉效果相同。

4.6　综合练习——制作三色盘

学习了选区的各种操作知识，下面通过制作三色盘的具体实例，对所学知识进行综合巩固练习，如图 4-65 所示。

图 4-65　三色盘

4.6.1　创建并存储选区

这一小节首先创建并储存选区，为后面进行图像编辑做准备。

扫一扫，看视频

实例——创建并存储选区

步骤 01 新建空白文档，激活 "椭圆选框工具"，在其选项栏设置"羽化"值为 0 像素，在图像中创建圆形选区。

步骤 02 打开【色板】面板，在红色颜色块上单击设置背景色为红色。

步骤 03 按 Ctrl+Delete 组合键填充背景色，结果如图 4-66 所示。

图 4-66 创建选区并填色

步骤 04 执行【选择】/【存储选区】命令，将该选区命名为"红色"，并存储在当前文档中，如图 4-67 所示。

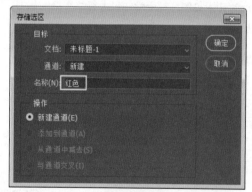

图 4-67 存储选区

步骤 05 单击"确定"按钮，然后按向右方向键将选区向右移动到合适位置，设置前景色为"绿色"并填

充到选区，再次执行【存储选区】命令，将该选区存储为"绿色"，如图 4-68 所示。

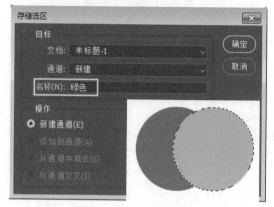

图 4-68 移动选区、填充颜色为绿色

步骤 06 将选区向下移动到合适位置，并填充蓝色，然后将其选区存储为"蓝色"，如图 4-69 所示。

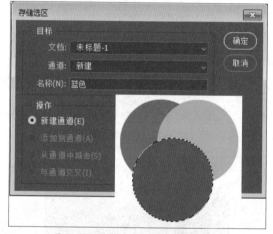

图 4-69 移动选区、填充颜色为蓝色

4.6.2 载入选区编辑图像

下面载入存储的选区，以编辑图像效果。

实例——创建并存储选区

扫一扫，看视频

步骤 01 执行【选择】/【载入】命令，在打开的【载入】对话框的"通道"列表中选择"红色"选项，并勾选"与选区交叉"选项。

步骤 02 单击"确定"按钮，获取红色与蓝色公共选区，然后向选区填充"洋红"，如图 4-70 所示。

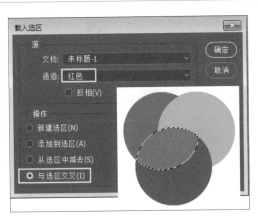

图 4-70 获取选区并填充颜色

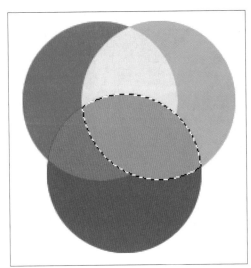

图 4-72 填充天蓝色

🚀 **小贴士**

  载入选区时，在"通道"列表中选择"红色"选项，并勾选"与选区交叉"选项，表示载入红色选区会与图像中的蓝色选区相交，获取两个选区相交的公共选区。

步骤 03 继续执行【载入选区】命令，在"通道"列表中选择"红色"选择，并勾选"新建选区"选项，其他设置默认，确定载入红色选区。

步骤 04 继续执行【载入选区】命令，在"通道"列表中选择"绿色"选择，并勾选"与选区交叉"选项，然后确认获取红色选区与绿色选区的公共选区，为该选区填充黄色，如图 4-71 所示。

步骤 06 继续以"与选区交叉"的方式载入"红色"选区，以获取 3 种颜色的公共选区，然后填充"白色"，结果如图 4-73 所示。

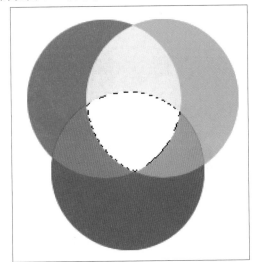

图 4-73 填充白色

步骤 07 按 Ctrl+D 组合键取消选区，将该结果存储为"三色盘 .psd"文件。

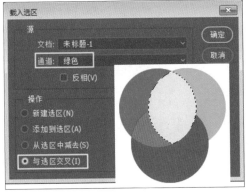

图 4-71 载入选区并填充颜色

步骤 05 继续以"新建选区"的方式载入"绿色"选区，以"与选区交叉"的方式载入"蓝色"选区，以获取这两个颜色的公共选区，然后填充"天蓝色"，如图 4-72 所示。

4.7 职场实战——制作特效文字

  特效文字在 PS 平面设计中应用非常广泛，这一节通过制作如图 4-74 所示的"冰"特效文字的具体实例，学习选区在

扫一扫，看视频

实际工作中的应用方法和技巧。

图 4-74　特效文字

步骤 01 打开"素材"/"风景 05.jpg"素材文件，激活 "横排文字蒙版工具"，在选项栏选择字体为"黑体"，大小为 600，在图像中单击并输入"冰"字，单击选项栏中的 按钮确认，文字生成选区。

步骤 02 执行【图层】/【新建】/【通过拷贝的图层】命令，将文字粘贴到图层 1，然后将背景层关闭，效果如图 4-75 所示。

图 4-75　输入文字

步骤 03 按住 Ctrl 键单击图层 1 载入其选区，然后执行【滤镜】/【艺术效果】/【海绵】命令，设置"画笔大小"为 10，"清晰度"为 25，"平滑度"为 2，单击"确定"按钮，对图像进行处理，效果如图 4-76 所示。

步骤 04 执行【滤镜】/【艺术效果】/【塑料包装】命令，设置"高光强度"为 20，"细节"为 10，"平滑度"为 15，单击"确定"按钮，对文字进行处理，效果如图 4-77 所示。

图 4-76　【海绵】滤镜效果

图 4-77　【塑料包装】滤镜效果

步骤 05 继续执行【滤镜】/【扭曲】/【海洋波纹】命令，设置"波纹大小"为 15，"波纹幅度"为 10，单击"确定"按钮，对文字进行处理，如图 4-78 所示。

图 4-78　【海洋波纹】滤镜效果

步骤 06 新建图层 2，执行【编辑】/【描边】命令，设置"颜色"为白色（R:255、G:255、B:255），"位置"为"内部"，"宽度"为 6 像素，如图 4-79 所示。

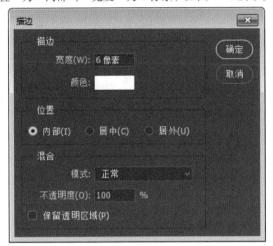

图 4-79　描边设置

步骤 07 单击"确定"按钮，对文字进行描边，效果如图 4-80 所示。

图 4-80　描边结果

步骤 08 执行【滤镜】/【模糊】/【径向模糊】命令，设置"数量"为 5，"模糊方法"为"旋转"，如图 4-81 所示。

步骤 09 单击"确定"按钮，对文字进行模糊处理，效果如图 4-82 所示。

步骤 10 新建图层 3，执行【选择】/【修改】/【收缩】命令，设置"收缩量"为 20，将选区进行收缩，然后向选区填充白色，效果如图 4-83 所示。

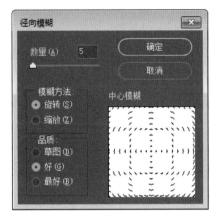

图 4-81　【径向模糊】设置

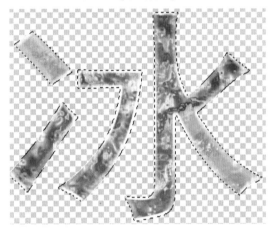

图 4-82　【径向模糊】滤镜效果

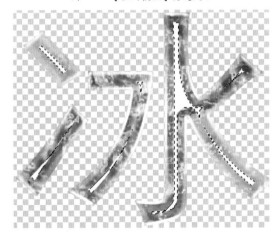

图 4-83　收缩选区并填充颜色

步骤 11 载入图层 1 的文字选区，执行【滤镜】/【模糊】/【径向模糊】命令，设置"数量"为 10，"模糊方法"为"旋转"，单击"确定"按钮，对文字进行处理，效果如图 4-84 所示。

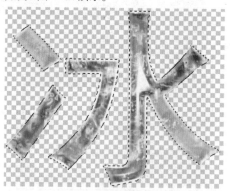

图 4-84 【径向模糊】效果

步骤 12 将除背景层之外的其他图层合并，并取消背景层的隐藏，效果如图 4-85 所示。

图 4-85 显示背景

读书笔记

步骤 13 激活 ⊕ "移动工具"，按住 Ctrl+Alt 键的同时，按向左和向上方向键各 5 次，将文字进行移动复制，制作出文字的立体效果，效果如图 4-86 所示。

图 4-86 制作立体效果

步骤 14 按 Ctrl+D 组合键取消选区，最后将该文字存储为 "冰 .psd" 文件。

Chapter

5

第 5 章

图像文件的基本操作

本章导读

在 PS CC 中，图像文件的基本操作是 PS CC 的应用基础，其内容包括拷贝、粘贴、剪切、自由变换以及调整图像与画布大小等，本章学习相关内容。

本章主要内容如下

- 拷贝与粘贴
- 剪切与清除
- 选择性粘贴
- 变形
- 变换与自由变换
- 裁剪
- 调整图像与画布大小
- 综合练习——制作特效文字
- 职场实战——数码照片处理

5.1 拷贝与粘贴

拷贝就是复制，是将图像复制为备份，而粘贴则是将拷贝的图像粘贴到原位或其他图像中，进行重复使用，通常情况下，这两个命令配合使用，这一节学习拷贝与粘贴的相关知识。

5.1.1 拷贝

拷贝是复制图像的一种方式，拷贝图像是指将选择的图像拷贝到系统粘贴板上，然后将其进行粘贴，拷贝的图像可以多次粘贴，以重复使用该图像。下面通过一个简单的实例，学习拷贝图像的方法。

扫一扫，看视频

实例——拷贝图像

步骤 01 打开"素材"/"照片 03.jpg"素材文件。

步骤 02 选择 ⬭ "椭圆选框工具"，在女孩头像上拖曳选取女孩头像，如图 5-1 所示。

图 5-1 选取女孩头像

步骤 03 执行【编辑】/【拷贝】命令，将选取的图像拷贝到系统粘贴板上。

📎 小贴士

选取图像后，按 Ctrl+C 组合键可以将选择的图像进行拷贝。

5.1.2 粘贴

粘贴是指将拷贝到系统粘贴板上的图像粘贴到原位或其他图像文件中，与拷贝相同，图像可以多次粘贴，以重复使用拷贝的图像。下面通过一个简单的实例，学习粘贴图像的方法。

扫一扫，看视频

实例——粘贴图像

步骤 01 继续 5.1.1 小节的操作。执行【编辑】/【粘贴】命令，被拷贝的图像被粘贴到原图像中，并生成图层 1，如图 5-2 所示。

图 5-2 粘贴图像

步骤 02 按 Ctrl+V 组合键，继续将拷贝的图像粘贴到原图像中，生成图层 2，如图 5-3 所示。

图 5-3 继续粘贴图像

📎 小贴士

Ctrl+V 组合键是粘贴的快捷方式，按该组合键可以将拷贝的图像粘贴到原图像或其他图像文件中，并且可以多次进行粘贴，以重复使用拷贝的图像。

🚀 练一练

打开"素材"/"风景 05.jpg"和"灯笼.jpg"两个图像，使用 ▨ "快速选择工具"将灯笼图像选择并粘贴到风景 05 图像中，如图 5-4 所示。

图 5-4 粘贴结果

操作提示

（1）使用 "快速选择工具"选取灯笼图像，按 Ctrl+C 键将其拷贝。

（2）打开"风景 05.jpg"图像，多次按 Ctrl+V 组合键，将拷贝的灯笼图像粘贴到该图像中。

（3）按 Ctrl+T 组合键激活自由变换工具，调整灯笼图像的大小与位置。

5.2　剪切与清除

【剪切】与【清除】是两个容易混淆的命令，这两个命令的功能与作用完全不同，这一节学习剪切与清除图像的相关知识。

5.2.1　剪切

与拷贝相同，剪切也是复制图像的一种方式，是将选取的图像剪切到系统粘贴板上，再通过【粘贴】命令进行粘贴，图像被剪切后将使用背景色填充。下面通过一个简单的实例，学习剪切图像的相关方法。

扫一扫，看视频

实例——剪切图像

步骤 01 继续 5.1 节的操作。再次选取女孩头像，如图 5-1 所示。

步骤 02 执行【编辑】/【剪切】命令，选取的图像被剪切，剪切后的区域使用背景色填充，如图 5-5 所示。

图 5-5　剪切图像

步骤 03 执行【编辑】/【粘贴】命令，剪切的图像被粘贴到原图像文件中，并生成图层 1，如图 5-6 所示。

图 5-6　粘贴图像

🚀 小贴士

Ctrl+X 组合键是剪切的快捷键，选择图像后，按该组合键可以将图像剪切。另外，拷贝和剪切的图像不仅可以粘贴到原图像文件中，还可以粘贴到其他图像文件中，粘贴后的图像都会生成新图层。

疑问解答

疑问：拷贝与剪切都是拷贝图像的一种方式，那这两个命令的区别是什么？

解答：拷贝图像时，原图像不会发生任何变化，而剪切图像时，原图像会被破坏，因此，在复制图像时，要根据具体情况选择不同的复制方式，以免对原图像造成损坏。

扫一扫，看视频

5.2.2　清除

清除是指将选择的图像删除，与剪切有些相似，被清除的图像区域也会使用背景色填充，但清除的图像不会被放置在系统粘贴板上，也就是说清除的图像不能被粘贴。下面通过一个简单的实例，学习清除图像的方法。

扫一扫，看视频

实例——清除图像

步骤 01 继续 5.1 节的操作。再次选取女孩头像，如图 5-1 所示。

步骤 02 执行【编辑】/【清除】命令，选取的图像被清除，清除后的区域使用背景色填充，如图 5-5 所示。

🚀 小贴士

【清除】命令是将选择的图像彻底清除，被清除的图像不会被放置到粘贴板上，因此不能被粘贴。

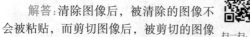

疑问解答

疑问：清除与剪切都破坏了原图像，那这两个命令的区别是什么？

解答：清除图像后，被清除的图像不会被粘贴，而剪切图像后，被剪切的图像会被放在粘贴板上，可以使用【粘贴】命令进行粘贴。

扫一扫，看视频

5.3 选择性粘贴

"选择性粘贴"是指将选择并拷贝或剪切的图像进行粘贴，粘贴时可以选择粘贴的位置，例如粘贴到原位、选区内或选区外等。这一节学习选择性粘贴图像的相关知识。

5.3.1 贴入

贴入是指将拷贝或剪切的图像粘贴到选区内，生成带蒙版的图层。下面通过一个简单的实例，学习贴入图像的方法。

扫一扫，看视频

实例——将图像贴入选区

步骤 01 继续 5.1 节的操作，选取女孩头像，如图 5-1 所示。

步骤 02 执行【拷贝】命令，将选择的头像拷贝。

步骤 03 新建图像文件，并在图像内创建选择区，然后执行【编辑】/【选择性粘贴】/【贴入】命令，拷贝的图像被粘贴到选区内，并生成带蒙版的图层 1，如图 5-7 所示。

练一练

打开"素材"/"风景 06.jpg"和"女孩 .jpg"两幅图像，将女孩头像粘贴到风景 06 图像的葵花中，如图 5-7 所示。

图 5-7　粘贴结果

操作提示

（1）使用 "快速选择工具"选取女孩头像，按 Ctrl+C 组合键将其拷贝。

（2）继续使用 "快速选择工具"选取葵花盘，然后按 Atl+Shift+Ctrl+V 组合键，将拷贝的女孩图像粘贴到葵花盘选区中。

5.3.2 外部粘贴

与贴入恰好相反，外部粘贴是指将拷贝或剪切的图像粘贴到选区外，生成带蒙版的图层。下面通过一个简单的实例，学习外部粘贴图像的方法。

扫一扫，看视频

实例——将图像粘贴到选区外

步骤 01 继续 5.1 小节练习的操作。

步骤 02 执行【编辑】/【选择性粘贴】/【外部粘贴】命令，被拷贝的女孩头像被粘贴到葵花盘的选区外，并生成以选区部分为蒙版的新图层 2，如图 5-8 所示。

图 5-8　在选区外粘贴图像

5.3.3 原位粘贴

原位粘贴是指将拷贝或剪切的图像粘贴到原图像的原位置，粘贴后会在原图像中生成新的图层。下面通过一个简单的实例，学习原位粘贴图像的方法。

扫一扫，看视频

实例——将图像原位粘贴

步骤 01 继续 5.1 节练习的操作。

步骤 02 执行【编辑】/【选择性粘贴】/【原位粘贴】命令，拷贝的女孩头像被粘贴到原图像的原位，并生成新图层 1，如图 5-9 所示。

图 5-9　原位粘贴

5.4　变形

使用【操控变形】和【透视变形】两个命令，可以对图像进行任意变形操作，以达到编辑图像的目的，这一节学习相关知识。

5.4.1　操控变形

操控变形是通过设置"刚性""正常""扭曲" 3 种变形模式对图像进行变形编辑，在变形时，设置"浓度"值，可以控制变形的品质，对图像进行精细变形编辑。

扫一扫，看视频

【操控变形】命令只针对图层变形。下面通过将女孩的嘴变得小一些的具体的实例，学习【操控变形】命令的使用方法。

实例——将女孩的嘴变得小一些

步骤 01 打开"素材"/"照片 03.jpg"素材文件，这是一个只有背景层的图像文件。由于操控变形只能针对图层，因此需要有一个图层作为变形对象。

步骤 02 使用 ◯ "椭圆选框工具"选取女孩的头部，然后将其拷贝并原位粘贴，生成图层 1，如图 5-10 所示。

图 5-10　选择、拷贝并原位粘贴

步骤 03 执行【编辑】/【操控变形】命令，女孩头像

上出现操控变形框，在工具选项栏设置"浓度"为"减少点"，然后在女孩两个嘴角位置以及脸部轮廓位置单击添加图钉，如图 5-11 所示。

图 5-11　添加图钉

步骤 04 移动光标到嘴角两个图钉上拖曳，将女孩的嘴调整得小一点，如图 5-12 所示。

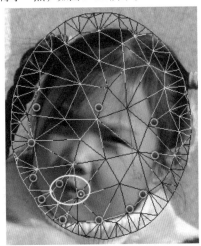

图 5-12　操作变形女孩嘴

步骤 05 调整完成后，单击选项栏中的 ✓ "提交操控变形"按钮，发现女孩的嘴变小了，效果如图 5-13 所示。

图 5-13　变形结果

 练一练

打开"素材"/"女孩.jpg"素材文件，使用【操控变形】命令将女孩眼睛变大，如图 5-14 所示。

图 5-14　操控变形结果

 操作提示

（1）执行【编辑】/【操控变形】命令，在女孩两只眼睛上下眼睑位置单击添加数个图钉。

（2）调整各图钉的位置，对女孩的眼睛进行变大处理。

 小贴士

当不能添加图钉时，可在其选项栏的"浓度"列表中选择"较多点"选项，这样就可以添加更多图钉。

5.4.2　透视变形

透视变形是对图像进行透视关系的一种变形操作，该操作即可针对图像背景进行变形，也可以针对图层进行变形。下面通过调整女孩头像透视变形的简单实例，学习透视变形图像的方法。

扫一扫，看视频

实例——透视变形图像

步骤 01 继续 5.4.1 小节的操作，执行【编辑】/【透

视变形】命令，然后在图层 1 上拖曳鼠标，添加透视变形框，如图 5-15 所示。

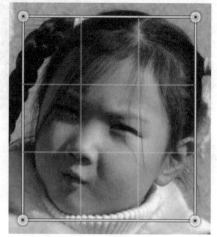

图 5-15　添加透视变形框

步骤 02 单击选项栏中的 变形 按钮将其激活，然后拖动 4 个角上的图钉进行透视变形，如图 5-16 所示。

图 5-16　透视变形操作

步骤 03 调整完成后，单击选项栏中的 ✓"提交透视变形"按钮，完成透视变形操作。

 小贴士

在图像上添加透视变形框后，一定要单击选项栏中的"变形"按钮将其激活。这样调整变形框才能对图像进行变形，否则操作变形框不能对图像进行变形。

 练一练

打开"素材"/"别墅设计.tif"素材文件，使用【透

视变形】命令调整别墅的透视效果，如图 5-17 所示。

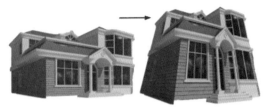

图 5-17　透视变形结果

✎ 操作提示

（1）执行【编辑】/【透视变形】命令，拖曳鼠标在图层 1 的别墅上添加变形框。

（2）按 Enter 键激活变形框，然后调整上方左、右两个控制点，调整别墅的透视效果。

（3）确认完成别墅透视效果的变形。

5.5　变换与自由变换

变换与自由变换是针对图层进行变形的两个变形命令，而不能对图像背景层进行变换操作，这两个命令的操作比较简单，变形效果不如操控变形精细，只适合对图像整体效果进行变形，而不适合对图像的细节进行变形，这一节学习相关知识。

5.5.1　变换

【变换】命令包括多个子命令，每一个命令只承担一种变换，例如缩放、旋转、透视、斜切、扭曲、变形等。在【编辑】/【变换】子菜单下，可以选择不同的命令对图像进行某一变换操作，如图 5-18 所示。

扫一扫，看视频

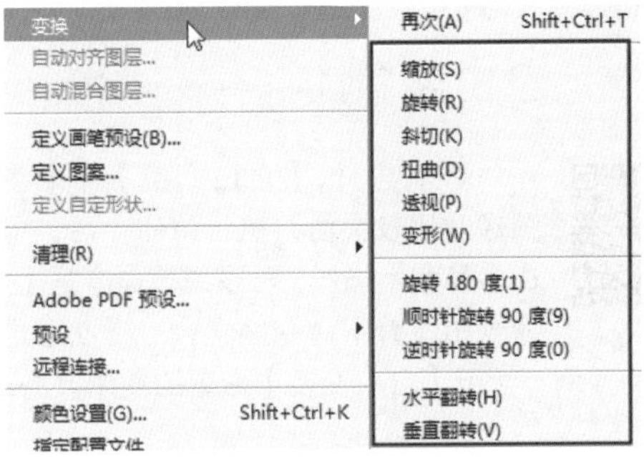

图 5-18　【变换】子菜单

由于【变换】子菜单命令比较简单，且功能比较单一，在此不再对其进行——讲解。下面主要讲解【变形】命令，其他子命令，读者可以自己尝试操作。

【变形】命令包含了多种方式，当执行该命令后，在其选项栏的"变形"列表中选择一种变形方式，即可对图像进行变形，如图 5-19 所示。

图 5-19　"变形"列表

下面通过一个简单的实例，学习【变形】命令的使用方法。

实例——变形图像

步骤 01　继续 5.4 节的操作。执行【编辑】/【变换】/【变形】命令，此时图像上出现变形框，如图 5-20 所示。

图 5-20　添加变形框

步骤 02 系统默认下为自定义变形方式，在该方式下，只需要在变形框内拖曳鼠标，调整变形框对图像进行编辑，如图 5-21 所示。

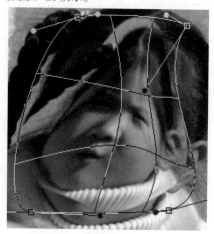

图 5-21 调整变形框进行变形

步骤 03 在"变形"列表中选择其他变形方式，例如扇形、下弧、上弧、贝壳、花冠、鱼形等，如图 5-22 所示。

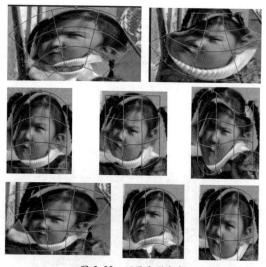

图 5-22 不同变形方式

步骤 04 选择一种变形方式后，即可在选项栏设置相关参数，对图像进行变形，例如选择"扇形"变形方式，其选项栏设置如图 5-23 所示。

图 5-23 "扇形"变形方式选项栏设置

这些变形方式的操作都比较简单，在此不再赘述，读者可以自己尝试操作。

练一练

使用【变换】命令制作特效文字，如图 5-24 所示。

图 5-24 特效文字

操作提示

（1）新建白色背景的图像文件。

（2）激活 **T** "横排文字工具"，在图像上输入"变换"文字内容，并调整颜色为黑色，文字大小与字体等随机。

（3）按 F7 键打开【图层】面板，在文字层右击，选择"栅格化"命令将文字层栅格化。

（4）执行【编辑】/【变换】/【变形】命令，选择"扇形"变形方式，然后确认。

（5）按住 Ctrl 键并单击文字层载入文字选区，按向上、向左的方向键将文字选区向上、向左移动，然后向选区填充白色，最后取消选区。

小贴士

文字层是一种特殊图层，在对文字层进行编辑时需要将文字层栅格化，所谓栅格就是将其转换为一般图层。然后才能对其进行编辑，有关文字的输入以及文字层的编辑，在第 12 章进行详细讲解。

5.5.2 自由变换

扫一扫，看视频

顾名思义，【自由变换】命令在变换图像时比较灵活，执行该命令后，可以完成多种变换操作，可以说该命令是【变换】命令中所有子命令的集合。下面通过一个简单的实例，学习【自由变换】命令的使用方法。

实例——自由变换图像

步骤 01 继续 5.5.1 小节的操作，执行【编辑】/【自由变换】命令，在图像上添加自由变换框，同时其选项栏显示相关选项，通过设置选项进行自由变换，如图 5-25 所示。

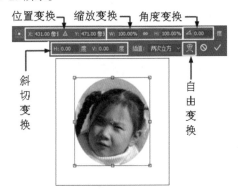

图 5-25　自由变换选项栏

步骤 02 单击选项栏中的 "变形" 按钮，将自由变换切换到变形模式，此时图像中出现用于变换操作的控制点，同时进入变换工具的选项栏。

步骤 03 在 "自定" 下拉列表中选择变换类型，对图像进行变形操作，如图 5-26 所示。

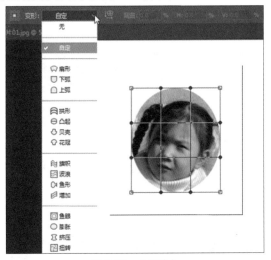

图 5-26　变形模式

🚀 **小贴士**

按 Ctrl+T 组合键，可以在图层上添加自由变换框，然后按住 Ctrl、Alt、Ctrl+Alt+Shift 等组合键，可以实现缩放、透视、斜切等变形操作，将光标移动到变换框控制点上拖曳鼠标，对图像进行缩放变形，移动光标到变换框控制点附近，光标显示弯曲双向箭头图标，此时拖曳鼠标进行旋转变换，如

图 5-27 所示。

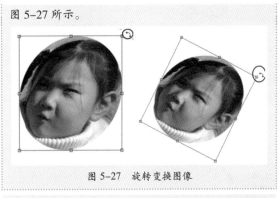

图 5-27　旋转变换图像

✍ **练一练**

继续 5.5.1 小节练习的操作，使用【自由变换】命令对制作的特效文字进行变形，制作另一种特效文字，如图 5-28 所示。

图 5-28　特效文字

✍ **操作提示**

（1）继续 5.5.1 小节练习的操作。按 Ctrl+T 组合键向特效文字添加自由变换框。

（2）按住 Ctrl 键，分别拖曳变形框各控制点，对文字继续进行变形。

✍ **疑问解答**

疑问：【变换】和【自由变换】命令的区别是什么？

解答：【变换】和【自由变换】都是用于变形图像的两个命令，其区别在于，【变换】命令可以按照特点的角度以及变形规则进行变形，而【自由变换】命令则是一种自由变形效果，不受任何形式的限制，在变形时更自由。

扫一扫，看视频

5.6 裁剪

【裁剪】是一种图像编辑工具，通过裁剪图像，可以缩小画面或增大画面，以改变图像尺寸和分辨率。裁剪图像时，用户可以设置裁剪尺寸和比例进行裁剪，也可以选择系统预设的尺寸和比例进行精确裁剪，这一节学习裁剪图像的相关方法。

5.6.1 设置比例裁剪

扫一扫，看视频

用户可以设置比例裁剪图像，例如设置长宽比为 2：1 进行裁剪，需要说明的是，设置比例裁剪时，采用的是原图像的分辨率。下面通过一个简单的实例，学习设置比例裁剪图像的方法。

实例——设置比例裁剪图像

步骤 01 继续 5.5 节的操作，激活工具箱中的 裁剪工具"，在其选项栏的"比例"列表中选择"比例"选项，并设置比例为 2：1，按住鼠标拖曳添加裁剪框，如图 5-29 所示。

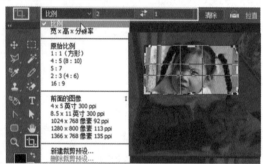

图 5-29 设置比例

步骤 02 按 Enter 键确认，以裁剪图像，结果如图 5-30 所示。

图 5-30 裁剪图像

小贴士

设置比例后，无论选取的裁剪范围多大或多小，其裁剪后的图像长宽比始终与设置的比例一致。另外，用户也可以选择系统预设的比例进行裁剪，当选择"原始比例"时，裁剪后的图像将与原图像比例保持一致。

5.6.2 设置尺寸与分辨率裁剪

扫一扫，看视频

用户可以根据需要，设置裁剪的尺寸与分辨率进行裁剪。下面将女孩 03 图像裁剪为宽为 10 厘米，高为 5 厘米，分辨率为 72 像素 / 英寸的图像，学习设置尺寸裁剪图像的方法。

实例——设置尺寸裁剪图像

步骤 01 按 Ctrl+Z 组合键恢复图像，激活 裁剪工具"，在其选项栏的"比例"列表中选择"宽 × 高 × 分辨率"选项，然后输入宽、高以及分辨率，在图像上拖曳鼠标选取裁剪区域，如图 5-31 所示。

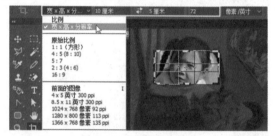

图 5-31 选择裁剪范围

步骤 02 按 Enter 键确认，以裁剪图像，结果如图 5-32 所示。

图 5-32 裁剪后的图像

步骤 03 在裁剪后的图像标题栏右击，选择【图像大小】命令，在打开的对话框中查看裁剪后的图像尺寸与分辨率，发现与设置的尺寸与分辨率相同，如

图 5-33 所示。

图 5-33 裁剪后的图像尺寸与分辨率

设置尺寸与分辨率后，无论选取的裁剪范围大小，其裁剪后的图像尺寸与分辨率都保持设置参数。另外，用户也可以将当前图像裁剪成与前面所使用过的图像尺寸一致的图像，方法是，在"比例"列表中选择"前面的图像"选项，即可采用前面的图像尺寸来裁剪当前图像。

5.6.3 裁剪以增加画布

裁剪工具不仅可以裁剪图像，还可以裁剪画布，以增大图像的画布。所谓画布，我们可以将其理解为一幅画的画框，也就是我们通常认为的图像背景，裁剪后的画布区域将使用背景色填充。下面通过一个简单的实例，学习相关知识。

扫一扫，看视频

实例——裁剪图像以增加画布

步骤 01 按 Ctrl+Z 组合键恢复图像，使用缩放工具将图像缩小以显示画布，如图 5-34 所示。

图 5-34 缩小图像

步骤 02 激活 🔲 "裁剪工具"，在图像上拖曳鼠标添加裁剪框，然后调整裁剪框使其超出画面，超出的区域使用背景色填充，如图 5-35 所示。

图 5-35 选择裁剪区域

步骤 03 按 Enter 键确认，以裁剪图像，结果如图 5-36 所示。

图 5-36 裁剪结果

🔲 "裁剪工具"还有一大功能就是可以将图像进行倾斜裁剪，以满足不同的需要。首先激活 🔲 "裁剪工具"，在选项栏激活 🔳 "通过在图像上画一条线来拉直图像"按钮，沿要裁剪的水平方向画一条线，如图 5-37 所示。此时会自动在该线的水平方向上创建裁剪框，如图 5-38 所示。

扫一扫，看视频

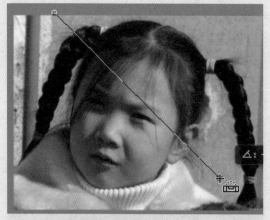

图 5-37　沿裁剪水平方向画线

图 5-38　添加裁剪框

调整裁剪范围然后确认，这样就完成了裁剪。另外，添加裁剪框后，将光标移动到变形框任意一个角上，光标显示弯曲的双向箭头，如图 5-39 所示。此时拖曳鼠标旋转图像到合适角度，确认已裁剪，如图 5-40 所示。

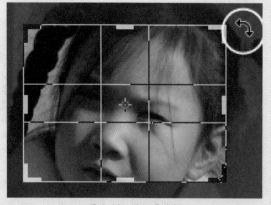

图 5-39　添加裁剪框

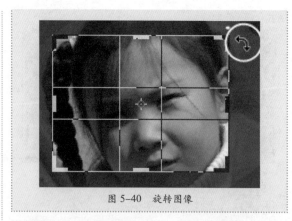

图 5-40　旋转图像

5.7 调整图像与画布大小

除对图像进行任意变换，用户还可以重新设置图像的尺寸以及画布大小，使图像更符合图像的编辑要求，这一节学习相关知识。

5.7.1　调整图像大小

扫一扫，看视频

图像大小其实是指图像的尺寸以及分辨率，通过调整图像大小，可以使图像更符合编辑要求。下面通过一个简单的实例，学习调整图像大小的方法。

实例——调整图像大小

步骤 01　继续 5.6 节的操作。执行【图像】/【图像大小】命令，打开【图像大小】对话框，如图 5-41 所示。

图 5-41　【图像大小】对话框

步骤 02　在"调整为"列表中选择系统预设的常见的几种尺寸，如图 5-42 所示。

步骤 03　也可以在下方输入框直接输入图像的宽度、高度以及分辨率，例如设置宽度为 20 厘米，高度为 15 厘米，分辨率为 300 像素 / 英寸，如图 5-43 所示。

图 5-42　选择预设的尺寸

图 5-43　输入图像尺寸

步骤04 单击"确定"按钮，完成对图像大小的调整。

🚀 **小贴士**

　　调整图像大小时，在"调整为"列表中选择"自动分辨率"选项后，无论设置的图像大小尺寸是多少，系统都会自动设置图像分辨率，以确保调整后的图像清晰度与原图像一致。

5.7.2　调整画布大小

　　先来说说什么是"画布"。所谓"画布"，其实就是图像的背景，我们可以将其理解为一幅画的画框。调整画布大小其实就是调整画框大小，调整画布大小时，既可以增大画布，也可以减小画布。这一节通过一个简单的实例，学习调整画布大小的相关知识。

扫一扫，看视频

1. 增大画布

　　增大画布后，画布大于源图像，此时画布多余部分会使用背景色填充。下面通过一个简单的实例，学

习相关知识。

实例——调整画布大小

步骤01 继续 5.7.1 小节的操作。执行【图像】/【画布大小】命令，打开【画布大小】对话框，如图 5-44 所示。

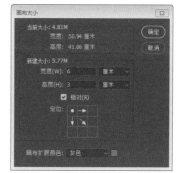

图 5-44　【画布大小】对话框

- "当前大小"：显示图像原大小。
- "新建大小"：用于设置图像新尺寸，可以在"宽度"和"高度"输入框中输入图像新的宽度、高度值。
- "相对"：勾选该选项，则可以直接输入图像所要增加或裁剪的具体尺寸，如果不勾选该选项，则相对图像原尺寸输入新的尺寸。
- "定位"：用于确定设置新的版面尺寸后图像的位置，按下某一方向的按钮，即确定图像所在位置。
- "画布扩展颜色"：用于选择扩展后的画布颜色。

步骤02 勾选"相对"选项，然后输入"宽度"和"高度"值分别为 6 厘米和 3 厘米，表示画布的宽度和高度在原来的尺寸基础上增加了 6 厘米和 3 厘米。

步骤03 按下"定位"的左上方按钮，以确定图像位置。

步骤04 在"画布扩展颜色"列表中选择"灰色"，表示增加的画布将使用灰色填充。

步骤05 单击"确定"按钮，调整画布的图像，效果如图 5-45 所示。

图 5-45　增加图像画布

2. 减小画布

当减小画布后，画布小于源图像时，会对源图像进行裁剪，以适配画布。下面通过一个简单的实例，学习相关知识。

步骤 01 继续上一节的操作，在【画布大小】对话框取消"相对"选项的勾选。

步骤 02 在上方输入"宽度"和"高度"值分别为30 厘米和25 厘米，按下"定位"的上方中间按钮，表示调整画布后图像将位于画面的上方中间位置，如图 5-46 所示。

图 5-46　调整图像在画布上的位置

步骤 03 单击"确定"按钮，此时会弹出警告框，如图 5-47 所示。

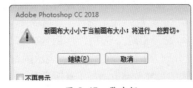

图 5-47　警告框

步骤 04 单击"继续"按钮，则画布按照设置的尺寸进行裁剪，从而对原图像也进行裁剪，使其适配当前画布大小，结果如图 5-48 所示。

图 5-48　裁剪后的图像

5.8　综合练习——制作特效文字

扫一扫，看视频

特效文字永远是平面设计中不变的主题，这一节我们来制作如图 5-49 所示的特效文字。

图 5-49　特效文字

步骤 01 新建背景色为白色的图像文件，激活 T "横排文字工具"，在图像上输入"花冠"的文字内容。

步骤 02 按 F7 键打开【图层】面板，在文字层右击，选择"栅格化"命令将文字层栅格化。

> 🚀 **小贴士**
>
> 　　文字层是一种特殊图层，在对文字层进行编辑时需要将文字层栅格化，所谓栅格就是将其转换为一般图层。然后才能对其进行编辑，有关文字的输入以及对文字层的编辑，在第 12 章进行详细讲解。

步骤 03 执行【编辑】/【变换】/【变形】命令，选择"花冠"变形效果，调整控制点变形文字，如图 5-50 所示。

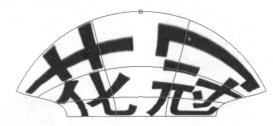

图 5-50　变形结果

步骤 04 按 Ctrl+J 组合键将文字层复制为花冠拷贝层，然后将花冠层暂时隐藏。

步骤 05 按住 Ctrl 键并单击"花冠"文字层载入文字选区，然后打开"素材"/"风景 05.jpg"素材文件，使用 □ "矩形选框工具"将下方的花图像选择，如图 5-51 所示。

图 5-51 选择花图像

步骤 06 按 Ctrl+C 组合键复制。然后回到文字图像，按 Atl+Shift+Ctrl+V 组合键，将拷贝的花图像粘贴到文字选区中，如图 5-52 所示。

图 5-52 粘贴画图像到文字选区

步骤 07 按 Ctrl+T 组合键添加自由变换框，调整花图像大小，使其铺满文字选区，如图 5-53 所示。

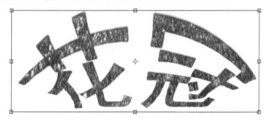

图 5-53 调整图像大小

步骤 08 将除背景色与花冠层之外的其他图层合并为花冠拷贝层，按住 Ctrl 键并单击花冠拷贝层载入选区。

步骤 09 激活 ⊕ "移动工具"，然后按住 Ctrl+Alt 键，按向上的方向键数次，对文字进行移动复制，效果如图 5-54 所示。

图 5-54 移动复制图像

步骤 10 执行【选择】/【反向】命令将选区反向，执行【图像】/【调整】/【亮度/对比度】命令，设置"亮度"为 -60，"对比度"为 100，确认调整亮度和对比度，效果如图 5-55 所示。

图 5-55 调整亮度和对比度

步骤 11 按 Ctrl+D 组合键取消选区，激活花冠层，执行【编辑】/【透视变形】命令，在"花冠"文字上添加变形框，并调整其透视效果，如图 5-56 所示。

图 5-56 透视变形

步骤 12 按 Enter 键确认，然后在【图层】面板调整花冠层的"不透明度"为 35%，制作出阴影效果，如图 5-57 所示。

图 5-57 制作阴影效果

步骤 13 执行【存储为】命令，将该特效文字存储为"花冠特效文字 .psd"文件。

5.9 职场实战——数码照片处理

随着数码时代的到来，数码照片成了我们记录美好生活最好的载体，但在很多情况下拍摄的数码照片并不尽如人意，这时我们可以使用 PS CC 对其进行处理，使其更完美。

打开"素材"/"照片 05.jpg"素材文件，如图 5-58 所示。这是一幅古建筑图像，整体画面偏暗，缺少生机，这一节我们来对该古建筑图像进行处理，学习图像处理在实际工作中的应用技巧，其处理结果如图 5-59 所示。

图 5-58　原素材文件

图 5-59　照片处理结果

5.9.1　完善栏杆

首先对原图进行分析，原图中右下角位置的栏杆到人物位置就结束了，这一节我们对栏杆进行复制并粘贴，使其继续延伸到左下角位置，最后在下方位置添加一条河流。

扫一扫，看视频

步骤 01　激活 "多边形套索工具"，设置 "羽化" 为 2 像素，将照片中的栏杆选中，如图 5-60 所示。

图 5-60　选取栏杆图像

步骤 02　按 Ctrl+C 组合键将选取的图像拷贝，按 Ctrl+D 键取消选区。

步骤 03　按 Ctrl+V 组合键将拷贝的栏杆图像粘贴到当前文件，激活 "移动工具"，调整栏杆到人物图像位置，既可将人物遮挡，又可以补齐栏杆，如图 5-61 所示。

图 5-61　粘贴栏杆图像

步骤 04　按 Ctrl+T 组合键为栏杆图像添加自由变换框，按住 Ctrl 键拖动控制点调整栏杆的大小与透视效果，使其符合透视原理，如图 5-62 所示。

图 5-62　调整栏杆图像大小

步骤 05　按 Enter 键确认变形，然后再次按 Ctrl+V 组合键继续粘贴栏杆图像，调整位置使其与栏杆衔接，并执行【编辑】/【透视变形】命令，在图像上添加变形框，调整栏杆的透视效果，如图 5-63 所示。

🚀 小贴士

粘贴栏杆后，一定要注意栏杆与栏杆之间的衔接、地面走势与栏杆的位置关系，根据近大远小的透视原理，对栏杆进行调整，使其符合透视原理。

步骤 06　使用相同的方法，继续粘贴栏杆，并调整位置与透视，完成栏杆的补齐工作，结果如图 5-64 所示。

图 5-63 调整栏杆透视

图 5-64 完善栏杆后的图像效果

5.9.2 调整画面整体色调

栏杆调整完毕后，我们发现画面整体颜色比较暗淡，这一节就来调整画面整体色调，使其颜色更亮丽。
扫一扫，看视频

步骤 01 按住 Ctrl 键并在【图层】面板单击除背景层之外的其他所有图层将其选择，按 Ctrl+E 组合键将其合并为图层 1，如图 5-65 所示。

图 5-65 合并图层

步骤 02 单击【图层】面板下方的 ⊘ "创建新的填充或调整图层"按钮，在弹出的列表中选择【色相 / 饱

和度】命令，在图层 1 的上方添加"色相 / 饱和度"调整图层，如图 5-66 所示。

图 5-66 添加调整图层

步骤 03 添加调整图层后会打开【属性】对话框，在该对话框中调整"色相 / 饱和度"的"饱和度"值为 50，对画面颜色进行调整，如图 5-67 所示。

图 5-67 调整画面颜色饱和度

步骤 04 关闭【属性】对话框，完成图像颜色的调整。

5.9.3 替换背景并添加河水

画面颜色调整完成后，这一节我们就来替换背景天空，并在栏杆下方位置添加河水，这样会使得画面整体效果更好。
扫一扫，看视频

步骤 01 打开"素材" / "风景 05.jpg"素材文件，按 Ctrl+A 组合键将其全部选中，再按 Ctrl+C 组合键将其拷贝，如图 5-68 所示。

图 5-68 选择并拷贝图像

步骤 02 关闭 "风景 05" 图像，回到当前图像文件，在【图层】面板暂时隐藏调整层，如图 5-69 所示。

图 5-69　隐藏调整层

🚀 **小贴士**

要隐藏某一个图层，只需要在【图层】面板单击该层前面的 👁 "提示图层的可见性" 按钮将其关闭，即可将该层隐藏。

步骤 03 激活背景层，然后使用 ✍ "快速选择工具" 将背景天空选择，最后取消调整层的隐藏。

🚀 **小贴士**

取消某一图层的隐藏的操作很简单，只需在【图层】面板单击该层前面的空白位置，显示 👁 "提示图层的可见性" 按钮，该层即取消隐藏。另外，由于背景层处于调整层的影响之下，在选择背景图像时，不隐藏调整层，是不能选择的，因此，选择背景图像时必须将调整层暂时隐藏。

步骤 04 激活调整层，按 Ctrl+Shift+Alt+V 组合键，将前面拷贝的风景图像粘贴到选区内，生成新的蒙版层，效果如图 5-70 所示。

图 5-70　贴入风景照片

步骤 05 按 Ctrl+T 组合键为贴入的风景图像添加自由变换框，并调整风景图像大小，使其铺满天空，效果

如图 5-71 所示。

图 5-71　调整风景图像大小

步骤 06 按 Enter 键确认，然后使用 ⯅ "多边形套索工具" 沿栏杆下方位置选取下方图像范围。

步骤 07 打开 "素材" / "海边风景 01.jpg" 素材文件，按 Ctrl+A 键将其全部选择，并按 Ctrl+C 组合键将其拷贝，最后将其关闭。

步骤 08 按 Ctrl+Shift+Alt+V 组合键将拷贝的海边风景 01 图像粘贴到该选区，生成带蒙版的图层 3。

步骤 09 按 Ctrl+T 组合键为其添加自由变换框，调整海边风景 01 图像大小与位置，使其铺满图像下方区域，效果如图 5-72 所示。

图 5-72　粘贴海边风景 01 图像

步骤 10 在【图层】面板按住图层 3，将其拖到图层 1 的下方，使调整层对图层 3 的颜色也进行调整，效果如图 5-73 所示。

图 5-73　调整图层 3 的位置

🚀 **小贴士**

　　调整层可以对处于其下方的所有图层的颜色进行统一调整，贴入的海边风景 01 图像的色调要与整个画面相一致，因此，将其调整到图层 1 的下方后，调整层就会对其进行颜色调整，使其颜色与整个画面颜色相一致。另外，将图层 3 调整到图层 1 的下方，可以使水面位于栏杆的前面，这也符合画面的透视关系。

步骤 11 制作水面栏杆的倒影。激活图层 1，按 Ctrl+J 组合键将其复制为图层 1 拷贝层，并将其调整到图层 1 的下方位置。

步骤 12 执行【编辑】/【变换】/【垂直翻转】命令将其做垂直翻转，并将其向下调整到栏杆下方水面位置，在【图层】面板设置其混合模式为"变亮"，效果如图 5-74 所示。

图 5-74　复制并调整图层 1 拷贝层

🚀 **小贴士**

　　可以多次对图层 1 进行复制，并使用【自由变换】和【透视变形】命令对复制的栏杆进行调整，使其符合透视原理。

步骤 13 这样就完成了对该照片的效果处理，最终结果如图 5-75 所示。

图 5-75　照片最终处理结果

步骤 14 使用【存储为】命令，将该图像存储为"数码照片处理 .psd"图像。

 读书笔记

Chapter
6
第 6 章

图像的修饰与美化

本章导读

PS 图像处理中，修饰与美化图像是重要内容，本章学习相关知识。

本章主要内容如下

- 修复图像
- 复制图像
- 调整色彩
- 综合练习——修饰与美化女孩照片
- 职场实战——旧照片翻新

6.1 修复图像

在日常的平面设计工作中，总会遇到不如意的图像，例如图像画面残损、有污点、图像颜色失真等情况，这时，用户可以使用 PS CC 提供的图像处理工具来完善、美化这些图像，使其达到设计要求，这一节就来学习相关知识。

6.1.1 去除污点

污点是指图像中出现与画面不和谐的色点或其他污点。污点会破坏图像的整体画面效果，PS CC 提供的 "污点修复画笔工具"可以很好地帮助用户解决污点问题。下面通过一个简单的实例，学习相关知识。

扫一扫，看视频

实例——去除照片中的拍摄日期

步骤 01 打开"素材"/"照片 03.jpg"素材文件，如图 6-1 所示。

图 6-1 打开素材文件

我们发现该照片底部有拍摄日期，下面来去除拍摄日期。

步骤 02 激活 "污点修复画笔工具"，在其选项栏设置"画笔"为 90 像素，选择"正常"模式，并选择"内容识别"类型，在底部拍摄日期位置由右向左拖曳，将拍摄日期覆盖，如图 6-2 所示。

图 6-2 覆盖拍摄日期

步骤 03 释放鼠标，发现拍摄日期被去除，如图 6-3 所示。

图 6-3 去除拍摄日期

知识拓展

 "污点修复画笔工具"适合修复面积较小的污点以及残损面，根据修复的污点程度，可以在其选项栏进行相关设置，如图 6-4 所示。

扫一扫，看视频

图 6-4 "污点修复画笔工具"选项栏

• "画笔"： "污点修复画笔工具"不同于"画笔工具"，它有专用的唯一画笔，单击"画笔"按钮，在打开的【画笔选取器】面板设置画笔的各项参数，包括"大小""硬度""间距"以及"角度""圆度"等，一般情况下，选择比要修复的区域稍大一点的画笔最为适合，如图 6-5 所示。

图 6-5 设置画笔

• "模式"：设置修复图像时的模式，有"正常""替换""正片叠底"等模式，当选择"替换"模式时，可以保留画笔描边的边缘处的杂色、胶片颗粒和纹理，如图 6-6 所示。

图 6-6 设置模式

- "类型"：设置修复时的类型，有"内容识别""近似匹配"和"创建纹理"3 种类型，其中"内容识别"是通过内容识别来填充修复；"近似匹配"是使用选区边缘周围的像素来查找要用作选定区域修补的图像区域；而"创建纹理"是使用选区中的所有像素创建一个用于修复该区域的纹理，如图 6-7 所示。

图 6-7　选择类型

🖋 练一练

打开"素材"/"男孩.jpg"素材文件，使用 "污点修复画笔工具"去除照片右上角两个人物图像，如图 6-8 所示。

图 6-8　去除人物图像效果比较

🖋 操作提示

（1）激活 "污点修复画笔工具"，选择合适画笔，设置"正常"模式，激活"内容识别"按钮，其他默认。

（2）在右上角人物图像上单击将其去除。

（3）多次单击，直到将人物完全去除。

（4）激活 "与选区交叉"按钮，继续在选区上创建新选区。

6.1.2　美化图像

对于图像中小范围的污点，用户可以使用 "污点修复画笔工具"来处理，但对于图像中大面积的画面处理，则需要使用 "修复画笔工具"来处理，该工具利用图像中的样本像素覆盖不需要的画面，还可将样本像素的纹理、光照、透明度和阴影与所修复的像素进行匹配，从而使修复后的像素不留痕迹地融入照片的其余颜色中。本小节继续 6.1.1 小节的操作，对"照片 03"图像杂乱的背景进行修复，学习修复图像的相关知识。

扫一扫，看视频

实例——修复图像背景

步骤 01 继续 6.1.1 小节的操作。

步骤 02 激活 "修复画笔工具"，设置合适的画笔大小，激活"取样"按钮，然后按住 Alt 键并在灰色背景上单击进行取样，如图 6-9 所示。

图 6-9　取样

🚀 小贴士

与 "污点修复画笔工具"不同，使用 "修复画笔工具"修复图像时需要取样，在取样时，最好在靠近要修复的图像边缘位置取样，这样修复后的区域会和周围区域相融合，不会出现明显的修复痕迹。另外，在设置画笔时，要根据修复的区域大小随时调整画笔大小，这样才能更好地修复照片。

步骤 03 释放鼠标，在要修复的图像范围上单击，使用取样的图像对其进行修复，单击鼠标修复时会发现，取样区域会出现与鼠标同步的十字光标，如图 6-10 所示。

图 6-10　修复图像

步骤 04 继续在要修复的图像位置单击进行修复，直到背景修复完毕，如图 6-11 所示。

图 6-11　修复背景

知识拓展

"修复画笔工具"适合修复面积较大的图像，根据修复污点的程度，可以在其选项栏进行相关设置，如图 6-12 所示。

扫一扫，看视频

图 6-12　"修复画笔工具"选项栏

"画笔"：设置修复图像时使用的画笔，其设置与"污点修复画笔工具"相同。

"模式"：设置修复图像时的模式，有"正常""替换"、"正片叠底"等模式，其设置与"污点修复画笔工具"相同。

"源"：指定用于修复像素的源。其中，"取样"可以使用当前图像的像素，而"图案"可以使用某个图案的像素。如果选择了"图案"，可以从"图案"弹出调板中选择一个图案，如图 6-13 所示。

图 6-13　选择图案

"对齐"：连续对像素进行取样，即使释放鼠标，也不会丢失当前取样点。如果取消勾选"对齐"选项，则会在每次停止并重新开始绘制时使用初始取样点中的样本像素。

"样本"：从指定的图层中进行数据取样，包括"当前图层""当前和下方图层"以及"所有图层"。如果从现用图层及其下方的可见图层中取样，请选择"当前和下方图层"；要仅从现用图层中取样，请选择"当前图层"；要从所有可见图层中取样，请选择"所有图层"。

练一练

打开"素材"/"男孩 .jpg"素材文件，使用"修复画笔工具"去除照片右上角两个人物图像，如图 6-14 所示。

图 6-14　去除人物图像效果比较

操作提示

（1）激活"修复画笔工具"，选择合适画笔，按住 Alt 键并在人物脚下沙滩位置取样，并修复掉沙滩位置的人物图像。

（2）继续在礁石上取样，修复掉礁石上的人物。

（3）继续在亮白色天空位置取样，修复掉亮白色天空位置的人物头部图像。

（4）如此修复图像，直到该位置的人物图像被去除干净。

疑问解答

疑问："污点修复画笔工具"与"修复画笔工具"都可以修复图像，那么这两个工具有什么区别与优缺点？

解答："污点修复画笔工具"与　扫一扫，看视频
"修复画笔工具"的区别在于，"污点修复画笔工具"以污点周围像素为参照对污点进行覆盖，达到修复图像的目的，而"修复画笔工具"则通过采样像素，以取样像素来覆盖其他像素，以达到修复图像的目的，二者的优缺点是，"污点修复画笔工具"适合修复较小面积的图像，而"修复画笔工具"适合修复较大面积的图像。

小贴士

使用 "修复画笔工具" 修复图像时，除可以在当前图像中取样，还可以在其他图像中取样，来修复当前图像，其操作方法与在当前图像中取样相同，在此不再赘述。

经验分享

修复图像时，除使用 "污点修复画笔工具" 与 "修复画笔工具" 两个工具之外，笔者经过多年的使用经验，还悟出了使用选择工具结合移动工具来修复图像的方法，以修复 "照片 03" 图像背景为例，与大家共同分享。

（1）使用任意选择工具，选取灰色背景图像范围，如图 6-15 所示。

图 6-15　选取图像

（2）将光标移动到选区内，按住 Ctrl+Alt 组合键，光标显示双向箭头，如图 6-16 所示。

图 6-16　光标显示效果

（3）此时拖曳鼠标到需要修复的图像区域，释放鼠标，即可将图像修复，如图 6-17 所示。

（4）使用相同的方法继续对图像进行修复，结果如图 6-18 所示。

图 6-17　拖到需要修复的区域

图 6-18　修复结果

使用这种方法修复图像时，可以根据具体情况，采用不同的选择工具选取图像，并为选择工具设置羽化值，使修复后的效果更好。

6.1.3　修补图像

图像残损面就是指图像画面中出现了残损部分，影响画面完整，对于这类图像，用户可以使用 "修补工具" 来对图像画面进行修补，其工作原理与 "修复画笔工具" 相同，只是操作方法不同。下面通过一个简单的实例，学习修补图像残损面的相关知识。

实例——修补残损草地

步骤 01　打开 "素材" / "照片 10.jpg" 素材文件，这是一幅风景图，图中地面草地部分有残损，如图 6-19 所示。

图 6-19　素材文件

图 6-22　修补结果

步骤 02 激活 "修补工具"，在选项栏的"修补"列表中选择"正常"，激活"源"选项，选取草地图像，如图 6-20 所示。

图 6-20　选取草地

步骤 03 移动光标到选区内，按住鼠标左键将其拖到画面残损部分，释放鼠标对残损面进行修补，如图 6-21 所示。

图 6-21　移动到残损位置

步骤 04 使用相同的方法，继续选取草地，将其拖到残损面进行修复，修复结果如图 6-22 所示。

知识拓展

使用 "修补工具"修补图像时，可以在选项栏选择修补模式与方式等，其选项栏如图 6-23 所示。

扫一扫，看视频

图 6-23　 "修补工具"选项栏

▢▢▢▢：分别表示"新选区""添加到选区""从选区中减去"和"与选区交叉"，用于设置修补范围。

在"修补"选项选择"正常"或"内容识别"修补模式。选择"正常"模式时，有两种修补方式，一种是"源"方式，该方式是选取要修复的图像范围，将其拖到用于修复的图像上进行修复；另一种是"目标"方式，该方式是，直接选取用于修复的图像，将其拖到要修复的图像区域进行修复。

选择"内容识别"模式时，在"结构"选项调整源结构的保留严格程度，取值范围为 1~7，在"颜色"选项调整可修改源色彩的程度，其取值范围为 1~10。

练一练

继续 6.1.2 小节的操作，使用 "修补工具"修补"照片 10"左侧残损草坪，如图 6-24 所示。

图 6-24　修补左侧残损草坪

✎ 操作提示

（1）激活 ▣ "修补工具"，选择模式为"内容识别"，并设置"结构"与"颜色"值为最大，选取左侧残损草坪，将其拖到右侧草坪上进行修补。

（2）继续使用右侧草坪对左侧残损面进行修补，直到左侧残损草坪修补完整。

🚀 小贴士

在使用 ▣ "修补工具"修补图像时，对于不方便使用 ▣ "修补工具"选择的图像区域，可以首先使用选择工具将其选择，然后再切换到 ▣ "修补工具"进行修补。

✎ 疑问解答

疑问：▣ "修补工具"与 ✐ "修复画笔工具"都可以修补图像，那么这两个工具有什么区别与优缺点？

扫一扫，看视频

解答：▣ "修补工具"与 ✐ "修复画笔工具"首先在修补模式上不同，▣ "修补工具"可以选择"正常"或"内容识别"两种修补模式来修补图像，而 ✐ "修复画笔工具"则可以选择多种模式来修复图像。另外，▣ "修补工具"有"源"与"目标"两种修补方式，这两种方式都是通过获取图像像素来修补图像，只是操作方式上有区别，而 ✐ "修复画笔工具"是通过取样图像像素或使用图案来修复图像；▣ "修补工具"的优点是，可以选取任意图像进行修复，而 ✐ "修复画笔工具"可以随时取样进行修复。

6.1.4　内容感知移动工具

✄ "内容感知移动工具"是 PS CC 2018 新增的一个修复残损图像的工具，该工具的操作非常简单，其修复原理与 ▣ "修补工具"有些相似，是通过自动填充移走后的图像区域，达到对图像进行修复的目的。下面继续通过修复"风景 10.jpg"图像的具体实例，学习使用 ✄ "内容感知移动工具"修复图像的相关知识。

扫一扫，看视频

实例——使用 ✄ "内容感知移动工具"修复残损草坪

步骤 01 重新打开"素材"/"风景 10.jpg"素材文件。

步骤 02 激活 ✄ "内容感知移动工具"，在其选项栏的"模式"列表中选择"扩展"选项，勾选"投射时变换"选项，选取草坪图像，如图 6-25 所示。

图 6-25　选取图像范围

步骤 03 将光标移动到选区内，将其移动到草坪残损区域，区域内图像自带自由变换框，如图 6-26 所示。

图 6-26　移动图像到残损面

步骤 04 拖动变换框控制点，调整图像范围到合适大小，如图 6-27 所示。

图 6-27　调整图像大小

步骤 05 按 Enter 键确认，残损面被修复，如图 6-28 所示。

图 6-28 修复图像

知识拓展

"内容感知移动工具"修补图像的原理与"修补工具"有些相似，修复图像时可以在选项栏选择混合模式并设置相关参数进行修复，其选项栏如图 6-29 所示。

图 6-29 "内容感知移动工具"选项栏

- ：分别表示"新选区""添加到选区""从选区中减去"和"与选区交叉"，用于设置修补范围。
- "模式"：选择重新混合模式，包括"扩展"与"移动"两个选项。
- "结构"：拖动滑块，以调整源结构的保留严格程度。
- "颜色"：拖动滑块以调整可修改源色彩的程度。
- "投影时变换"：勾选该选项，投影时会出现变换框，以进行自由变换。

练一练

继续 6.1.3 小节的操作，使用"内容感知移动工具"修补照片 10 左侧残损草坪，如图 6-30 所示。

图 6-30 修补左侧残损草坪

操作提示

（1）激活"内容感知移动工具"，选择"模式"为"移动"，并设置"结构"与"颜色"值为最大，选

取右侧草坪，将其拖到左侧草坪残损面上，按 Enter 键确认进行修复。

（2）继续使用右侧草坪对左侧残损面进行修补，直到左侧残损草坪修补完整。

疑问解答

疑问："修补工具"与"内容感知移动工具"有什么区别与优缺点？

解答："修补工具"可以选择"正常"或"内容识别"两种修补模式来修补图像，当使用"正常"模式修补时，直接使用源图像覆盖要修补的区域，当使用"内容识别"模式修补时，系统会进行内容识别，并进行图像的融合，其优点是修补效果多样。而"内容感知移动工具"在修补时可以选择两种图像混合模式进行修补，其优点是可以调整修补范围。

6.2 复制图像

对于残损图像，用户可以对其进行修复，以完善、美化图像，而对于其他图像，则可以通过复制来进行完善美化，这一节学习相关知识。

6.2.1 仿制图像

仿制图像类似于拷贝、粘贴图像，区别在于，可以将图像仿制在当前图层，而拷贝、粘贴则会生成新的图层，PS CC 提供了"仿制图章工具"，可以对图像进行仿制，以达到完善、美化图像的目的。下面通过一个简单的实例，学习相关知识。

实例——通过仿制完善美化图像

步骤 01 打开"效果"/"第 5 章"目录下的"数码照片处理.psd"和"素材"/"灯笼 01.jpg"两个素材文件，如图 6-31 所示。

图 6-31 打开素材文件

下面我们通过仿制的方式将灯笼图像添加到另一个图像中。

步骤 02 激活 "仿制图章工具",按住 Alt 键在灯笼图像上单击进行取样,如图 6-32 所示。

图 6-32 取样

🚀 小贴士

与 "修复画笔工具" 相同,使用 "仿制图章工具" 仿制图像时,需要按住 Alt 键在要仿制的图像上单击进行取样,然后才能对其进行仿制。

步骤 03 激活另一幅图像,在最顶层新建一个图层,然后在图像的屋檐下方拖曳鼠标,将灯笼图像仿制到屋檐下方,如图 6-33 所示。

图 6-33 仿制图像

步骤 04 移动光标到屋檐的其他地方拖曳鼠标,继续仿制灯笼图像,如图 6-34 所示。

图 6-34 仿制灯笼图像

🚀 小贴士

"仿制图章工具" 的操作方法与 "修复画笔工具" 的基本相同,在使用前都需要首先按住 Alt 键并在图像中单击取样,在仿制的过程中,可以根据不同情况多次取样。另外,该工具不仅可以在不同图像间进行仿制,也可以在同一图像中进行仿制,可以在其选项栏设置相关选项与参数,以获得更多的仿制效果,其选项栏如图 6-35 所示。

图 6-35 "仿制图章工具" 选项栏

其选项栏设置比较简单,在此不再赘述,读者可以自己尝试操作。

🔖 疑问解答

疑问: "仿制图章工具" 与 "修复画笔工具" 在使用时都需要取样,那么这两个工具有什么区别与共同点?

扫一扫,看视频　　解答: "仿制图章工具" 与 "修复画笔工具" 的共同点是操作方法与功能基本相同,使用时都需要取样,同时都可以对残损图像进行修复,其区别是, "仿制图章工具" 在仿制图像时可以设置仿制的透明度以及混合模式,以得到多种仿制效果,而 "修复画笔工具" 不仅可以使用图像像素进行修复,还可以使用图案进行修复,以得到不同的修复效果。

🔖 练一练

使用 "仿制图章工具" 将 "风景 06.jpg" 图像左边的葵花盘仿制到右边,如图 6-36 所示。

图 6-36　仿制图像

操作提示

（1）激活 ▣ "仿制图章工具"，按住 Alt 键在葵花盘上单击进行取样。

（2）释放鼠标，在其选项栏设置合适的画笔与其他选项参数，在图像左侧适当位置拖曳仿制图像。

（3）仿制的过程中，原图像中出现与光标同步的十字图标，通过该图标可以确认仿制的图像范围。

6.2.2　复制图案

"图案"不同于图像，"图案"是定义的图案、文字或图像，复制图案就是复制定义的图像，以丰富图像内容。PS CC 提供了预设图案，用户也可以自定义图案，这一节通过简单实例操作，学习定义并复制图案的相关知识。

扫一扫，看视频

实例——复制图案

步骤 01　新建白色背景、RGB 模式的图像文件。

步骤 02　激活 ▣ "图案图章工具"，在其选项栏打开"图案拾色器"，选择系统预设的一种图案，如图 6-37 所示。

图 6-37　选择系统预设的图案

步骤 03　设置合适画笔，在图像上单击，以复制图案，如图 6-38 所示。

图 6-38　复制图案

小贴士

▣ "图案图章工具"的使用非常简单，选择一种图案后直接单击或按住鼠标拖曳，即可对图案进行复制，可以在其选项栏设置相关选项与参数，例如选择画笔、模式、设置不透明度等，当勾选"印象派效果"选项后，会得到绘画轻涂的印象派绘画效果，如图 6-39 所示。

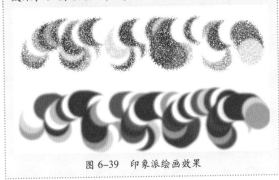

图 6-39　印象派绘画效果

疑问解答

疑问：▣ "仿制图章工具"与 ▣ "图案图章工具"的区别是什么？

扫一扫，看视频

解答：▣ "仿制图章工具"与 ▣ "图案图章工具"的区别不大，在使用时都可以设置混合模式、不透明度等，其区别在于，▣ "仿制图章工具"通过取样仿制图像，而 ▣ "图案图章工具"只能仿制图案。

6.2.3　自定义图案

除系统预设的图案之外，用户还可以将自己喜欢的图像、文字以及图形定义为图案并保存，然后对其进行复制。下面通过将"风景 06.jpg"图像中的葵花花蕊定义为图案，并将其复制到原图像中，学习自定义图案的相关知识。

扫一扫，看视频

实例——自定义图案

步骤 01　继续 6.2.1 小节的操作。

步骤 02　激活 ▢ "矩形选框工具"，设置"羽化"为 0 像素，选取葵花花蕊，如图 6-40 所示。

图 6-40　选取花蕊图像

　　自定义图案时，只能使用 🔲 "矩形选框工具"来选取图像，同时，其"羽化"值必须为 0 像素。

步骤 03 执行【编辑】/【定义图案】命令，在打开的【图案名称】对话框中为图案命名为"花蕊"，如图 6-41 所示。

图 6-41　为图案命名

步骤 04 单击"确定"按钮，这样就将花蕊自定义为了一个图案。自定义的图案，系统会将其放置在图案库中，用户可以随时使用该图案，下面我们将该图案复制到原图像中。

步骤 05 回到原图像，按 Ctrl+D 组合键取消选区，激活 🖃 "图案图章工具"，在图案库中选择自定义的图案，如图 6-42 所示。

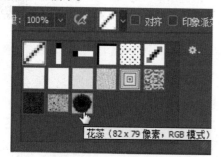

图 6-42　选择自定义图案

步骤 06 在原图像上上方位置单击，将该图案复制到原图像中，如图 6-43 所示。

图 6-43　复制图案

6.3 调整色彩

　　色彩是一幅图像的灵魂，PS CC 强大的图像处理功能，可以使用户轻松处理图像色彩，这一节学习处理图像色彩的相关知识。

6.3.1 替换图像颜色

　　用户可以轻松替换图像的颜色，以增强图像美感。下面通过一个简单的实例，学习替换图像颜色的相关知识。

扫一扫，看视频

实例——替换衣服颜色

步骤 01 打开"素材"/"照片.jpg"素材文件，右侧人像上衣颜色为米黄色，如图 6-44 所示。下面我们将该颜色替换为桃红色。

图 6-44　素材文件

步骤 02 打开【色板】面板，按住 Ctrl 键单击桃红色色块，设置前景色为桃红色，如图 6-45 所示。

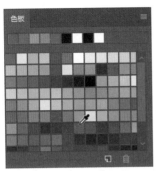

图 6-45　设置前景色

步骤 03 激活 "颜色替换工具"，在选项栏设置合适的画笔，在 "模式" 列表中选择 "颜色"，并激活 "连续:取样" 按钮，其他设置默认，在右侧人像衣服上拖曳鼠标替换颜色，如图 6-46 所示。

图 6-46　替换衣服颜色 1

步骤 04 继续在右侧人物衣服上移动光标，替换衣服其他部分的颜色，结果如图 6-47 所示。

图 6-47　替换衣服颜色 2

🚀 **小贴士**

要想获得好的颜色替换效果，画笔的设置非常

关键，可以根据图像范围设置合适的画笔大小。另外，可以使用选择工具将要替换颜色的图像选中，然后进行替换，这样，就能获得更好的效果。

🚀 **知识拓展**

使用 "颜色替换工具" 时，可以在其选项栏设置相关选项与参数，以获得更好的效果，其选项栏如图 6-48 所示。

扫一扫，看视频

图 6-48　选项栏

- "画笔"：设置画笔，其设置与 "污点修复画笔工具" 的 "画笔" 设置相同。

- "模式"：设置替换图像颜色时的模式，有 "色相" "饱和度" "颜色" 以及 "明度" 模式，如图 6-49 所示。

图 6-49　设置模式

- "取样:连续"：在拖动时连续对颜色进行取样。

- "取样:一次"：只替换包含第一次单击的颜色的区域中的目标颜色。

- "取样:背景色板"：只替换包含当前背景色的区域。

- "限制"：确定替换颜色的范围，包括 "连续" "不连续" 和 "查找边缘"，如图 6-50 所示。

图 6-50　设置范围

当选择 "连续" 时，替换与紧挨在指针下的颜色邻近的颜色；当选择 "不连续" 时，替换出现在指针下任何位置的样本颜色；当选择 "查找边缘" 时，替换包含样本颜色的连接区域，同时更好地保留形状边缘的锐化程度。

- "容差"：输入一个百分比值（范围为 0~255）或者拖动滑块，选取较低的百分比可以替换与所单击像素非常相似的颜色，而增加该百分比可替换范围更广的颜色。

- "消除锯齿"：勾选该选项，为所校正的区域定义平滑的边缘。

练一练

打开"素材"/"男孩.jpg"素材文件,使用 "颜色替换工具"将"男孩"上衣颜色替换为如图 6-51 所示的颜色效果。

图 6-51　替换上衣颜色

操作提示

(1)激活 "颜色替换工具",设置画笔、模式等。

(2)设置前景色为绿色,替换上衣上半分颜色,然后设置前景色为红色,继续替换上衣下半分颜色。

6.3.2　提高与降低图像颜色饱和度

除替换图像颜色之外,用户还可以提高或降低图像颜色饱和度。下面通过一个简单的实例,学习相关知识。

扫一扫,看视频

实例——提高与降低人物衣服颜色

步骤 01 打开"素材"/"红衣照片.jpg"素材文件,这是一幅 RGB 颜色模式的人物照片,该照片人物上衣颜色为红色。下面我们降低人物衣服颜色的饱和度。

步骤 02 激活 "海绵工具",在选项栏选择合适的画笔,并设置"模式"为"去色",在人物红色衣服左上位置拖曳鼠标,此时发现红色衣服颜色饱和度降低了,如图 6-52 所示。

图 6-52　降低衣服颜色饱和度

步骤 03 继续在选项栏设置"模式"为"加色",在人物红色衣服右上位置拖曳鼠标,此时发现红色衣服颜色饱和度提高了,如图 6-53 所示。

图 6-53　提高衣服颜色饱和度

小贴士

对于 RGB 颜色模式的图像, ◎ "海绵工具"可以提高或降低图像颜色饱和度,但对于灰度模式图像,该工具通过降低或增加暗色来提高或降低颜色对比度。

知识拓展

使用 ◎ "海绵工具"可精确地更改图像色彩饱和度,在选项栏可以设置相关选项与参数,以获得更好的效果,其选项栏如图 6-54 所示。

图 6-54　选项栏

• "画笔":设置画笔,其设置与 ◎ "污点修复画笔工具"的"画笔"设置相同。

• "模式":设置颜色校正方式,有"去色"与"加色"两种模式,其中"去色"可以降低颜色饱和度,而"加色"则提高颜色饱和度,如图 6-55 所示。

图 6-55　设置模式

• ◎ "启用喷枪:激活该按钮,启用喷枪样式进行处理。

• ◎ "画笔压力:激活该按钮,控制画笔压力。

• "自然饱和度":勾选该选项,可以最小化修剪以获得完全饱和色或不饱和色。

• "流量":设置饱和度的更改速率。

孔大小"为 100%，"变暗量"为 50%，在人物红眼上单击，即可去除人物红眼，如图 6-58 所示。

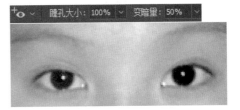

图 6-58　去除红眼

6.4　综合练习——修饰与美化女孩照片

打开"素材"/"照片 06.jpg"素材文件，这是一幅女孩的数码照片，照片背景中出现了窗框、纸箱等杂物，同时人物光感不强，照片整体灰暗，缺少层次感，如图 6-59 所示。下面我们就对该照片进行修饰与美化处理，结果如图 6-60 所示。

图 6-59　素材照片

图 6-60　修饰美化后的照片

练一练

打开"素材"/"男孩 .jpg"素材文件，降低"男孩"上衣左侧颜色饱和度，提高"男孩"上衣右侧颜色饱和度，如图 6-56 所示。

图 6-56　提高与降低衣服颜色饱和度

操作提示

（1）激活 ■"海绵工具"，设置合适的画笔，并选择"去色"模式，其他默认。

（2）在"男孩"上衣左边拖曳鼠标，降低上衣颜色饱和度。

（3）重新选择"加色"模式，在男孩上衣右侧位置拖曳鼠标，提高颜色饱和度。

6.3.3　去除照片人物红眼

在拍摄人物照片时，由于各种因素往往会导致人物照片出现红眼现象，这时用户可以对人物红眼进行处理，其操作非常简单。下面通过一个简单的实例，学习相关知识。

扫一扫，看视频

实例——提高照片人物亮度

步骤 01 打开"素材"/"红眼 .jpg"素材文件。

步骤 02 按 Ctrl+ 加号组合键将照片放大，发现该照片中人物右眼出现红眼现象，如图 6-57 所示。

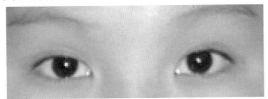

图 6-57　红眼照片

步骤 03 激活 ■ "红眼工具"，在选项栏中设置"瞳

6.4.1　处理照片背景

这一小节首先来处理照片背景，去除照片背景中无用的杂物，使背景更整洁。

步骤 01 激活 "修补工具"，在选项栏的"修补"列表中选择"正常"，激活"目标"选项，其他设置默认，然后选取右下角背景图像，如图 6-61 所示。

图 6-61　选取背景图像

步骤 02 将光标置于选区内，按住鼠标将其向左移动到女孩手臂旁边位置释放鼠标，去除手臂旁背的窗框图像，如图 6-62 所示。

图 6-62　修复背景图像

步骤 03 重新选取女孩头部旁边的背景图像，将其向下拖曳到脸颊旁边的窗框图像上，将该位置的窗框杂物去除，如图 6-63 所示。

（a）选取背景　　（b）去除窗框杂物

图 6-63　去除窗框杂物

步骤 04 继续使用相同的方法，将背景中的窗框杂物全部去除，如图 6-64 所示。

图 6-64　去除背景中的窗框杂物

步骤 05 继续选择左上方背景图像，将其拖到左下方纸箱杂物上释放鼠标，将纸箱杂物去除，如图 6-65 所示。

（a）选取背景　　（b）去除纸箱杂物

图 6-65　去除纸箱杂物

步骤 06 使用相同的方法，继续对左边背景中出现的纸箱杂物进行去除，直到纸箱杂物完全被去除干净，如图 6-66 所示。

步骤 07 继续处理墙角。根据透视原理，左边纸箱杂物去除后会露出地面与墙面的墙角，下面继续将左边墙角位置的图像选中，将其拖到右边手臂位置，如图 6-67 所示。

图 6-66 完全去除纸箱杂物

（a）选取墙角图像 （b）拖到左手臂位置

图 6-67 修复墙角

步骤 08 按 Ctrl+D 键取消选区，至此，照片背景处理完毕，效果如图 6-68 所示。

图 6-68 修复背景后的照片效果

🚀**小贴士**

在去除背景杂物时，要根据去除的图像范围选取合适大小的背景图像进行修复。另外，选择类工具可以与 ⊕"修补工具"结合使用，对于较复杂的图像范围，可以首先使用选择类工具选取与要修复的图像范围相匹配的背景图像，然后切换到 ⊕"修补工具"，将其拖到要修复的图像上，这样可以达到较完美的修复效果。

6.4.2 处理照片人物

照片背景处理完毕后，我们发现照片中的人物皮肤粗糙、肤色暗淡，整体上缺少美感。这一节就来美化照片中的人物。

扫一扫，看视频

步骤 01 继续 6.4.1 小节的操作，按 Ctrl+加号组合键将照片放大，再次使用 ⊕"修补工具"去除女孩脸部的发丝与暗色，使脸部皮肤更光洁亮丽，如图 6-69 所示。

图 6-69 去除脸部发丝

步骤 02 激活 🔍"减淡工具"，在选项栏选择合适的画笔，在"范围"列表中选择"阴影"选项，设置"曝光度"为 10%，其他设置默认，在女孩脸部五官以及头发上拖曳，增加这些区域的暗色，使得女孩五官轮廓更清晰，如图 6-70 所示。

图 6-70 增强五官轮廓

步骤 03 激活 ◉"海绵工具"，在选项栏选择合适的画笔，在"模式"列表中选择"加色"选项，设置"流量"为 10%，其他设置默认，在女孩脸部、手臂、衣服等位置拖曳鼠标，增加颜色饱和度，使皮肤更红润，衣服更鲜亮，如图 6-71 所示。

图 6-71 增加颜色饱和度

步骤 04 再次激活 🔍"减淡工具"，在选项栏选择合适的画笔，在"范围"列表中选择"中间调"选项，设置"曝光度"为 10%，其他设置默认，在女孩脸部、手臂等部位拖曳，增加这些区域中间色的亮度，使女孩皮肤看起来更白皙，如图 6-72 所示。

图 6-72 调整中间调亮度

步骤 05 按 Ctrl+J 组合键将照片背景复制为背景副本层，在【图层】面板设置该层的混合模式为"滤色"，设置"不透明度"为 50%，增加照片整体亮度，如图 6-73 所示。

步骤 06 按 Ctrl+Shift+Alt+E 组合键盖印图层生成图层 1，执行【滤镜】/【锐化】/【智能锐化】命令，设置相关参数，如图 6-74 所示。

图 6-73 调整照片整体亮度

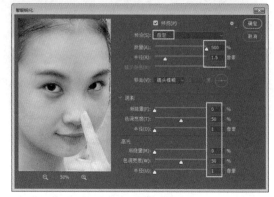

图 6-74 智能锐化设置

步骤 07 单击"确定"按钮，照片效果如图 6-75 所示。

图 6-75 锐化后的照片

步骤 08 至此，该照片处理完毕，将该照片效果存储为"修饰与美化女孩照片 .psd"图像文件。

6.5 职场实战——旧照片翻新

照片时间长了会色彩暗淡、失去原有照片亮丽的色彩，这时我们可以使用 PS 对其进行翻新，尤其在翻新旧人物照片时要注意，既要让旧照片看起来色彩亮丽，保持原照片人物原有的相貌和风采，同时还要对原照片中的瑕疵进行修复。打开"素材"/"照片04.jpg"素材文件，这是一幅看起来有些陈旧的人物照片，如图 6-76 所示。这一节我们就来对该照片进行翻新，使其恢复原来亮丽的色彩，如图 6-77 所示。

图 6-76　素材照片

图 6-77　翻新后的照片效果

6.5.1　照片人物面部皮肤处理

首先对人物面部进行处理，去除面部的雀斑、皱纹、发丝等，使人物面部更光洁，看起来更年轻。

扫一扫，看视频

步骤 01 激活 "修补工具"，在选项栏的"修补"列表中选择"正常"选项，激活"目标"选项，其他设置默认，选取脸部较光滑的皮肤图像，将其拖到有皱纹的位置，对皱纹进行覆盖。

步骤 02 使用相同的方法，继续对脸部的发丝、色斑、额头的皱纹、嘴角、眼袋等进行修复，使人物皮肤更光滑，看起来更年轻，如图 6-78 所示。

（a）原照片　　　（b）修复后的照片

图 6-78　修复人物脸部瑕疵

🚀 小贴士

人物脸部瑕疵的修复操作比较简单，但需要有耐心，同时还需要细心，这样才可以达到较好的修复效果。

步骤 03 下面取消鼻翼上的黑痣。激活 "仿制图章工具"，选择合适的画笔，设置"模式"为"正常"，其他设置默认，按住 Alt 键在人物图像鼻尖位置单击进行取样，如图 6-79 所示。

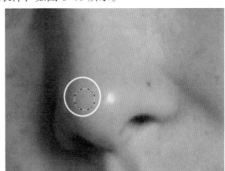

图 6-79　取样

步骤 04 在人物鼻翼黑痣上单击，将该黑痣取消，如图 6-80 所示。

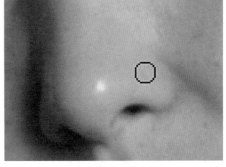

图 6-80　去除黑痣

小贴士

取样时尽量选择皮肤较好、没有雀斑和皱纹的皮肤进行取样，取样并不是只有一次，在修复图像的过程中，要根据具体情况随时设置画笔并多次取样，取样时尽量在要修复的图像周围取样，这样修复后不会出现色彩、亮度有差异的情况。另外，对于较小的黑痣，可以使用 🖼 "修补工具"进行去除。

步骤 05 继续使用 👤 "仿制图章工具"，对脸部其他位置的雀斑、黑痣等进行去除，去除时要随时取样，结果如图 6-81 所示。

图 6-81　去除雀斑、黑痣

步骤 06 激活 💧 "模糊工具"，在选项栏选择合适的画笔，在"模式"列表中选择"正常"选项，其他设置默认，在人物脸部拖曳，将细小的雀斑进行模糊，结果如图 6-82 所示。

图 6-82　模糊处理细部

小贴士

💧 "模糊工具"用于对图像细节进行模糊处理，该工具的具体操作知识，将在第 7 章进行详细讲解，在此不再赘述。另外，模糊处理时，切不可在五官位置进行模糊，只能在脸部对皮肤进行模糊处理。

步骤 07 激活 🔍 "加深工具"，在选项栏选择合适的画笔，在"范围"列表中选择"阴影"选项，设置"曝光度"为 100%，其他设置默认，在人物五官位置单击，将这些区域的暗色加重，增强五官的立体感，如图 6-83 所示。

图 6-83　模糊脸部皮肤

步骤 08 激活 🔍 "减淡工具"，在选项栏中选择合适的画笔，在"范围"列表中选择"高光"选项，"强度"为 5%，其他设置默认，在人物眉骨、颧骨、下颌骨、鼻尖等位置拖曳，提高这些区域的高光强度，增强脸部立体感，如图 6-84 所示。

图 6-84　处理脸部高光

步骤 09 至此，人物照片皮肤处理完毕。

6.5.2 照片人物色彩处理

面部皮肤处理完毕后，继续来处理面部色彩，使人物面部更红润。

步骤 01 激活 "海绵工具"，在选项栏选择较大的画笔，并设置"模式"为"加色"，"流量"为 10%，在人物脸颊位置单击，增加该位置的颜色饱和度，如图 6-85 所示。

图 6-85　增强脸部颜色饱和度

步骤 02 重新设置一个较小的画笔，设置"流量"为 50%，在人物嘴唇上拖曳鼠标，增加嘴唇的红润度，结果如图 6-86 所示。

图 6-86　增加嘴唇红润度

步骤 03 按 Ctrl+J 组合键将背景层复制为背景副本层，在【图层】面板调整其混合模式为"滤色"，"不透明度"为 45%，增加照片整体亮度，如图 6-87 所示。

图 6-87　增加亮度

步骤 04 按 Ctrl+Shift+Alt+E 组合键盖印图层生成图层 1，执行【滤镜】/【模糊】/【表面模糊】命令，在打开的【表面模糊】对话框并设置相关参数，对照片进行模糊，如图 6-88 所示。

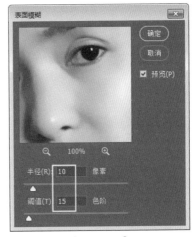

图 6-88　【表面模糊】参数设置

步骤 05 单击"确定"按钮，照片效果如图 6-89 所示。

图 6-89　照片处理最终效果

步骤 06 继续执行【滤镜】/【锐化】/【智能锐化】

命令，打开【智能锐化】对话框并设置相关参数，如图 6-90 所示。

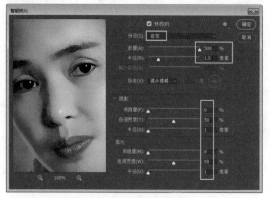

图 6-90　锐化设置

图 6-91　锐化后的照片效果

步骤 07 单击"确定"按钮，照片效果如图 6-91 所示。

步骤 08 至此，旧照片翻新处理完毕，将该照片存储为"旧照片翻新 .psd"图像文件。

 读书笔记

Chapter 7
第 7 章

图像的虚实与背景处理

本章导读

  PS CC 提供了多种图像处理工具，除了上一章中学习的修饰与美化图像的工具之外，还有用于处理图像虚实与背景的相关工具，本章继续学习使用相关工具处理图像虚实以及背景的相关知识。

本章主要内容如下

- 增强图像层次感
- 处理图像虚实
- 擦除图像背景
- 恢复图像
- 综合练习——扬帆起航
- 职场实战——"冰激凌"平面广告设计

7.1 增强图像层次感

　　层次感会影响图像的品质，高品质图像的层次感都较强，摄影师是依靠曝光度来控制照片层次感的，而对于层次感不强的图像，PS 用户则可以通过调整明暗对比度来增强其层次感，这一节就来学习相关知识。

7.1.1 提高图像亮度

　　对于亮度不够的图像，用户可以通过提高图像局部亮度来增强图像层次感。下面通过具体实例，学习相关知识。

扫一扫，看视频

实例——提高照片人物亮度

步骤 01 打开"素材"/"男孩 .jpg"素材文件，该照片亮度不足，图像缺少层次感，下面提高图像亮度，增强图像层次感。

步骤 02 激活 "减淡工具"，在选项栏选择合适的画笔，在"范围"列表中选择"高光"选项，其他设置默认，在男孩脸部单击，提高脸部亮度，如图 7-1 所示。

原图　　　　　　　　　　调整结果

图 7-1　提高脸部亮度

步骤 03 使用相同的方法与设置，继续在图像其他区域单击提高图像亮度，效果如图 7-2 所示。

图 7-2　提高照片亮度

🚀 知识拓展

扫一扫，看视频

　　"减淡工具"用于调节图像特定区域的曝光度，使图像区域变亮，类似于摄影师减弱光线以使照片中的某个区域变亮。在选项栏可以设置相关选项与参数，以获得更好的效果，其选项栏如图 7-3 所示。

图 7-3　选项栏

- "画笔"：设置画笔，其设置与 "污点修复画笔工具"的"画笔"设置相同。
- "范围"：设置调整范围，有"阴影""中间调"和"高光"3 个选项，如图 7-4 所示。

图 7-4　设置调整范围

　　其中，"中间调"用于提高中间颜色的曝光度；"阴影"用于提高阴影颜色的曝光度，而"高光"用于提高高光颜色的曝光度，如图 7-5 所示。

高光　　　　　中间调　　　　　阴影

图 7-5　不同"范围"的曝光效果

- "保护肤色"：勾选该选项，可以防止肤色发生偏移。
- "曝光度"：设置调整的强度，值越大，曝光效果越明显。

🚀 小贴士

　　一般情况下，物体在光线照射下会有一个明暗过渡，也就是高光和阴影。受光线直射的地方会出现高光，而光线直射不到的地方会出现阴影，由高光到阴影会有一个过渡，这个过渡区域就是所谓的"中间调"，"中间调"一般占物体的大多数区域，在一幅图像中，高光、阴影、中间调形成了图像的层次感。

练一练

打开“素材”/“女孩.jpg”素材文件，使用“减淡工具”提高图像高光亮度，如图 7-6 所示。

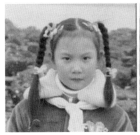

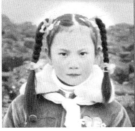

图 7-6　提高图像高光亮度

操作提示

（1）激活“减淡工具”，设置合适的画笔，并在“范围”列表中选择“高光”选项，其他设置默认。

（2）在“女孩”人物图像上拖曳鼠标，提高人物图像高光的亮度。

7.1.2　降低图像亮度

亮度过高，也会导致图像缺少层次感，这时用户可以通过降低图像局部亮度来提高图像层次感。下面通过具体实例，学习相关知识。

扫一扫，看视频

实例——降低照片人物亮度

步骤 01 打开“素材”/“照片 12.jpg”素材文件，这是一幅人物照片，由于人物亮度过高，导致照片缺少层次感，下面降低人物亮度，增强图像层次感。

步骤 02 激活“加深工具”，在选项栏选择合适的画笔，在“范围”列表中选择“阴影”选项，其他设置默认，在人物脸部单击，降低脸部阴影的亮度，图像层次感增强，如图 7-7 所示。

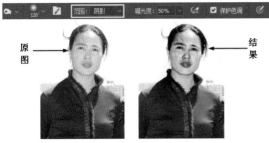

图 7-7　降低阴影亮度

小贴士

图像层次感其实就是明暗对比，对比强层次感就强，反之就弱，在 7.1.1 小节的操作中，由于照片整体亮度过高，导致缺少明暗对比，只有使阴影更暗才能形成明暗对比，因此，可以使用“加深工具”加深阴影，这样就会使照片有了层次感。

知识拓展

“加深工具”用于调节图像特定区域的曝光度，使图像区域变暗，类似于摄影师增强光线以使照片中的某个区域变暗。在选项栏可以设置相关选项与参数，以获得更好的效果，其选项栏如图 7-8 所示。

扫一扫，看视频

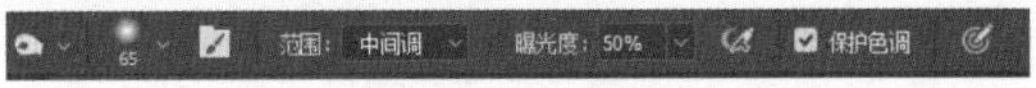

图 7-8　选项栏

- “画笔”：设置画笔，其设置与“污点修复画笔工具”的“画笔”设置相同。
- “范围”：设置调整范围，有“阴影”“中间调”和“高光”3 个选项，如图 7-9 所示。

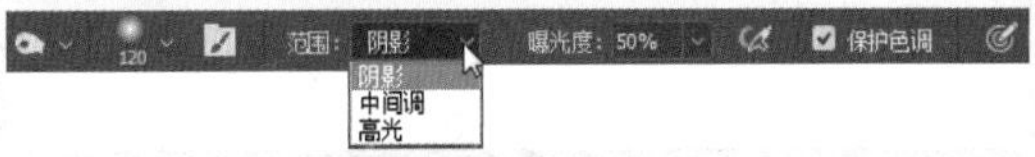

图 7-9　设置调整范围

其中，“中间调”用于降低中间颜色的曝光度；“阴影”用于降低阴影颜色的曝光度，而“高光”用于降低高光颜色的曝光度，如图 7-10 所示。

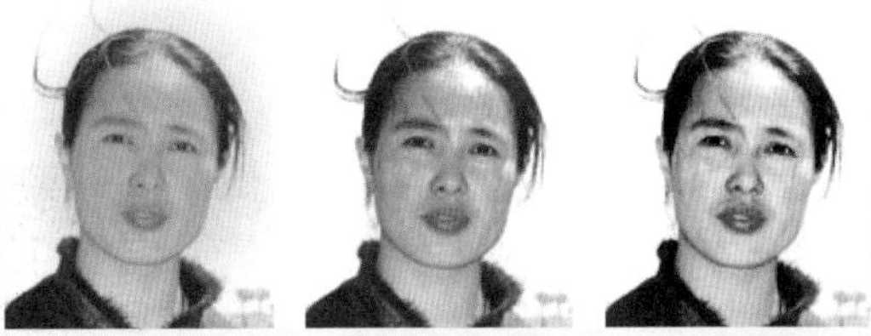

（a）高光　（b）中间调　（c）阴影

图 7-10　不同“范围”的曝光效果

- “保护肤色”：勾选该选项，可以防止肤色发生偏移。
- “曝光度”：设置调整的强度，值越大，曝光效果越明显。

练一练

要想通过调整图像曝光度的方法得到很好的图像

层次感效果，一般情况下需要将 "减淡工具"与 "加深工具"结合使用。在 7.1.1 小节的"练一练"操作中，使用 "减淡工具"调整了照片人物的高光之后我们发现，尽管照片亮度增加了，但图像层次感还是不强，这是因为，图像阴影亮度还过高，导致图像层次感不强。下面继续 7.1.1 小节"练一练"的操作，使用 "加深工具"降低图像阴影亮度，以提高图像层次感，如图 7-11 所示。

图 7-11 降低图像阴影亮度

📢 操作提示

（1）激活 "加深工具"，设置合适的画笔，并在"范围"列表中选择"阴影"选项，其他设置默认。

（2）在"女孩"人物图像上拖曳鼠标，降低人物图像阴影的亮度。

7.2 处理图像虚实

一幅高品质的图像，不仅层次感强，而且清晰度高、虚实处理也很得当，这一节学习处理图像虚实的相关知识。

7.2.1 模糊处理图像

通过对图像局部进行模糊处理，使画面变虚，可以增强图像景深感，这也是高品质图像具备的条件之一。下面通过具体实例，学习模糊处理图像的相关知识。

扫一扫，看视频

实例——模糊处理风景照片

步骤 01 打开"素材"/"风景 06.jpg"素材文件，这是一幅葵花地的风景照片，下面来模糊处理中间的大葵花盘图像，以增强图像景深感。

步骤 02 激活 "模糊工具"，在选项栏选择合适的画笔，在"模式"列表中选择"正常"选项，其他设置默认，在风景照片远处的葵花图像上拖曳鼠标对其

进行模糊处理，如图 7-12 所示。

原图 ← → 结果
图 7-12 模糊处理图像

🚀 知识拓展

"模糊工具"用于调节图像特定区域的模糊度，使图像区域变模糊，以突出其他区域的画面，在选项栏可以扫一扫，看视频 设置相关选项与参数，以获得更好的效果，其选项栏如图 7-13 所示。

图 7-13 选项栏

"画笔"：设置画笔，其设置与 "污点修复画笔工具"的"画笔"设置相同。

"模式"：设置模糊的模式，有"正常""变暗""变亮""色相""饱和度""颜色"和"明度"7个选项，如图 7-14 所示。

图 7-14 设置模糊的模式

"强度"：设置模糊的强度，值越大模糊效果越明显，反之，模糊效果越不明显。

📢 练一练

打开"素材"/"女孩 .jpg"素材文件，将照片背景进行模糊处理，以产生景深感，如图 7-15 所示。

图 7-15 模糊处理图像背景

操作提示

（1）激活 "模糊工具"，设置合适的画笔，并在"模式"列表中选择"正常"选项，其他设置默认。

（2）在图像背景中拖曳鼠标，模糊处理图像背景。

7.2.2　清晰处理图像

清晰度是高品质图像所具备的首要条件之一，对于清晰度不高的图像，用户可以通过锐化其图像边缘像素，使其更清晰。下面通过具体实例，学习清晰化处理图像的相关知识。

扫一扫，看视频

实例——清晰化处理风景照片

步骤 01 继续 7.2.1 小节的操作。

步骤 02 激活 "锐化工具"，在选项栏选择合适的画笔，在"模式"列表中选择"正常"选项，其他设置默认，在风景照片远处的葵花图像上拖曳鼠标对其进行模糊处理，如图 7-16 所示。

模糊处理的图像　　清晰处理效果

图 7-16　清晰处理图像

知识拓展

"锐化工具"通过锐化图像边缘像素，达到清晰化图像的目的，在选项栏可以设置相关选项与参数，以获得更好的效果，其选项栏如图 7-17 所示。

扫一扫，看视频

图 7-17　选项栏

• "画笔"：设置画笔，其设置与 "污点修复画笔工具"的"画笔"设置相同。

• "模式"：设置清晰的模式，有"正常""变暗""变亮""色相""饱和度""颜色"和"明度"7 个选项，如图 7-18 所示。

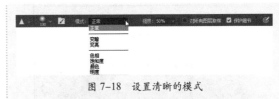

图 7-18　设置清晰的模式

• "强度"：设置清晰化的程度，值越大效果越明显。

• "保护细节"：勾选该选项，可以保护图像细节。

练一练

在图像处理中，清晰化处理与模糊处理往往同步进行。下面继续 7.2.1 小节"练一练"的操作，将照片人物进行清晰化处理，使照片效果更好，如图 7-19 所示。

图 7-19　清晰化处理图像

操作提示

（1）激活 "锐化工具"，设置合适的画笔，并在"模式"列表中选择"正常"选项，其他设置默认。

（2）在图像中女孩图像上拖曳鼠标，对人物图像进行清晰化处理。

7.3　擦除图像背景

在图像处理中，图像背景是不能忽视的处理对象，擦除背景是处理背景的一种方法，这一节我们学习擦除图像背景的相关知识。

7.3.1　背景色填充

背景色填充是指当图像背景被擦除后，会使用背景色来填充。下面通过一个具体的实例，学习相关知识。

扫一扫，看视频

实例——使用白色填充人物图像背景

步骤 01 打开"素材"/"女孩 .jpg"素材文件，这是一幅人物照片，如图 7-20 所示。

图 7-20　素材文件

步骤 02 激活 "橡皮擦工具"，在选项栏选择合适的画笔，其他设置默认，在背景上拖曳将背景擦除，擦除后的背景使用背景色填充，如图 7-21 所示。

图 7-21　擦除背景

步骤 03 继续沿人物图像边缘拖曳鼠标，将人物背景全部擦除，结果如图 7-22 所示。

图 7-22　擦除图像背景

小贴士

　　擦除图像背景时，画板的设置是关键，可以根据具体情况设置合适的画笔进行擦除，这样可以得到更好的图像效果。

知识拓展

扫一扫，看视频

　　 "橡皮擦工具" 会更改图像中的像素。如果在背景中或在透明区域被锁定的图层中擦除，擦除区域将更改为背景色；否则擦除区域将被擦除为透明。擦除时可以在其选项栏设置相关参数，如图 7-23 所示。

图 7-23　选项栏

· "画笔"：设置擦除时的画笔。

· "模式"：选择不同的擦除模式，有 "画笔" "铅笔" 与 "块" 3 种模式，如图 7-24 所示。

图 7-24　选择擦除模式

· "不透明度"：设置擦除的不透明度，透明度为 50% 时的擦除效果如图 7-25 所示。

图 7-25　半透明擦除效果

· "流量"：设置描边的流动速率。

· "平滑"：设置 "描边" 的平滑度，较高的值可以减少描边抖动。

练一练

　　打开 "素材" / "男孩 .jpg" 图像文件，将其背景擦除为白色，如图 7-26 所示。

图 7-26　擦除背景

透明，如图 7-28 所示。

📣 **操作提示**

（1）激活 ✏️ "橡皮擦工具"，设置合适的画笔，在图像背景上拖曳擦除背景。

（2）继续拖曳鼠标擦除背景，直到将背景全部擦除。

7.3.2　透明背景

透明背景是指当图像背景被擦除后，使用背景为透明。下面通过一个具体的实例，学习相关知识。

图 7-28　擦除背景后的效果

扫一扫，看视频

实例——将人物图像背景擦除为透明

步骤 01 继续 7.3.1 小节的操作，激活 ✏️ "背景橡皮擦工具"，在选项栏选择合适的画笔，并按下 🖋️ "取样一次"按钮，其他设置默认，在背景上单击将背景擦除为透明，如图 7-27 所示。

图 7-27　擦除背景

步骤 02 继续在背景上拖曳，直到将背景全部擦除为

🚀 **知识拓展**

与 ✏️ "橡皮擦工具"不同，✏️ "背景橡皮擦工具"可以将背景擦除为透明，擦除时要进行颜色取样，然后擦除取样颜色，可以在其选项栏设置相关参数，如图 7-29 所示。

扫一扫，看视频

图 7-29　选项栏

• "画笔"：设置擦除时的画笔。

• 🖋️ "连续"：单击该按钮，随着拖移连续采取色样。

• 🖋️ "一次"：单击该按钮，只擦除包含第一次取样的颜色的区域。

• 🖋️ "背景色板"：单击该按钮，只擦除包含当前背景色的区域。

• "限制"：设置擦除范围，包括"不连续""连续"以及"查找边缘"3 项，如图 7-30 所示。

图 7-30　设置擦除范围

选择"不连续"选项，擦除出现在画笔下任何位置的样本颜色；选择"连续"选项，擦除包含样本颜色并且相互连接的区域；选择"查找边缘"，擦除包含样本颜色的连接区域，同时更好地保留形状边缘的锐化程度。

• "容差"：设置擦除的容差，低容差仅限于擦除与样本颜色非常相似的区域，高容差擦除范围更广的颜色。

• "保护前景色"：勾选该选项，可防止擦除与工具框中的前景色匹配的区域。

除了 "背景橡皮擦工具"之外，使用 "魔术橡皮擦工具"也可以将图像背景擦除为透明，该工具的设置与使用方法类似于 "魔棒工具"，在此不再赘述。

练一练

打开"素材"/"猩猩.jpg"图像文件，将其背景擦除为透明，如图 7-31 所示。

图 7-31　擦除背景

操作提示

（1）激活 "背景橡皮擦工具"，设置合适的画笔，激活 "连续"按钮，在图像白色天空背景上单击将其擦除。

（2）继续在白色天空上单击以擦除白色天空背景，直到将白色天空背景全部擦除。

疑问解答

疑问："透明背景"图像与"背景色填充背景"图像有什么区别？

解答：在 PS 中，图像背景是不透明的，只有图层才是透明的，而使用 "背景橡皮擦工具"擦除图像背景后，背景显示为透明，这表示该图像背景被转换为了图层，如图 7-32 所示。

扫一扫，看视频

图 7-32　擦除背景前后的效果比较

而使用 "橡皮擦工具"擦除背景后，擦除区域使用背景色填充，这表示只是替换了该图像的背景，

背景层仍然存在，如图 7-33 所示。

图 7-33　擦除背景后的前后效果比较

7.4　恢复图像

在图像处理中，难免会出现失误，这时用户可以将图像恢复到处理前的效果，这一节学习恢复图像的相关知识。

7.4.1　恢复图像到以前

 可以将处理后的图像恢复到处理前的效果。下面通过一个具体的实例，学习相关知识。

扫一扫，看视频

实例——将人物图像恢复到处理前的效果

步骤 01　打开女孩图片，激活 "魔术橡皮擦工具"，将"女孩"图像擦除，如图 7-34 所示。

图 7-34　擦除的图像

步骤 02　激活 "历史记录画笔工具"，选择合适的画笔，其他设置默认，在图像上拖曳鼠标恢复图像，如图 7-35 所示。

图 7-35　恢复图像

步骤 03 继续在图像上拖曳鼠标恢复图像，直到图像恢复到以前的样子。

7.4.2　恢复图像到艺术画效果

在 Photoshop 中修改图像后，不仅可以将图像恢复到以前的效果，还可以在恢复的同时，将图像处理成艺术画效果。下面通过具体的实例学习相关知识。

扫一扫，看视频

实例——将人物图像恢复为艺术画效果

步骤 01 继续上一节的操作，激活 ✏️ "历史记录艺术 画笔工具"，选择合适的画笔，其他设置默认，在图像上拖曳鼠标，恢复图像到艺术画效果，如图 7-37 所示。

图 7-37　恢复图像

步骤 02 继续在图像上拖曳鼠标进行恢复，直到图像完全被恢复为艺术画效果，如图 7-38 所示。

图 7-38　恢复图像到艺术画效果

不同的艺术效果，如图 7-40 所示。

- "不透明度"：设置恢复时的不透明度。
- "样式"：选择恢复时的样式，如图 7-41 所示。

图 7-40　选择模式　　　　图 7-41　选择样式

- "区域"：设置恢复时的区直径，产生不同的艺术效果。
- "容差"：设置恢复时的容差。

练一练

"历史记录艺术画笔工具"不仅可以将编辑后的图像恢复到编辑前的效果，使其形成艺术画效果，而且还可以直接将原图像处理成艺术画效果。打开"素材"/"风景 06.jpg"素材文件，将大葵花盘处理成艺术画效果，如图 7-42 所示。

图 7-42　处理艺术画效果

操作提示

（1）激活"历史记录艺术画笔工具"，设置合适的画笔，设置"正常"模式，选择"卷曲紧绷"样式，其他设置默认。

（2）在大葵花盘图像上单击，将葵花盘处理成艺术画效果。

7.5　综合练习——扬帆起航

打开"素材"/"海边风景 .jpg""海边风景 01.jpg""海上扬帆 .jpg"以及"照片 07.jpg"4 幅海边风景照片，如图 7-43 所示。

图 7-43　风景照片

这一节我们利用 PS 的数码照片合成技术，将这几幅毫不相干的风景照片合成为另一幅名为"扬帆起航"的风景照片，如图 7-44 所示。

图 7-44　合成后的照片效果

7.5.1　合成背景照片

扫一扫，看视频

这一小节首先将"海边风景 .jpg"与"海边风景 01.jpg"两幅照片合成一幅，制作背景效果。

步骤 01　激活"海边风景 01.jpg"图像，按 Ctrl+A 组合键将其全部选中，并按 Ctrl+C 组合键将其拷贝。

步骤 02　激活"海边风景 .jpg"图像，按 Ctrl+V 组合键将复制的"海边风景 01.jpg"图像粘贴到该图像中，生成图层 1，如图 7-45 所示。

图 7-45　粘贴图像

步骤 03 按 Ctrl+T 组合键为图层 1 添加自由变换框，调整图层 1 大小如图 7-46 所示。

图 7-46　调整图层 1 图像大小

步骤 04 按 Enter 键确认，然后激活 "背景橡皮擦工具"，在选项栏选择合适的画笔，并按下 "取样一次" 按钮，将海边风景 01 图像的天空图像擦除，如图 7-47 所示。

图 7-47　擦除天空图像

步骤 05 在【图层】面板设置图层 1 的混合模式为 "线性光" 模式，使图层 1 与背景图像进行融合，效果如图 7-48 所示。

图 7-48　设置图层混合模式

🚀 小贴士

图层混合模式是通过将两个图层颜色通过不同的方式进行混合以产生不同的颜色效果，通过设置不同的图层混合模式，可以获得意想不到的图像效果。

步骤 06 在【图层】面板激活背景层，使用 "矩形选框工具"，设置 "羽化" 为 0 像素，将背景的天空图像选中，如图 7-49 所示。

图 7-49　选择背景天空图像

步骤 07 右击并选择 "通过拷贝的图层" 命令将选取的天空图像拷贝生成图层 2，然后执行【编辑】/【变换】/【垂直翻转】命令将其翻转，并向下移动到图像下方位置，如图 7-50 所示。

图 7-50　拷贝并垂直翻转图像

步骤 08 至此，背景图像合成完毕。

7.5.2　合成帆船与人物配景图像

这一小节继续向图像中合成帆船与人物配景图像，增加图像艺术感染力。

步骤 01 激活 "魔术橡皮擦工具"，设置 "容差" 为 10，将 "海上扬帆 .jpg" 图像的海面图像擦除，只保留帆船图像，如图 7-51 所示。

扫一扫，看视频

图 7-51　擦除海面图像

小贴士

可以通过设置"容差"值来控制 "魔术橡皮擦工具"的擦除范围，擦除海面图像时不必将其擦除干净，保留少许海面图像会更具艺术感染力。

步骤 02 按 Ctrl+A 组合键将该图像全部选中，按 Ctrl+C 组合键将其拷贝，激活"海边风景 .jpg"图像，按 Ctrl+V 组合键粘贴并生成图层 3，然后将其移动到图像左侧位置，如图 7-52 所示。

图 7-52　粘贴并移动位置

步骤 03 执行【图层】/【排列】/【前移一层】命令将图层 3 调整到图层 2 的上方，并设置其图层混合模式为"差值"模式。

步骤 04 激活 "加深工具"，选择合适的画笔，在"范围"列表中选择"阴影"选项，在帆船及其投影位置单击，降低帆船的亮度，结果如图 7-53 所示。

图 7-53　调整图层位置与亮度

步骤 05 激活 "快速选择工具"，选取"照片 07.jpg"图像中的女孩与礁石图像，然后将其移动到"海边风景"图像左下方位置，生成图层 4，如图 7-54 所示。

图 7-54　添加人物图像

步骤 06 按 Ctrl+ 加号组合键将图像放大，激活 "海绵工具"，设置"模式"为"加色"，在女孩脸部、头部、手臂以及礁石边缘位置拖曳鼠标，提高这些位置的颜色饱和度，使其与背景色调相一致，如图 7-55 所示。

图 7-55　提高图像颜色饱和度

步骤 07 激活 "加深工具"，在"范围"列表中选择"阴影"选项，在人物右脸颊、衣服以及礁石阴影区域拖曳鼠标，降低这些区域的亮度，使其符合光线投射原理，结果如图 7-56 所示。

图 7-56　降低图像亮度

步骤 08 至此，照片合成效果制作完毕，将图像满屏显示，效果如图 7-57 所示。

图 7-57　照片合成效果

步骤 09 执行"存储为"命令，将该照片合成效果存储为"扬帆起航.psd"图像文件。

7.6 职场实战——"冰激凌"平面广告设计

炎热的夏天，冰激凌是人们喜爱的消暑冷饮之一，这一节我们就来制作一款冰激凌的平面广告，如图 7-58 所示。

图 7-58 冰激凌平面广告设计

7.6.1 处理人物图像

在广告设计中，人物照片的效果，会直接影响广告效果，因此，这一节首先来处理广告中的人物图像，使其能符合广告设计的要求。

扫一扫，看视频

步骤 01 打开"素材"/"照片 11.jpg"素材文件，这是一幅女孩的照片，如图 7-59 所示。

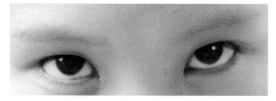

图 7-59 降低眼睛阴影亮度

步骤 02 激活 "加深工具"，在选项栏选择合适的画笔，在"范围"列表中选择"阴影"选项，"曝光度"为 50%，在女孩眼线、眼珠上拖曳鼠标，降低眼线和眼珠的阴影亮度，如图 7-59 所示。

步骤 03 重新设置"曝光度"为 10%，在"范围"列表中分别选择"中间调""阴影"和"高光"，在女孩眉毛和眼睫毛上拖曳鼠标，降低眉毛和眼睫毛的阴影亮度，使眉毛和眼睫毛更黑，如图 7-60 所示。

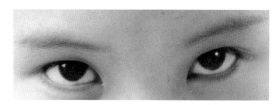

图 7-60 降低眉毛和眼睫毛阴影亮度

步骤 04 激活 "减淡工具"，在选项栏选择合适的画笔，设置"范围"为"高光"，在女孩眼白上单击，提高眼白的亮度，使眼睛更传神，如图 7-61 所示。

步骤 05 激活 "锐化工具"，在选项栏选择合适的画笔，在"模式"列表中选择"变暗"选项，设置"强度"为 50%，继续在女孩眉毛上拖曳鼠标，使眉毛更黑、更清晰，如图 7-62 所示。

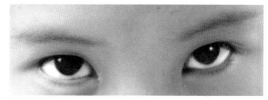

图 7-61 提高眼白亮度

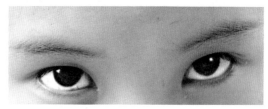

图 7-62 清晰化处理眉毛

步骤 06 激活 "修补工具"，设置"正常"模式，激活"目标"按钮，在女孩左脸颊位置选取图像，将其拖到左眼袋下方位置，对眼袋进行修复，如图 7-63 所示。

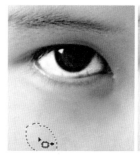 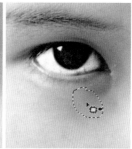

图 7-63 去除眼袋

步骤 07 使用相同的方法，继续对右眼袋以及脸上的雀斑、黑痣等进行修复，使女孩脸部看起来更光洁，处理前与处理后的效果比较如图 7-64 所示。

（a）处理前　　　　（b）处理后

图 7-64　处理女孩图像的效果比较

步骤 08 激活 "多边形套索工具"，设置 "羽化" 为 20 像素，选取人物左边发辫以及耳朵图像，如图 7-65 所示。

步骤 09 按 Ctrl+C 组合键复制，按 Ctrl+V 组合键粘贴生成图层 1，然后执行【编辑】/【变换】/【水平翻转】命令，将粘贴的图像水平翻转，并将其移动到女孩右脸位置，如图 7-66 所示。

图 7-65　选取图像　　　图 7-66　粘贴并调整位置

步骤 10 在【图层】面板暂时关闭图层 1，激活 "多边形套索工具"，设置 "羽化" 为 5 像素，沿女孩右脸轮廓创建选区，如图 7-67 所示。

步骤 11 显示隐藏的图层 1，按 Delete 键删除选区内的多余图像，结果如图 7-68 所示。

图 7-67　创建选区　　　图 7-68　删除多余图像

步骤 12 至此，就完成了对人物图像的处理，处理前与处理后的效果比较如图 7-69 所示。

图 7-69　处理前后的人物图像效果比较

7.6.2　广告效果合成

人物处理完毕后，这一节来进行广告效果的合成。

扫一扫，看视频

步骤 01 按 Ctrl+Shift+Alt+E 组合键盖印图层生成图层 2，执行【图像】/【画布大小】命令，设置参数，然后确认将画布向下增加 3 厘米，如图 7-70 所示。

图 7-70　增大画布

步骤 02 打开 "素材" / "照片 13.jpg" 素材文件，激活 "魔术橡皮擦工具"，在其选项栏设置 "容差" 为 20，在背景上单击将背景擦除，如图 7-71 所示。

步骤 03 激活 "多边形套索工具"，设置 "羽化" 为 0 像素，选取金属托位置的冰激凌图像，然后按住 Ctrl+Alt 组合键，单击向上的方向键，将选取的图像向上移动复制，使其盖住金属托，如图 7-72 所示。

步骤 04 按 Ctrl+D 组合键取消选区，然后继续使用 "多边形套索工具" 选取其他金属托，将其删除，效果如图 7-73 所示。

步骤 05 将处理后的冰激凌图像拖到女孩图像中生成图层 3，按 Ctrl+T 组合键添加自由变换工具，调整冰激凌图像大小，并将其移动到女孩头像上，如图 7-74 所示。

步骤 06 激活 "吸管工具"，按住 Alt 键在绿色冰激凌上单击拾取该颜色为前景色，然后激活 "颜色替换工具"，设置合适的画笔，在 "模式" 列表中选择 "颜色"选项，在女孩上眼帘位置拖曳鼠标替换颜色，如图 7-75 所示。

设置为前景色，继续替换鼻子的颜色，结果如图 7-77 所示。

图 7-71　擦除背景　图 7-72　修复金属托　图 7-73　删除金属托

图 7-76　替换下眼帘颜色

图 7-74　冰激凌图像的位置

图 7-77　替换鼻子颜色

步骤 09 按 Ctrl+J 组合键复制冰激凌图像，按 Ctrl+T 组合键添加自由变换工具，调整冰激凌图像大小与方向，并将其移动到女孩头像左下方黑色画板位置，如图 7-78 所示。

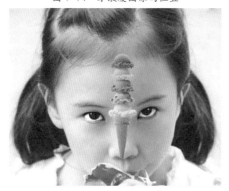

图 7-75　替换上眼帘颜色

步骤 07 使用相同的方法将玫瑰花冰激凌的颜色设置为前景色，继续替换下眼帘的颜色，结果如图 7-76 所示。

步骤 08 继续使用相同的方法将蛋黄色冰激凌的颜色

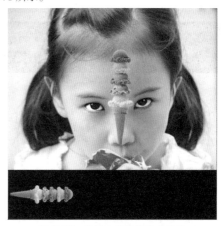

图 7-78　复制、变换冰激凌图像

步骤 10 继续按 Ctrl+J 组合键复制变形后的冰激凌图像，执行【编辑】/【变换】/【水平翻转】命令将其水平翻转，然后将其移动到右边位置，如图 7-79 所示。

步骤 12 最后再设置字体颜色为白色，在图像下方中间位置输入"吃吧"文字内容，完成该冰激凌平面广告的设计，如图 7-81 所示。

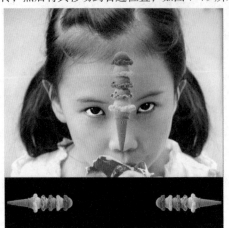

图 7-79　复制、变换冰激凌图像

图 7-81　输入中间文字

步骤 11 继续将绿色冰激凌颜色设置为前景色，激活 T "横排文字工具"，设置字体大小为 10 点，在下方冰激凌上、下位置分别输入相关文字内容，如图 7-80 所示。

步骤 13 至此，冰激凌平面广告设计完成，将该图像存储为"冰激凌广告设计.psd"文件。

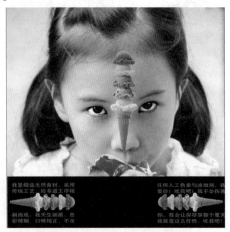

图 7-80　输入两边文字

读书笔记

Chapter 8
第8章

图像层次与色调调整

本章导读

在 PS CC 图像处理中，图像色彩校正是学习的重点内容，本章就来学习图像的色彩校正技术。

本章主要内容如下

- 关于数字化图像
- 调整图像层次对比度
- 调整图像色彩饱和度
- 综合练习——萌宠小花猫
- 职场实战——电影海报《我的朋友是只猫》

8.1 关于数字化图像

数字化时代，用户接触最多的就是数字化图像，那么何为"数字化图像"呢？例如使用手机、数码相机、平板电脑等一系列数字化拍摄设备获取的图像以及将纸质的图像通过电子扫描、数字化拍照等方式存储后的图像都是数字化图像。另外，使用各种设计软件所制作的图像也是数字化图像，数字化图像分为点阵图和矢量图两种类型，这一节首先来了解数字化图像，这对校正图像色彩非常重要。

8.1.1 点阵图

通过各种数字化设备获取的图像一般都属于点阵图，点阵图也叫位图。从技术上来说，点阵图称作栅格图像，它是使用图片元素的矩形网格来表现图像，这些网格就叫像素，每个像素都分配有特定的位置和颜色值。将图像放大到一定倍数后，用户会看到一个个小色块，这些小色块就是像素，如图 8-1 所示。

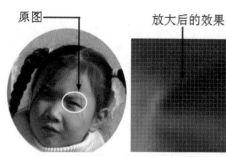

图 8-1 点阵图放大后看到像素

点阵图是连续色调图像（如照片或数字绘画）最常用的电子媒介，因为它们可以更有效地表现阴影和颜色的细微层次，但是，点阵图有时需要占用大量的存储空间，在某些 Creative Suite 组件中使用点阵图时，通常需要对其进行压缩以减小文件大小。例如，将图像文件导入布局之前，先在其原始应用程序中压缩该文件。

点阵图与分辨率有关，也就是说，它们包含固定数量的像素。如果在屏幕上以高缩放比率对它们进行缩放或以低于创建时的分辨率来打印它们时，则将丢失其中的细节，并会呈现出锯齿，同时用户会看到一个个网格，这些网格就叫像素。图 8-2 所示为将位图图像按 3：1 放大和 24：1 放大时的效果。

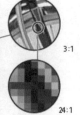

图 8-2 不同放大级别的位图图像示例

点阵图是 PS CC 2018 专用图像类型，在 PS 中处理点阵图时，用户所编辑的其实是像素，而不是对象或形状。

8.1.2 分辨率

前面我们讲过，点阵图与分辨率有关，那么什么是分辨率呢？分辨率简称 ppi，是指每平方英寸内像素点的数目。例如一个图像的分辨率为 72，就是指该图像每平方英寸内有 72 个像素。一般来说，图像的分辨率越高，图像越清晰，得到的印刷图像的质量就越好，反之图像就不清晰，其印刷效果也不好。是两幅相同的图像分辨率分别为 72ppi 和 300ppi，将其放大 200% 后的效果比较如图 8-3 所示。

图 8-3 不同分辨率的图像放大后的效果

8.1.3 颜色模式

颜色模式也叫色彩模式，它是图像所采用的颜色的类型，也是描述色彩的依据。在日常生活中，我们的肉眼能接触到许许多多的色彩，然而要正确记录这些色彩之间的差异，就需要将这些色彩做数值化的处理，才能记录、编辑与印刷它们。但由于记录色彩的角度不同，同时使用着许多不同的色彩系统，因此就形成了不同的色彩属性，这就是所谓的色彩模式。

不同色彩模式的图像会有不同的颜色效果。PS 支持多种颜色模式的图像，在【新建】对话框的"颜色模式"列表中可以选择不同的颜色模式，以新建不同颜色模式的图像，如图 8-4 所示。

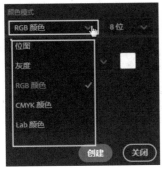

图 8-4　选择颜色模式

下面我们对常用的几种色彩模式进行简单介绍。

1. RGB 颜色模式

这是 PS CC 2018 默认的颜色模式，也是常用的一种颜色模式，该颜色模式使用 RGB 模型，并为每个像素分配一个强度值。在 8 位 / 通道的图像中，彩色图像中的每个 RGB（红色、绿色、蓝色）分量的强度值为 0（黑色）到 255（白色），当所有这 3 个分量的值相等时，结果是中性灰度级；当所有分量的值均为 255 时，结果是纯白色；当这些值都为 0 时，结果是纯黑色。

RGB 图像使用 3 种颜色或通道在屏幕上重现颜色。在 8 位 / 通道的图像中，这 3 个通道将每个像素转换为 24（8 位 × 3 通道）位颜色信息。对于 24 位图像，这 3 个通道最多可以重现 1670 万种颜色 / 像素。对于 48 位（16 位 / 通道）和 96 位（32 位 / 通道）图像，每像素可重现更多的颜色。计算机显示器使用 RGB 模型显示颜色，这意味着在使用非 RGB 颜色模式（如 CMYK）时，PS 会将 CMYK 图像插值处理为 RGB，以便在屏幕上显示。

> 🚀 **小贴士**
>
> 尽管 RGB 是标准颜色模型，但是所表示的实际颜色范围仍因应用程序或显示设备而异。PS 中的 RGB 颜色模式会因用户在"颜色设置"对话框中指定的工作空间的不同而不同。

2. CMYK 颜色模式

在 CMYK 模式下，可以为每个像素的每种印刷油墨指定一个百分比值。为最亮（高光）颜色指定的印刷油墨颜色百分比较低；而为较暗（阴影）颜色指定的百分比较高。在 CMYK 图像中，当 4 种分量的值均为 0% 时，就会产生纯白色。

在制作要用印刷色打印的图像时，应使用 CMYK 模式。将 RGB 图像转换为 CMYK 即产生分色，如果用户从 RGB 图像开始，则最好先在 RGB 模式下编辑，然后在处理结束时转换为 CMYK。在 RGB 模式下，可以使用"校样设置"命令模拟 CMYK 转换后的效果，而无须真的更改图像数据，用户也可以使用 CMYK 模式直接处理从高端系统扫描或导入的 CMYK 图像。

> 🚀 **小贴士**
>
> 尽管 CMYK 是标准颜色模型，但是其准确的颜色范围随印刷和打印条件而变化。PS 中的 CMYK 颜色模式会根据用户在"颜色设置"对话框中指定的工作空间的设置而不同。

3. 灰度模式

灰度模式在图像中使用不同的灰度级，在 8 位图像中，最多有 256 级灰度。灰度图像中的每个像素都有一个 0（黑色）到 255（白色）之间的亮度值。在 16 位和 32 位图像中，图像中的级数比 8 位图像要大得多。灰度值也可以用黑色油墨覆盖的百分比来度量（0% 等于白色，100% 等于黑色）。灰度模式使用"颜色设置"对话框中指定的工作空间设置所定义的范围。

4. 其他模式

除以上 3 种色彩模式之外，还有 Lab 模式、索引模式、位图模式、双色调模式、多通道模式等，这些模式不常用，在此不作讲解，读者如果感兴趣，可以参阅其他相关书籍。

8.1.4　图像颜色模式的转换

用户可以根据需要，在 PS CC 中对各色彩模式进行转换，这其实是一件非常简单的事。用户可以通过【图像】/【模式】菜单下的一组命令，轻松完成各色彩模式的相互转换操作，如图 8-5 所示。

扫一扫，看视频

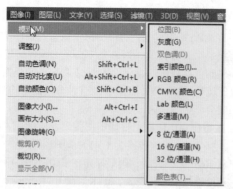

图 8-5 【模式】子菜单

下面我们将一幅 RGB 颜色模式的图像转换为一幅高品质的灰度图像。

实例——将 RGB 颜色模式的人物图像转换为灰度模式的图像

步骤 01 打开"素材"/"女孩.jpg"素材文件，这是一幅 RGB 颜色模式的人物图像，如图 8-6 所示。

图 8-6 原图像

步骤 02 执行【图像】/【模式】/【灰度】命令，弹出【信息】对话框，询问是否扔掉颜色信息，如图 8-7 所示。

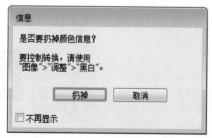

图 8-7 【信息】对话框

步骤 03 单击"扔掉"按钮，则系统会丢弃原 RGB 图像的颜色信息，图像失去了颜色信息后被转换为灰度模式的图像，如图 8-8 所示。

图 8-8 转换后的灰度图像

🚀 小贴士

在图像的标题栏会显示图像的颜色模式、名称、存储格式以及显示比例等相关信息，如图 8-8 所示。

8.1.5 矢量图

扫一扫，看视频

矢量图（有时称作矢量形状或矢量对象）是由称作矢量的数学对象定义的直线和曲线构成的。矢量根据图像的几何特征对图像进行描述，用户可以任意移动或修改矢量图形，而不会丢失细节或影响清晰度。

矢量图与分辨率无关，即当调整矢量图形的大小、将矢量图形打印到 PostScript 打印机、在 PDF 文件中保存矢量图形或将矢量图形导入基于矢量的图形应用程序中时，矢量图形都将保持清晰的边缘。因此，对于将在各种输出媒体中按照不同大小使用的图稿（如徽标），矢量图形是最佳选择。如图 8-9 所示为将矢量图像按 3：1 放大和 24：1 放大时的效果

图 8-9 不同放大级别的矢量图图像示例

（a）调整前　　　　　　（b）调整后

图 8-12　照片调整前后的效果比较

8.2 调整图像层次对比度

　　一幅高品质图像，在很大程度上取决于图像的层次对比度，在 PS CC 的【图像】菜单下，有 4 种用于调整图像层次对比度的相关菜单命令，如图 8-10 所示。这一节我们就来学习这些命令。

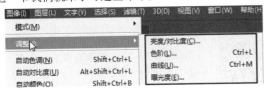

图 8-10　调整图像层次对比度的相关菜单命令

8.2.1 【亮度/对比度】命令

　　【亮度/对比度】命令用于调整图像亮度与对比度，该命令操作比较简单。下面通过一个简单的实例，学习使用该命令调整图像亮度与对比度的相关知识。

扫一扫，看视频

实例——使用【亮度/对比度】命令调整图像层次对比度

步骤 01 打开"素材"/"女孩.jpg"素材文件，该照片亮度不足，对比度较弱，图像品质不佳。

步骤 02 执行【图像】/【调整】/【亮度/对比度】命令，在打开的【亮度/对比度】对话框中设置"对比度"为 100，其他设置默认，如图 8-11 所示。

图 8-11　设置【亮度/对比度】参数

步骤 03 单击"确定"按钮，完成图像的调整，调整前与调整后的照片效果比较如图 8-12 所示。

🚀 **知识拓展**

　　【亮度/对比度】对话框可以设置"亮度"与"对比度"对图像进行调整。

扫一扫，看视频

　　·"亮度"：调整图像亮度。取值范围为 -150~150，正值提高图像亮度，负值降低图像亮度，如图 8-13 所示。

（a）亮度：100　　　　（b）亮度：-100

图 8-13　调整亮度

　　·"对比度"：调整图像对比度，取值范围为 -100~100，正值提高对比度，负值降低对比度，如图 8-14 所示。

（a）对比度：100　　　（b）对比度：-100

图 8-14　调整对比度

　　自动(A)：单击该按钮，系统将自动计算图像亮度与对比度，并选择一个合适的参数进行调整。

练一练

打开"素材"/"照片 03.jpg"素材文件，使用【亮度/对比度】命令调整照片层次对比度，如图 8-15 所示。

（a）调整前　　　　　（b）调整后

图 8-15　调整亮度/对比度前后的效果比较

操作提示

（1）执行【图像】/【调整】/【亮度/对比度】命令，打开【亮度/对比度】对话框。

（2）设置"亮度"为 40，"对比度"为 50，然后确认调整图像亮度/对比度。

8.2.2　【色阶】命令

【色阶】命令通过输入、输出色阶达到调整图像对比度的目的。下面通过一个简单的实例，学习该命令的使用方法。

扫一扫，看视频

实例——使用【色阶】命令调整图像层次对比度

步骤 01　继续 8.2.1 小节的操作。

步骤 02　执行【图像】/【调整】/【色阶】命令，在打开的【色阶】对话框中设置"输入色阶"参数，如图 8-16 所示。

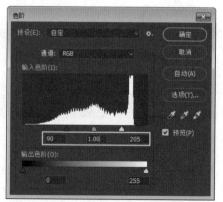

图 8-16　【色阶】参数设置

步骤 03　单击"确定"按钮，调整前后的照片效果比较如图 8-17 所示。

（a）调整前　　　　（b）调整后

图 8-17　输入色阶前后的效果比较

 知识拓展

 部分二维码

扫一扫，看视频

【色阶】命令将颜色的强弱分为 255 个等级，即 0~255，0 表示最弱，255 表示最强。其中，"输入色阶"通过输入"阴影""半色调"和"亮度"来调整图像的层次对比度；"输出色阶"通过输出"黑色"和"白色"来调整图像的层次/对比度。

继续 8.2.1 小节的操作，重新设置"输出色阶"的"黑色"为 100、"白色"为 255 以及"黑色"为 0、"白色"为 100，调整图像的层次对比度，如图 8-18 所示。

图 8-18　输出色阶

● 自动(A)：单击该按钮，系统将自动计算图像亮度与对比度，并选择一个合适的参数进行调整。

小贴士

一般情况下，使用【色阶】命令调整图像层次对比度效果时，可以针对图像的明暗效果，同时调整输出色阶和输入色阶，这样才能够得到品质较好的图像。另外，可以在"通道"选项 RGB 通道或选择某单色通道，例如 R 或 G 通道做调整，或者在"预设"列表选择系统预设来调整图像层次对比度（见图 8-19），这些操作比较简单，在此不再赘述。

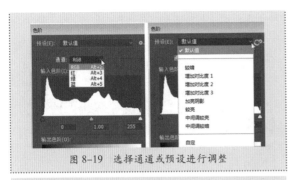

图 8-19　选择通道或预设进行调整

✒ 练一练

打开"素材"/"照片 03.jpg"素材文件,使用【色阶】命令调整照片层次对比度,如图 8-20 所示。

（a）调整前　　　　　（b）调整后

图 8-20　调整色阶前、后的效果比较

✎ 操作提示

（1）执行【图像】/【调整】/【色阶】命令,打开【色阶】对话框。

（2）设置"输入色阶"参数或采用系统预设值,对照片进行调整。

8.2.3　【曲线】命令

【曲线】命令将图像的色调范围微调到 0~255 色阶之间的任意一种亮度级别,对图像的色调调节会更为精确,从而更好地调整图像的层次对比度。下面通过具体的实例,学习【曲线】命令的相关知识。

扫一扫,看视频

实例——使用【曲线】命令调整图像层次对比度

步骤 01 继续上一节的操作。执行【图像】/【调整】/【曲线】命令,打开【曲线】对话框。

步骤 02 在曲线上单击添加点并按住鼠标向上拖曳,提高图像的亮度对比度,如图 8-21 所示。

步骤 03 向下拖曳鼠标,降低图像的亮度对比度,如

图 8-22 所示。

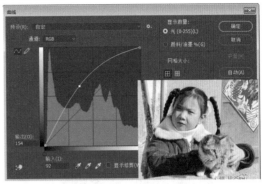

图 8-21　提高图像亮度 / 对比度

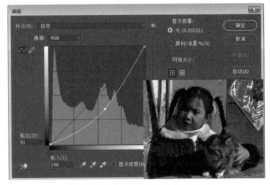

图 8-22　降低图像亮度 / 对比度

🚀 知识拓展

【曲线】命令有两种调整方法,一种是系统默认的 "编辑点修改曲线",激活该按钮,在调整区的曲线上单击增加调整点,并拖动这些点的位置以调整图像,此时在下方的"输入"和"输出"数值框中将显示输入和输出的色阶值,这些数值分别对应垂直和水平颜色带中颜色的色阶值,如图 8-21 和图 8-22 所示;另一种是 "通过绘制来修改曲线",激活该"通过绘制来修改曲线"按钮,按住鼠标拖曳绘制曲线调整图像,如图 8-23 所示。

扫一扫,看视频

在"通道"列表中选择所要调整的通道;在"预设"列表中选择系统预设的调整方式,如图 8-24 所示。

单击 自动(A) 按钮,系统将自动调整图像的亮度 / 对比度。

单击 选项(T)... 按钮,打开【自动颜色校正选项】

对话框，选择不同的算法，对图像进行亮度/对比度的调整，如图 8-25 所示。

图 8-23　绘制曲线调整图像

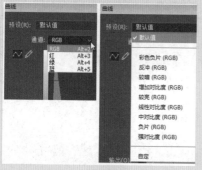

图 8-24　选择通道与预设

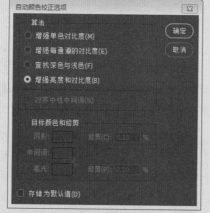

图 8-25　选择不同算法

小贴士

如果用户对图像的色调把握不准，在弹出【曲线】对话框后，可以按住 Ctrl 键，将光标移到图像中，单击拾取该点的颜色，系统则在【曲线】对话

框中显示该点的位置和"输入""输出"的色阶值，以供用户调整图像做参考，如图 8-26 所示。

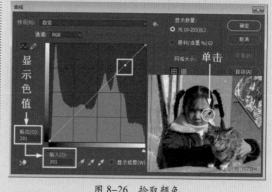

图 8-26　拾取颜色

练一练

打开"素材"/"照片 11.jpg"照片素材，使用【曲线】命令调整照片层次对比度，效果如图 8-27 所示。

（a）原照片　　　　（b）调好后的照片

图 8-27　调整照片层次对比度

操作提示

（1）执行【曲线】命令，在曲线上单击确定两个点。

（2）设置左下方第 1 个点的"输入"为 122，"输出"为 0，设置右上方第二个点的"输入"为 150，"输出"为 255，其他设置默认。

（3）确认对照片进行层次对比度的调整。

8.2.4　【曝光度】命令

该命令用于调整图像的曝光度，增强图像亮度对比度效果。下面通过一个简单的实例，学习该命令的使用方法。

扫一扫，看视频

实例——使用【曝光度】命令调整图像亮度对比度

步骤 01 打开"素材"/"照片 04.jpg"素材文件，该照片曝光度不足，下面我们调整曝光度。

步骤 02 执行【图像】/【调整】/【曝光度】命令，打开【曝光度】对话框。设置"曝光度"为 +0.40，"位移"为 –0.0076，"灰度系数校正"为 1.57，其他设置默认，如图 8-28 所示。

图 8-28　设置参数

步骤 03 单击"确定"按钮，调整照片的曝光度，效果如图 8-29 所示。

（a）原照片　　　（b）调整后的照片

图 8-29　调整照片曝光度

🚀 **小贴士**

【曝光度】命令通过调整图像的"曝光度""位移"以及"灰度系数校正"值，增强图像亮度对比度，可以在"预设"列表中选择曝光度的增减值，以调整图像曝光度，如图 8-30 所示。

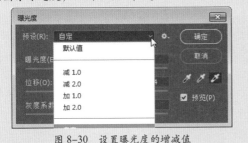

图 8-30　设置曝光度的增减值

✎ **练一练**

打开"素材"/"照片 12.jpg"素材文件，这是一幅曝光过度的照片。下面使用【曝光度】命令降低照

片曝光度，增强照片层次感，效果如图 8-31 所示。

原照片　　调整后的照片

图 8-31　降低照片曝光度

✎ **操作提示**

（1）执行【曝光度】命令，设置"曝光度"为 –0.15，降低曝光度。

（2）继续设置"位移"值为 –0.2311、设置"灰度系数校正"值为 0.84，增强照片层次感。

8.3　调整图像色彩饱和度

在 PS CC 图像处理中，调整图像色彩是重要内容之一，这一节学习调整图像色彩与饱和度的相关知识。

8.3.1　【自然饱和度】命令

使用【自然饱和度】命令可以提高或降低图像色彩的自然饱和度下面通过一个具体的实例，学习相关知识。

扫一扫，看视频

实例——使用【自然饱和度】命令调整图像色彩

步骤 01 打开"素材"/"照片 03.jpg"素材文件。

步骤 02 执行【图像】/【调整】/【自然饱和度】命令，设置"自然饱和度"值为 100，"饱和度"值为 20，如图 8-32 所示。

图 8-32　设置参数

步骤 03 单击"确定"按钮，调整照片的色彩饱和度，效果如图 8-33 所示。

（a）原照片　　　　（b）调整后的照片

图 8-33　调整照片色彩饱和度

🚀 **小贴士**

【自然饱和度】命令的操作比较简单，它是通过调整"自然饱和度"与"饱和度"值，来调整图像的颜色，当"自然饱和度"与"饱和度"值为正值时提高颜色饱和度，反之降低颜色饱和度。

✏️ **练一练**

照片之所以是彩色的，是因为照片中的各颜色都有一定的饱和度，当照片中的色彩饱和度值降到最低时,照片就是黑白色。使用【自然饱和度】命令,将"照片 03.jpg"图像调整为黑白照片，如图 8-34 所示。

图 8-34　调整黑白照片

✏️ **操作提示**

（1）执行【自然饱和度】命令,设置"自然饱和度"与"饱和度"值均为 –100。

（2）确认, 将照片调整为黑白照片效果。

8.3.2　【色相 / 饱和度】命令

【色相 / 饱和度】命令通过调整图像的色相、饱和度和明度来校正图像色彩。下面通过一个具体的实例，学习相关知识。

扫一扫，看视频

实例——使用【色相 / 饱和度】命令校正图像色彩

步骤 01 打开"素材"/"照片 02.jpg"素材文件，该照片色彩饱和度不足，色彩暗淡。

步骤 02 执行【图像】/【调整】/【色相 / 饱和度】命令，打开【色相 / 饱和度】对话框，设置"饱和度"值为 +65，其他设置默认，如图 8-35 所示。

图 8-35　设置"饱和度"值

步骤 03 单击"确定"按钮，调整照片的色彩饱和度，效果如图 8-36 所示。

（a）原照片　　　　（b）调整后的照片

图 8-36　调整照片色彩饱和度

🚀 **知识拓展**

扫一扫，看视频

【色相 / 饱和度】命令是一个功能强大的色彩调整命令，它不仅可以调整图像的色彩饱和度，同时还可以调整色相、明度等。在其对话框中通过设置相关选项来调整色彩。

• "预设"：选择系统预设的一种调整方式，如图 8-37 所示。

• "全图"：选择调整范围，"全图"表示图像的所有色彩范围；可以选择某一种单色进行调整，如图 8-38 所示。

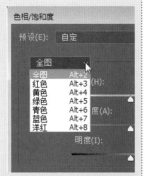

图 8-37 选择调整方式 　 图 8-38 选择调整范围

- "色相"：调整色彩的色相。
- "饱和度"：调整色彩饱和度。
- "明度"：调整色彩的明度。
- "着色"：勾选该选项，将图像调整为单一色彩的图像，如图 8-39 所示。

图 8-39 调好的单色图像

✍ 练一练

打开"素材" / "照片 11.jpg"照片，该照片色彩饱和度不足，使用【色相 / 饱和度】命令调整照片色彩饱和度，并将其调整为蓝色的单色图像，如图 8-40 所示。

原照片 →

调整色相
饱和度

调整单色
颜色

图 8-40 调整照片色彩饱和度

✍ 操作提示

（1）执行【色相 / 饱和度】命令，设置色相、饱和度、明度参数调整照片色彩饱和度。

（2）勾选"着色"选项，继续设置色相、饱和度、明度参数，调整照片单色照片效果。

8.3.3 【色彩平衡】命令

【色彩平衡】命令通过调整图像的阴影区、半色调区和高光区的色彩对比度，使图像色彩更协调，从而得到品质较好的图像。下面通过一个实例操作，学习相关知识。

扫一扫，看视频

实例——使用【色彩平衡】命令校正图像色彩

步骤 01 打开"素材" / "照片 11.jpg"素材文件，该照片颜色不太协调。

步骤 02 执行【图像】/【调整】/【色彩平衡】命令，在打开的【色彩平衡】对话框中设置"青色"为 -17，"洋红"为 -84，"黄色"为 +43，其他设置默认，如图 8-41 所示。

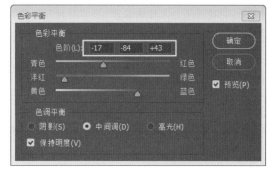

图 8-41 设置色彩平衡参数

步骤 03 单击"确定"按钮，调整照片的色彩平衡，效果如图 8-42 所示。

（a）原照片 　 （b）调整后的效果

图 8-42 调整色彩平衡

135

知识拓展

• "色阶"：分别对应"红色"–"青色""绿色"–"洋红""蓝色"–"黄色" 3 个颜色，直接输入数值或左右拖动下方的 3 个三角滑块，就可以调整图像的色彩平衡效果，其取值范围在 –100~100 之间。

扫一扫，看视频

• "色彩平衡"：设置调整区域，勾选"阴影"选项，调整图像的阴影区域；勾选"中间调"选项，调整图像的中间调颜色；勾选"高光"选项，调整图像的高光区域，如图 8-43 所示。

（a）原图　　　　（b）阴影

（c）高光　　　　（d）中间调

图 8-43　阴影、中间调与高光

• "保持明度"：勾选该选项，可以保证在调整图像色彩时，图像亮度不受影响。

小贴士

一般情况下，"阴影""中间调"和"高光"为图像颜色的三大区域，因此，在调整图像时，应针对这三大区域分别进行调整，这样可以获得更好的图像色彩效果。

练一练

打开"素材"/"照片 03.jpg"素材文件，使用【色彩平衡】命令调整照片色彩，效果如图 8-44 所示。

（a）原照片　　　　（b）调整后

图 8-44　调整照片色彩

操作提示

（1）执行【色彩平衡】命令，勾选"阴影"选项，设置"青色""洋红"和"黄色"值，调整照片阴影区域的颜色。

（2）继续分别勾选"中间色"和"高光"选项，设置"青色""洋红"和"黄色"值，调整照片这两个区域的颜色。

8.3.4　【黑白】命令

【黑白】命令可以将彩色图像调整为黑白色，以展现黑白色图像独特的艺术魅力。另外，该命令还可以将彩色图像调整为单色图像。下面通过一个具体的实例操作，学习相关知识。

扫一扫，看视频

实例——将彩色照片调整为黑白照片

步骤 01 打开"素材"/"红衣照片 .jpg"素材文件，如图 8-45 所示。

图 8-45　原彩色照片

步骤 02 执行【图像】/【调整】/【黑白】命令，打开【黑白】对话框，此时彩色照片已经变成了黑白照片，如图 8-46 所示。

图 8-46　黑白照片

步骤 03 在打开的【黑白】对话框拖动各滑块，对黑白照片进行调整，如图 8-47 所示。

图 8-47　调整黑白照片

扫一扫，看视频

知识拓展

除设置相关参数调整黑白图像之外，在"预设"列表中选择系统预设的黑白模式，不同的模式会得到不同的黑白图像效果，例如选择"最黑"模式，效果如图 8-48 所示。

图 8-48　选择黑白模式

另外，【黑白】命令还可以将彩色图像调整为单色图像。勾选"色调"选项，此时彩色图像显示单色，然后再调整单色图像的"色相"和"饱和度"，如图 8-49 所示。

图 8-49　调整单色图像

练一练

打开"素材"/"女孩.jpg"素材文件，使用【黑白】命令结合【亮度/对比度】命令将其调整为黑白照片，如图 8-50 所示。

图 8-50　调整为黑白照片

操作提示

（1）执行【黑白】命令，调整黑白照片。

（2）执行【亮度/对比度】命令，调整照片的亮度与对比度。

8.4 综合练习——萌宠小花猫

打开"素材"/"照片 14.jpg"素材文件，这是家里养的一只小白猫的照片。下面将该小白猫变成一只小花猫，效果如图 8-51 所示。

（a）原照片　　　（b）处理后的照片

图 8-51　小花猫照片处理结果

8.4.1　调整小猫颜色

这一小节首先来调整小猫颜色，使小白猫变成小花猫。

扫一扫，看视频

步骤 01 激活 "多边形套索工具"，设置其 "羽化" 为 25 像素，在小白猫的头部创建选区，如图 8-52 所示。

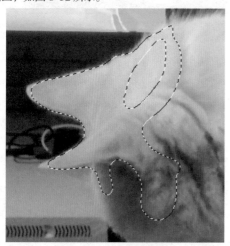

图 8-52　创建头部选区

步骤 02 执行【图像】/【调整】/【色相/饱和度】命令，勾选 "着色" 选项，然后调整颜色为棕色，如图 8-53 所示。

图 8-53　参数设置

步骤 03 单击 "确定" 按钮，调整小猫头部的颜色，效果如图 8-54 所示。

图 8-54　调整颜色

步骤 04 使用相同的方法，继续在小猫腹部、爪子、尾巴等位置创建选区，如图 8-55 所示。

图 8-55　创建选区

步骤 05 继续执行【图像】/【调整】/【色相/饱和度】命令，勾选 "着色" 选项，然后调整颜色为棕黄色，如图 8-56 所示。

图 8-56　设置参数

步骤 06 单击"确定"按钮，调整小猫身体与尾巴的颜色，效果如图 8-57 所示。

图 8-57　调整小猫颜色

步骤 07 继续使用相同的方法，在小猫腿部、背部等部位创建选区，然后执行【色相 / 饱和度】命令，勾选"着色"选项，设置"明度"为 -90，其他参数默认，继续调整小猫的颜色，结果如图 8-58 所示。

图 8-58　继续调整小猫颜色

🚀 **小贴士**

在调整小猫颜色时，选区一定要有羽化，这样调整后的颜色边缘才会自然，否则调整后颜色边缘生硬不真实。

步骤 08 按 Ctrl+D 组合键取消选区，激活 🔍 "减淡工具"，选择合适的画笔，设置"范围"为"高光"，"曝光度"为 10%，在小猫白色皮毛上单击，提高白色皮毛的亮度，完成小猫颜色的调整，效果如图 8-59 所示。

图 8-59　提高小猫皮毛亮度

8.4.2　处理背景颜色与虚实效果

小猫颜色调整完毕，但是背景太杂乱，画面整体效果不太好，这一节我们来处理背景颜色与虚实。

步骤 01 激活 ✏️ "多边形套索工具"，设 扫一扫，看视频 置"羽化"为 0 像素，沿茶几与小花猫边缘将背景图像选中，然后执行【滤镜】/【模糊】/【高斯模糊】命令，设置"半径"为 50 像素，如图 8-60 所示。

图 8-60　高斯模糊参数

步骤 02 单击"确定"按钮，对背景图像进行模糊，效果如图 8-61 所示。

步骤 03 按 Ctrl+D 组合键取消选区，再次使用 ✏️ "多边形套索工具"选取右下角茶几面，按住 Ctrl+Alt 组合键的同时按向右的方向键，将选取的茶几面向右移动复制，使其覆盖住地面，如图 8-62 所示。

步骤 04 使用相同的方法继续选取小猫尾巴位置的茶几图像，将其向右移动复制，结果如图 8-63 所示。

图 8-61　模糊后的效果

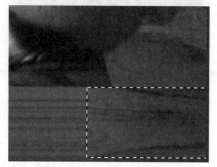

图 8-62　选取图像并移动复制

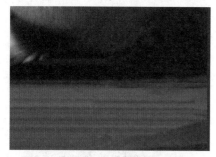

图 8-63　移动复制图像

步骤 05 激活 "海绵工具"，选择合适大小的画笔，并选择 "模式" 为 "加色"，"流量" 为 50%，在茶几面、鱼缸以及鱼缸内的金鱼、小石子上拖曳鼠标，调整这些图像的色彩饱和度，效果如图 8-64 所示。

图 8-64　调整图像的色彩饱和度

步骤 06 至此，执行 "存储为" 命令，将该照片效果存储为 "萌宠小花猫" 图像文件。

8.5 职场实战——电影海报《我的朋友是只猫》

电影海报是平面设计范畴中的一种，属于商业广告类型，它是以盈利为目的而做的商业宣传，其主要作用是为电影的播映进行前期的推广，使人们对电影的故事情节、主要演员等有一个基本了解，达到一定的宣传效应，为电影的播映造势。

这一节我们将为名为《我的朋友是只猫》的影片制作电影海报。该影片主要讲述了一只被主人遗弃的小花猫与它的新主人之间发生的感人至深的故事，正像影片独白中所说："有时，动物比人更有情"，如图 8-65 所示。

图 8-65　电影海报设计

8.5.1　制作背景图像

扫一扫，看视频

这一小节我们首先来处理海报背景图像。
步骤 01 打开 "素材" / "照片 16.jpg" 素材文件，激活 "魔法橡皮擦工具"，在其选项栏设置 "容差" 为 30，在照片背景上单击将背景擦除，如图 8-66 所示。

图 8-66　擦除背景

步骤 02 执行【图像】/【调整】/【亮度 / 对比度】命令，设置"亮度"为 25，"对比度"为 25，调整照片的亮度对比度，如图 8-67 所示。

图 8-67　调整亮度对比度

步骤 03 执行【图像】/【调整】/【色彩平衡】命令，分别选择"阴影""中间调"和"高光"选项，并设置参数，如图 8-68 所示。

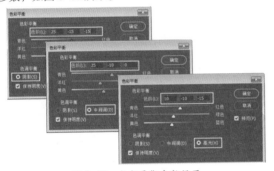

图 8-68　色彩平衡参数设置

步骤 04 单击"确定"按钮，调整后的照片效果如图 8-69 所示。

图 8-69　调整图像色彩平衡

步骤 05 打开"素材"/"背景 .jpg"图像文件，使用 "移动工具"将处理后的照片拖到背景文件中，图像生成图层 1。

步骤 06 按 Ctrl+T 组合键，使用自由变换框调整照片大小，并将其移动到背景图像左上角位置，然后在【图层】面板设置图层 1 的"模式"为"亮度"，效果如图 8-70 所示。

图 8-70　设置图层模式

步骤 07 继续打开"素材"/"蝴蝶 .bmp"和"蝴蝶 01.bmp"图像文件，执行【图像】/【模式】/【RGB 颜色】命令，将这两幅图像转换为 RGB 模式图像。

> 🚀 **小贴士**
>
> 　"蝴蝶 .bmp"和"蝴蝶 01.bmp"文件为索引颜色模式图像，而背景图像是 RGB 颜色模式图像，如果不将其转换为 RGB 颜色模式图像，就不能与背景进行合成。

步骤 08 激活 "魔术橡皮擦工具"，分别在这两幅图像白色背景上单击将其背景擦除，结果如图 8-71 所示。

（a）蝴蝶　　　　　（b）蝴蝶 01

图 8-71　擦除背景后的图像

步骤 09 使用 "移动工具"将"蝴蝶 .bmp"和"蝴蝶 01.bmp"拖到女孩图像左右两边位置，图像生成图层 2 和图层 3，在【图层】面板设置这两个图层的混合模式为"强光"，效果如图 8-72 所示。

图 8-72　设置混合模式

8.5.2　添加主体人物图像与电影名

背景图像处理完毕后，这一节添加主体人物图像以及电影名，完成电影海报的设计制作。

步骤 01 打开"素材"/"照片 14.jpg"文件，使用 "背景橡皮擦工具"将背景图像擦除，结果如图 8-73 所示。

扫一扫，看视频

图 8-73　擦除背景图像

🚀 **小贴士**

擦除图像背景时，要沿人物图像边缘小心地将

背景擦除，这样既不会损坏人物图像，又可以将背景全部擦除。

步骤 02 执行【图像】/【调整】/【亮度/对比度】命令，设置"亮度"为 50，"对比度"为 15，如图 8-74 所示。

图 8-74　调好亮度对比度

步骤 03 单击"确定"按钮调整图像亮度对比度，然后继续执行【图像】/【调整】/【色彩平衡】命令，分别选择"阴影""中间调"和"高光"选项，并设置参数，如图 8-75 所示。

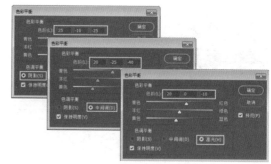

图 8-75　调整图像色彩平衡

步骤 04 单击"确定"按钮，然后使用 "移动工具"将处理后的照片拖到背景文件中，使用自由变换工具调整图像大小和位置，效果如图 8-76 所示。

图 8-76　添加图像的效果

步骤 05 设置前景色为黑色，激活 T "横排文字工具"，在选项栏设置字体大小为 35 点，字体为 "方正粗黑宋"，在图像下方位置输入 "我的朋友是只猫" 文字内容，如图 8-77 所示。

图 8-77　输入文字

步骤 06 使用 T "横排文字工具" 在 "猫" 字上拖曳鼠标将该字选中，在选项栏设置字体大小为 80 点，然后在【图层】面板下方单击 fx "添加图层样式" 按钮，选择【描边】选项，设置参数如图 8-78 所示。

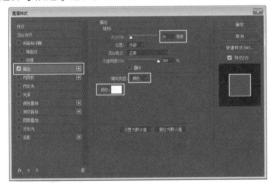

图 8-78　设置描边参数

步骤 07 单击 "确定" 按钮确认为文字描边，结果如图 8-79 所示。

图 8-79　为文字描边

🚀 **小贴士**

　　文字工具以及图层样式是 PS CC 中的重要内容，有关文字的输入以及图层样式的应用等相关知识，将在第 11 章和第 12 章进行详细讲解。

步骤 08 使用相同的方法，继续使用 T "横排文字工具" 输入电影海报中的其他相关内容，完成电影海报的设计，效果如图 8-80 所示。

图 8-80　电影海报最终效果

步骤 09 至此，电影海报设计完成，将该图像存储为 "电影海报——我的朋友是只猫 .psd" 文件。

 读书笔记

Chapter 9

第 9 章

图像特殊颜色处理

本章导读

在 PS CC 图像处理中，除可以调整图像色彩之外，用户还可以调整图像的特殊颜色效果，例如反相效果、镜头滤镜效果、颜色匹配、替换颜色，以及将普通图像制作为高动态图像等，本章就来学习相关知识。

本章主要内容如下

- 调整图像特效颜色
- 调整图像阴影、高光与 HDR 色调
- 图像特效颜色的其他处理方法
- 综合练习——重现风景照亮丽色彩
- 职场实战——"黑与白" CD 包装设计

9.1 调整图像特效颜色

在 PS CC 图像色彩调整中，除第 8 章所学习的图像常规颜色调整命令之外，还有一组命令可以调整出图像的特效颜色，这一节我们就来学习相关知识。

9.1.1 【反相】命令

【反相】命令可以调整出图像颜色的反相颜色，类似于照片的底片颜色效果，该命令的操作非常简单，既没有任何对话框，也不需要设置任何参数，直接执行该命令，即可将图像调整为原图像颜色的反相颜色效果。下面通过一个简单的实例，学习其使用方法。

扫一扫，看视频

实例——使用【反相】命令调整图像特效颜色

步骤 01 打开"素材"/"照片 01.jpg"素材文件，这是一幅人物风景照片，如图 9-1 所示。

图 9-1　原图像

步骤 02 执行【图像】/【调整】/【反相】命令，此时，照片显示原颜色的反相颜色效果，如图 9-2 所示。

图 9-2　反相效果

练一练

打开"素材"/"蝴蝶 01.bmp"素材文件，使用【反相】命令调整该图像的照片底片效果，如图 9-3 所示。

（a）原图像　　　　　（b）反相效果

图 9-3　图像的照片底片效果

操作提示

（1）执行【图像】/【调整】/【反相】命令，将图像调整为照片的底片效果。

（2）再次执行【反相】命令，将照片底片效果调整为原图像颜色效果。

9.1.2 【色调分离】命令

扫一扫，看视频

【色调分离】命令可以将图像按照不同的色阶进行分离，色阶越多分离效果越精细，反之分离效果越粗略，类似于矢量图的色块或版画效果。下面通过一个简单的实例，学习该命令的使用方法。

实例——使用【色调分离】命令调整图像特效颜色

步骤 01 打开"素材"/"照片 04.jpg"素材文件，这是一幅人物头像照片。

步骤 02 执行【图像】/【调整】/【色调分离】命令，打开【色调分离】对话框，如图 9-4 所示。

图 9-4　【色调分离】对话框

步骤 03 在"色调"输入框中输入分离的参数，系统默认状态下，"色阶"值为 4，直接单击"确定"按钮，以默认色阶数将照片进行色调分离，效果如图 9-5 所示。

图 9-5　色调分离效果

🚀 **小贴士**

　　【色调分离】对话框默认的"色阶"值为 4，也就是说，将图像颜色分为 4 个色阶，用户可以设置相关分离参数，例如设置"色阶"值为 2 和 6 时，得到不同的图像效果，如图 9-6 所示。

（a）色阶：2　　　（b）色阶：6

图 9-6　不同"色阶"值时的分离效果

🏸 **练一练**

　　打开"素材"/"照片 11.jpg"素材文件，使用【色调分离】命令，首先设置"色阶"值为 5，对照片进行色调分离，然后设置"色阶"值为 2，继续对照片进行色调分离，如图 9-7 所示。

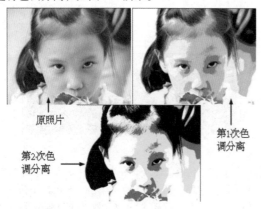

原照片　　　　　　　　　　第1次色调分离

第2次色调分离

图 9-7　色调分离照片

🖋 **操作提示**

　　（1）执行【图像】/【调整】/【色调分离】命令，设置"色阶"值为 5，对照片进行色调分离。
　　（2）再次执行【色调分离】命令，设置"色阶"值为 2，对照片再次进行色调分离。

9.1.3　【阈值】命令

扫一扫，看视频

　　【阈值】命令与【色调分离】命令有些相似，只是【阈值】命令是通过设置"阈值色阶"值，将图像调整为黑白色的图像效果，其取值范围为 1~255。下面通过一个简单的实例，学习使用【阈值】命令调整图像特殊颜色的方法。

实例——使用【阈值】命令调整图像特殊颜色

步骤 01　继续 9.1.2 小节的操作，执行【图像】/【调整】/【阈值】命令，打开【阈值】对话框。

步骤 02　系统默认状态下，"阈值色阶"值为 128，此时图像效果如图 9-8 所示。

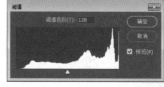

图 9-8　默认设置下的图像效果

步骤 03　重新设置"阈值色阶"值为 50 和 200，此时图像效果如图 9-9 所示。

（a）阈值色阶：50　　　（b）阈值色阶：200

图 9-9　设置阈值色阶后的图像效果

步骤 04　单击"确定"按钮，完成图像的颜色调整。

🏸 **练一练**

　　打开"素材"/"照片 03.jpg"素材文件，使用【阈值】命令，设置"阈值色阶"值为 100，调整照片黑白版画效果，如图 9-10 所示。

（a）原照片　　　　（b）阈值效果

图 9-10　调整图像黑白版画效果

✎ 操作提示

（1）执行【图像】/【调整】/【阈值】命令，设置"阈值色阶"值为200，调整图像特殊黑色颜色效果。

（2）重新设置"阈值色阶"，继续调整图像黑白色特殊颜色效果。

9.1.4 【渐变映射】命令

【渐变映射】命令是使用一种渐变色替代图像颜色，使图像形成一种渐变色的颜色效果。下面通过一个简单的实例，学习该命令的使用方法。

扫一扫，看视频

实例——使用【渐变映射】命令调整图像特殊颜色

步骤 01 继续9.1.3小节的操作。

步骤 02 执行【图像】/【调整】/【渐变映射】命令，打开【渐变映射】对话框，如图9-11所示。

图 9-11　【渐变映射】对话框

步骤 03 系统默认状态下，渐变色是一种单色，此时图像以该单色替代其他颜色，单击颜色带选择一种渐变色，例如选择"蓝红黄"的系统预设的渐变色，如图9-12所示。

步骤 04 单击"确定"按钮，此时图像中的颜色以该渐变色代替，效果如图9-13所示。

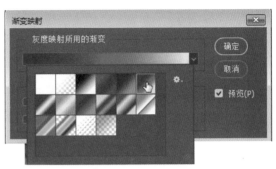

图 9-12　选择渐变色

（a）原照片　　　　（b）渐变映射效果

图 9-13　渐变映射效果

🚀 小贴士

在使用【渐变映射】命令调整图像颜色时，勾选"反向"选项，此时将使用渐变色的反相颜色来填充图像颜色，出现类似于照片底片的图像颜色效果，如图9-14所示。

（a）渐变映射效果　　（b）渐变映射的反相效果

图 9-14　渐变映射的反向效果

✎ 练一练

打开"素材"/"海边风景.jpg"素材文件，使用【渐变映射】命令调整照片的特殊颜色效果，如图9-15所示。

　（a）原照片　　　　　（b）渐变映射效果

图 9-15　渐变映射效果

✎ 操作提示

（1）执行【图像】/【调整】/【渐变映射】命令，打开【渐变映射】对话框。

（2）单击颜色带选择"透明彩虹渐变"颜色调整图像颜色。

🚀 小贴士

如果对选择的渐变色不满意，用户也可以单击渐变色打开【渐变编辑器】对话框来编辑渐变色，如图 9-16 所示。

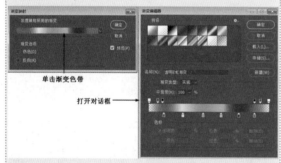

图 9-16　编辑渐变色

有关编辑渐变色的相关知识，将在第 10 章进行详细讲解。

9.2　调整图像阴影、高光与 HDR 色调

在 PS CC 图像处理中，通过调整图像的阴影/高光，可以改善图像的层次与色调，而 HDR 色调则是图像的高动态颜色效果，可以提供更多动态范围和图像细节，这一节学习相关知识。

9.2.1　【阴影/高光】命令

使用【阴影/高光】命令可以调整图像的阴影与高光，改善图像颜色层次与饱

扫一扫，看视频

度。下面通过一个具体的实例，学习相关知识。

实例——使用【阴影/高光】命令调整图像阴影与高光

步骤 01　打开"素材"/"照片 16.jpg"素材文件。

步骤 02　执行【图像】/【调整】/【阴影/高光】命令，在打开的【阴影/高光】对话框中设置"阴影"的"数量"值为 50%，"高光"的"数量"值为 0，如图 9-17 所示。

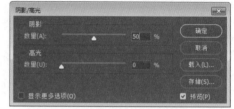

图 9-17　【阴影/高光】设置

步骤 03　此时发现图像阴影变亮，而高光没有任何变化，如图 9-18 所示。

　（a）原照片　　　　　（b）调整结果

图 9-18　调整阴影/高光

步骤 04　勾选"显示更多选项"选项，此时将显示更多选项，对图像的阴影、高光以及色调进行细节调整，如图 9-19 所示。

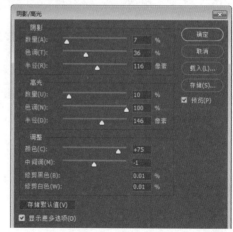

图 9-19　显示更多选项

步骤 05 单击"确定"按钮，调整照片的阴影 / 高光效果，如图 9-20 所示。

（a）原照片 （b）调整结果

图 9-20 调整照片阴影 / 高光效果

✎ 练一练

打开"素材" / "女孩.jpg"素材文件，使用【阴影 / 高光】命令调整照片的阴影与高光，增强图像的层次与色彩对比度，如图 9-21 所示。

（a）原照片 （b）调整结果

图 9-21 调整照片的层次与色彩对比度

✎ 操作提示

（1）执行【阴影 / 高光】命令，勾选"显示更多选项"选项。

（2）设置"阴影""高光"以及"调整"的各参数，然后确认对照片进行调整。

9.2.2 【HDR 色调】命令

使用【HDR 色调】命令，调整图像的高动态颜色效果，调整后得到可以提供更多动态范围和细节的图像，根据不同的曝光时间的 LDR(Low-Dynamic Range) 图像，利用每个曝光时间相对应最佳细节的 LDR 图像来合成最终 HDR 图像，能够更好地反映真实环境中的视觉效果。在 3ds Max 三维设计中，高动态范围图像可以作为一个贴图，真实再现高反光材质的质感，例如金属、玻璃等。下面通过一个具体的实例，学习相关知识。

扫一扫，看视频

实例——使用【HDR 色调】命令调整图像

步骤 01 打开"素材" / "照片 16.jpg"素材文件。

步骤 02 执行【图像】/【调整】/【HDR 色调】命令，打开【HDR 色调】对话框，分别在"边缘光""色调和细节"以及"高级"选项下设置各参数，以调整图像，如图 9-22 所示。

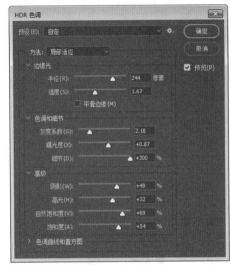

图 9-22 设置参数

步骤 03 单击"确定"按钮，调整照片的 HDR 色调，效果如图 9-23 所示。

（a）原照片 （b）调整结果

图 9-23 调整 HDR 色调

🚀 知识拓展

系统默认状态下，【HDR 色调】命令采用的是用户自定义的调整方式，用户可以在"预设"列表中选择系统预设的色调进行调整，如图 9-24 所示。例如，选择"城市暮光"以及"单色高对比度"两种预设色调后的图像效果如图 9-25 所示。

扫一扫，看视频

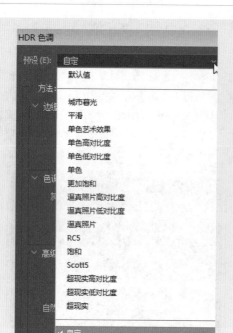

图 9-24　选择系统预设的色调

图 9-25　两种预设的效果比较

另外，也可以在"方法"列表中选择不同的调整方法，如图 9-26 所示。例如，选择"曝光度和灰度系数"选项，此时设置"曝光度"与"灰度系数"的参数调整图像，结果如图 9-27 所示。

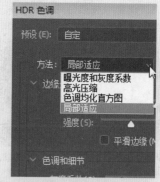

图 9-26　选择方法

图 9-27　"曝光度和灰度系数"调整方法

🏸 练一练

打开"素材"/"照片 04.jpg"素材文件，使用【HDR色调】命令调整照片，如图 9-28 所示。

（a）原照片　　　（b）调整结果

图 9-28　HDR 色调调整图像

操作提示

（1）执行【HDR 色调】命令，选择一种预设与调整方法，展开各选项并设置各选项参数进行调整。

（2）展开"色调曲线与直方图"选项，继续拖动曲线对图像进行调整。

9.3 图像特效颜色的其他处理方法

除前面所学的处理图像特效颜色的命令外，还有其他一些处理图像特效颜色的相关命令，这一节学习这些命令。

9.3.1 【照片滤镜】命令

【照片滤镜】命令是为图像添加一种滤镜，以调整图像的颜色。下面通过一个简单的实例，学习相关知识。

扫一扫，看视频

实例——使用【照片滤镜】命令调整图像特效颜色

步骤 01 打开女孩图片。

步骤 02 执行【图像】/【调整】/【照片滤镜】命令，打开【照片滤镜】对话框，设置"浓度"参数，如图 9-29 所示。

图 9-29　设置【照片滤镜】参数

步骤 03 单击"确定"按钮，调整照片的颜色，效果如图 9-30 所示。

（a）原照片　　　　（b）调整后的照片

图 9-30　照片滤镜效果

小贴士

使用【照片滤镜】命令调整图像颜色时，可以选择使用"滤镜"还是"颜色"，当使用"滤镜"时，可以在其列表中选择一种滤镜，例如选择"深祖母绿"滤镜，效果如图 9-31 所示。

图 9-31　"深祖母绿"滤镜调整效果

练一练

打开"素材"/"海边风景 .jpg"素材文件，使用【照片滤镜】命令调整照片，如图 9-32 所示。

（a）原照片　　　　（b）调整结果

图 9-32　照片滤镜调整效果

操作提示

（1）执行【照片滤镜】命令，选择"滤镜"调整方式，然后选择"冷却滤镜（LBB）"滤镜。

（2）确认对图像进行调整。

9.3.2 【通道混和器】命令

【通道混和器】命令可以通过指定输出通道，来调整该通道的 RGB 颜色，以达到校正图像颜色的目的。下面通过一个

扫一扫，看视频

简单的实例，学习相关知识。

实例——使用【通道混和器】命令调整图像特效颜色

步骤 01 继续 9.3.1 小节的操作。执行【图像】/【调整】/【通道混和器】命令，打开【通道混和器】对话框。

步骤 02 在"输出通道"列表中选择所要调整的通道，例如选择"红"作为调整的通道。

步骤 03 在"源通道"区域拖动滑块，以调整红色通道中各颜色的色值，如图 9-33 所示。

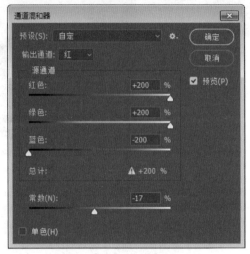

图 9-33 【通道混和器】参数设置

步骤 04 单击"确定"按钮，调整图像的颜色，如图 9-34 所示。

（a）原照片　　　　　（b）调整后的照片

图 9-34 调整前、后的照片

小贴士

使用【通道混和器】命令调整图像颜色时，除选择不同的通道之外，用户还可以在"预设"列表中选择系统预设，此时，"输出通道"为"灰度"通道，调整其他通道的颜色数值，可以得到只包含灰度信

息的图像，例如选择"使用红色滤镜的黑白（RGB）"选项，此时图像效果如图 9-35 所示。

图 9-35 使用系统预设调整图像

练一练

打开"素材"/"照片 11.jpg"素材文件，使用【通道混和器】命令，调整出照片粉红色颜色效果，如图 9-36 所示。

（a）原照片　　　　　（b）调整后的照片

图 9-36 . 通道混和器调整效果

操作提示

（1）执行【通道混和器】命令，选择"红"通道，设置该通道的各颜色进行调整。

（2）继续分别选择"绿"和"蓝"两个通道作为调整通道，设置参数调整这两个通道的颜色，最后确认，完成对照片的调整。

9.3.3 【匹配颜色】命令

扫一扫，看视频

【匹配颜色】命令可以在源图像中加载多幅目标图像或图层，并将其颜色和源图像颜色混合，达到改善源图像颜色的目的。下面通过一个实例操作，学习相关知识。

实例——使用【匹配颜色】命令调整图像特效颜色

步骤 01 继续 9.3.2 小节的操作。执行【图像】/【调整】/【匹配颜色】命令，打开【匹配颜色】对话框，拖动滑块对"明亮度""颜色强度"以及"渐隐"参数进行调整，如图 9-37 所示。

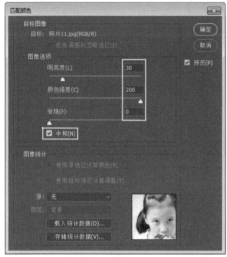

图 9-37　【匹配颜色】对话框设置

步骤 02 单击"确定"按钮，调整图像的颜色，如图 9-38 所示。

（a）原照片　　　　（b）调整后的照片

图 9-38　照片调整效果

知识拓展

系统默认下，【匹配颜色】命令没有"源"图像，用户可以在"源"列表中选择"源"图像，这个"源"图像可以是源图像本身，也可以是其他打开的目标图像。例如，选择"照片 11.jpg"源文件本身，如图 9-39 所示。

如果当前工作区打开有其他文件，则可以选

扫一扫，看视频

择其他文件。如图 9-40 所示，选择打开的"女孩"图像作为源图像。

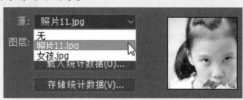

图 9-39　选择源文件本身

图 9-40　选择打开的图像作为源文件

另外，如果这些文件中包含图层，也可以在"图层"列表中选择一个图层，然后对"明亮度""颜色强度"以及"渐隐"参数进行调整。

练一练

打开"素材"/"照片 11.jpg"和"背景 .jpg"素材文件，激活"照片 11.jpg"图像文件，使用【匹配颜色】命令对该图像进行颜色调整，效果如图 9-41 所示。

照片 11

背景

调整结果

图 9-41　匹配颜色调整效果

操作提示

（1）执行【匹配颜色】命令，在"源"列表中选择"背景 .jpg"作为源文件。

（2）设置"明亮度""颜色强度"以及"渐隐"参数，对背景图像进行颜色调整。

9.3.4 【替换颜色】命令

【替换颜色】命令是首先选取图像中要替换的颜色，然后对这些颜色的色相、饱和度和明度进行调整，达到替换颜色的目的，类似于首先使用选择工具选取图像颜色，然后使用【色相/饱和度】命令调整图像颜色的操作。下面通过一个具体的实例，学习相关知识。

扫一扫，看视频

实例——使用【替换颜色】命令调整图像颜色

步骤 01 打开"素材"/"红衣照片.jpg"素材文件，该照片人物衣服为红色，下面来替换衣服颜色为蓝色。

步骤 02 执行【图像】/【调整】/【替换颜色】命令，打开【替换颜色】对话框，激活"吸管工具"，在照片人物红色衣服上单击取样，如图9-42所示。

图9-42 取样

步骤 03 拖动滑块设置"颜色容差"为200，使其将红色衣服全部选择，之后拖动滑块设置"色相"为蓝色，再拖动滑块设置"饱和度"以及"明度"参数，如图9-43所示。

图9-43 设置色相、饱和度与明度

🚀小贴士

"颜色容差"值决定了选取颜色范围的大小，当取样后，调整"颜色容差"值，被选取的颜色会在预览图中以白色显示，这样可以方便使用户观察选取的范围，如图9-44所示。

图9-44 白色显示被选取的颜色范围

另外，在使用 "吸管工具"采样替换颜色之后，选择"选区"选项，在【替换颜色】对话框中的预览图中将显示采样颜色的范围，白色显示了替换颜色的范围，黑色显示了不替换的颜色范围，用户可以通过调整其"颜色容差值"确定替换颜色范围的大小。如果勾选"图像"选项，在预览图中将显示原图像。另外，激活 "添加到取样工具"，在图像中需要增加颜色的区域单击增加颜色范围，如果想减去颜色范围，可以选择 "从取样中减去工具"，在图像中不需要调整颜色的区域单击减去颜色范围。

步骤 04 单击"确定"按钮，结果发现人物红色衣服被调整为蓝色，如图9-45所示。

（a）原照片 （b）调整后的照片

图9-45 调整前、后的人物衣服颜色

练一练

打开"素材"/"男孩.jpg"素材文件，使用【替换颜色】命令将男孩蓝色羽绒服调整为红色，效果如图 9-46 所示。

（a）原照片　　　（b）调整后的照片

图 9-46　替换衣服颜色

操作提示

（1）执行【替换颜色】命令，使用 🔬 "吸管工具"取样，之后调整"颜色容差"选取衣服。

（2）设置"色相""饱和度"以及"明度"值调整衣服颜色为红色。

（3）分别使用 🔬 "添加到取样工具"和 🔬 "从取样中减去工具"在图像中添加和减去相关区域，完成对衣服颜色的调整。

9.3.5 【可选颜色】命令

【可选颜色】命令可以通过校正图像某一主色调的 4 种基本印刷色的含量，来校正图像的颜色，但并不影响该印刷色在其他主色调中的效果。下面通过一个实例学习该命令的相关知识。

扫一扫，看视频

实例——使用【替换颜色】命令调整图像颜色

步骤 01 打开"素材"/"照片 11.jpg"素材文件，该照片人物颜色偏黄，下面我们来调整该颜色，使其更红润。

步骤 02 执行【图像】/【调整】/【可选颜色】命令，打开【可选颜色】对话框。

步骤 03 在"颜色"列表中选择"黄色"选项，然后拖动滑块调整黄色颜色中的"青色""洋红""黄色"以及"黑色"参数，如图 9-47 所示。

步骤 04 单击"确定"按钮，此时发现人物肤色由浅黄色变得红润了，效果如图 9-48 所示。

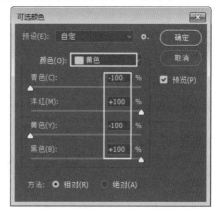

图 9-47　设置参数

（a）原照片　　　（b）调整后的照片

图 9-48　调整后的照片颜色

练一练

打开"素材"/"风景 06.jpg"素材文件，使用【可选颜色】命令将黄色葵花调整为粉紫色，效果如图 9-49 所示。

（a）原图像　　　（b）调整后的图像

图 9-49　调整花朵颜色

操作提示

（1）执行【可选颜色】命令，在"颜色"列表中选择"黄色"选项。

（2）拖动滑块调整"青色""洋红""黄色"和"黑色"色值，将黄色葵花调整为粉紫色。

9.4 综合练习——重现风景照亮丽色彩

在拍摄照片时，有时由于天气的原因，拍摄的照片灰蒙蒙一片，模糊不清，这时我们可以利用 PS CC 的图像处理功能，对照片进行清晰处理，使照片显示出亮丽的色彩。

打开"素材"/"海边风景 02.jpg"素材文件，该海边风景照片灰蒙蒙一片，如图 9-50 所示。这一节我们就对该照片进行颜色校正与清晰处理，重现该风景照片亮丽的色彩，如图 9-51 所示。

图 9-50 原海边风景照

图 9-51 处理后的海边风景照

9.4.1 调整照片亮度与清晰度

这一小节首先来调整风景照片的亮度与清晰度。

步骤 01 按 F7 键打开【图层】面板，按 Ctrl+J 组合键将背景层复制为图层 1，然后设置图层 1 的混合模式为"亮光"模式，图像效果

扫一扫，看视频

如图 9-52 所示。

图 9-52 复制图层并设置混合模式

步骤 02 按 Ctrl+Shift+Alt+E 组合键盖印图层生成图层 2，执行【图像】/【调整】/【阴影/高光】命令，打开【阴影/高光】对话框，勾选其下方的"显示更多选项"选项，以显示更多的设置。

> 🚀 **小贴士**
>
> 盖印图层是指将处理后的多个图层效果合并生成一个新图层，类似于合并图层命令，但比合并图层命令更实用，这样做的好处是如果操作失败，我们可以删除该图层，返回到原来的图层重新进行调整。

步骤 03 在"阴影"选项设置"数量"为 0，"色调宽度"为 0，"半径"为 0 像素，以调整图像的阴影。

步骤 04 继续在"高光"选项下设置"数量"为 100%，"色调宽度"为 41%，"半径"为 146 像素，以调整图像的高光。

步骤 05 继续在"调整"选项下设置"颜色校正"为 +100，"中间调"为 +100，其他设置默认，如图 9-53 所示。

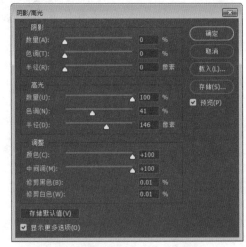

图 9-53 【阴影/高光】参数设置

步骤 06 单击"确定"按钮，调整后的照片效果如图 9-54 所示。

图 9-54　调整后的照片效果

9.4.2　调整风景照片颜色与替换天空背景

这一小节来调整风景照片的颜色，然后为照片替换一个背景。

步骤 01 激活 "多边形套索工具"，设置"羽化"为 0 像素，沿海岸线将海水区域选择。

扫一扫，看视频

步骤 02 执行【图像】/【调整】/【匹配颜色】命令，设置参数调整水面颜色，如图 9-55 所示。

图 9-55　使用【匹配颜色】命令调整水面颜色

步骤 03 单击"确定"按钮，继续执行【图像】/【调整】/【色彩平衡】命令，选中"中间调"选项，然后设置参数调整水面颜色，如图 9-56 所示。

步骤 04 按 Ctrl+Shift+I 组合键翻转选区以选取除海面之外的其他区域，继续执行【图像】/【调整】/【曲

线】命令，在曲线上单击添加点，然后调整点的位置，调整选区内图像的亮度与对比度，如图 9-57 所示。

图 9-56　使用【色彩平衡】命令调整水面颜色

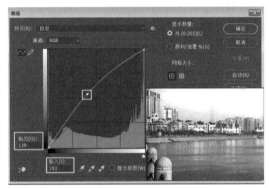

图 9-57　调整图像其他区域亮度

步骤 05 单击"确定"按钮，然后激活 "多边形套索工具"，设置"羽化"为 5 像素，从已有选区中减去楼房及海岸线图像，只保留天空选区。

步骤 06 打开"素材"/"风景 05.jpg"素材文件，按 Ctrl+A 组合键将图像全部选择，按 Ctrl+C 组合键将其复制，然后关闭该图像。

步骤 07 回到海边风景图像，按 Alt+Shift+Ctrl+V 组合键将拷贝的图像粘贴到天空选区，按 Ctrl+T 组合键添加自由变换工具，调整天空图像大小，使其覆盖天空区域，如图 9-58 所示。

步骤 08 按 Ctrl+Shift+Alt+E 组合键盖印图层生成图层 4，执行【图像】/【调整】/【亮度 / 对比度】命令，设置"对比度"为 100，单击"确定"按钮，图像效果如图 9-59 所示。

步骤 09 最后使用图像修复工具，将照片下方的拍摄日期修复掉，完成海边风景照的处理。

步骤 10 执行"存储为"命令，将该照片效果存储为

"重现风景照亮丽色彩 .psd"图像文件。

图 9-58 粘贴图像

图 9-59 调整图像亮度 / 对比度

9.5 职场实战——"黑与白" CD 包装设计

CD 包装属于平面设计的一种，属于商业广告类型，其主要作用是为某商品进行前期的推广，使人们对该商品产生一种购买欲望，从而达到营销的目的。

这一节我们将为"黑与白"的 CD 制作封面包装设计。该 CD 主要收录了某位农民女歌手多年来创作并演唱的 14 首反映现代农村生活以及农家女人心愿的经典民歌，民歌曲调柔美动听，歌词朴实纯真，充分体现了现代农村生活的美好以及农村妇女对人生的理解。最终设计效果如图 9-60 所示。

图 9-60 CD 包装设计

9.5.1 制作包装盒封面图像

扫一扫，看视频

这一小节首先来制作 CD 包装盒的封面图像效果。

步骤 01 打开"素材"/"照片 04.jpg"素材文件，执行【图像】/【调整】/【亮度 / 对比度】命令，设置"亮度"为 40，"对比度"为 100，单击"确定"按钮，图像效果如图 9-61 所示。

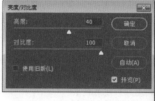 

图 9-61 调整图像亮度 / 对比度

步骤 02 继续执行【图像】/【调整】/【阈值】命令，设置"阈值色阶"为 150，单击"确定"按钮，图像效果如图 9-62 所示。

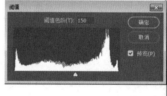 

图 9-62 阈值效果

步骤 03 执行【图像】/【画布大小】命令，在打开的【画布大小】对话框中设置参数，如图 9-63 所示。

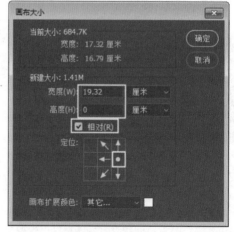

图 9-63 设置画布大小

步骤 04 单击"确定"按钮确认，设置图像画布。

步骤 05 继续打开"素材"/"风景 02.jpg"素材文件，再次执行【图像】/【调整】/【阈值】命令，设置"阈值色阶"为 150，单击"确定"按钮，调整图像的颜色效果，如图 9-64 所示。

图 9-64　阈值效果

步骤 06 使用 ▸╂ "移动工具"将处理后的照片拖到背景文件右边位置，按 Ctrl+T 组合键添加自由变换框，调整图像大小与画布大小一致，图像生成图层 1，如图 9-65 所示。

图 9-65　添加图像

步骤 07 继续打开"素材"/"人物照片 .jpg"素材文件，使用 ✦ "魔术橡皮擦工具"沿人物图像边缘将背景擦除，然后执行【图像】/【调整】/【亮度 / 对比度】命令，设置参数调整图像亮度，如图 9-66 所示。

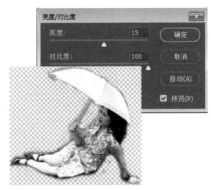

图 9-66　调整亮度 / 对比度

步骤 08 再次执行【图像】/【调整】/【阈值】命令，设置"阈值色阶"为 105，单击"确定"按钮，调整图像的颜色效果，如图 9-67 所示。

图 9-67　阈值效果

步骤 09 使用 ▸╂ "移动工具"将处理后的照片拖到背景文件右下角位置，执行【编辑】/【变换】/【水平翻转】命令将图像水平翻转，然后按 Ctrl+T 组合键添加自由变换框，调整图像大小，如图 9-68 所示。

步骤 10 下面制作一个光盘图像。再次打开"照片 04.jpg"素材文件，依照步骤 1 的操作调整照片的亮度 / 对比度。

步骤 11 执行【图像】/【调整】/【色调分离】命令，设置"色阶"为 2，单击"确定"按钮，调整图像的色阶，如图 9-69 所示。

图 9-68　人物图像大小与位置

图 9-69　调整色阶

整照片大小，效果如图 9-71 所示。

图 9-71　粘贴照片并调整大小

步骤 15 至此，光盘效果制作完毕。

9.5.2　输入封面文字

 这一小节我们来向封面上输入相关文字，输入文字的操作比较简单，有关输入文字的相关知识，在第 12 章中将进行详细讲解。

扫一扫，看视频

步骤 01 设置前景色为黑色，激活 T "横排文字工具"，在选项栏设置字体大小为 100 点，字体为 "方正粗黑宋"，在图像上方位置输入 "黑与白" 文字内容，如图 9-72 所示。

图 9-72　输入文字

步骤 02 在 "与" 字上拖曳鼠标将该字选中，然后修改其大小为 150 点，然后在【图层】面板的文字层上右击，选择【栅格化】命令，将文字层栅格化，如

> **小贴士**
>
> 在执行【色调分离】命令前，一定要首先使用【亮度 / 对比度】命令调整亮度 / 对比度，否则，使用【色调分离】命令制作不出想要的图像效果。

步骤 12 按 Ctrl+A 组合键将处理后的照片选中，然后按 Ctrl+C 组合键将其复制，之后将该照片关闭。

步骤 13 回到背景图像，激活 ○ "椭圆选框工具"，设置 "羽化" 为 0 像素，按住 Alt+Shift 组合键在人物脸部位置创建一个圆形选区，如图 9-70 所示。

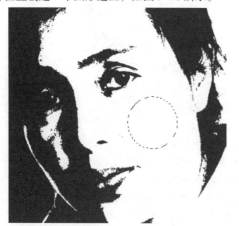

图 9-70　创建圆形选区

步骤 14 按 Alt+Shift+Ctrl+V 组合键将复制的人物图像粘贴到选区内，按 Ctrl+T 组合键，使用自由变换框调

图 9-73 所示。

图 9-73 调整文字大小

🚀 小贴士

　　文字层是一个特殊图层，对文字有保护作用，只有将文字层栅格化之后，用户才能对文字进行处理和编辑。

步骤 03 激活背景层，然后激活 魔棒工具"，在背景层人物的黑色区域单击将黑色区域选中，之后激活文字层。在【图层】面板按下"锁定透明像素"按钮锁定文字层的透明区域，按 Ctrl+Delete 组合键填充背景色（白色），文字效果如图 9-74 所示。

图 9-74 将文字层的透明区域调整为白色

🚀 小贴士

　　向文字填充白色的区域刚好是文字与人物黑色区域相交的公共部分，因此，我们利用了人物黑色区域的选区选取了文字，这样就可以向文字中填充白色了。

步骤 04 按 Ctrl+D 组合键取消选区。然后继续在人物左边位置输入黑色的相关文字，然后将文字层复制，修改下方文字为白色，并稍微移动位置，效果如图 9-75

所示。

图 9-75 在左边输入文字

步骤 05 继续在左边位置输入竖排的白色颜色的文字，在下方位置输入黑白相间的相关文字内容，完成文字的输入，效果如图 9-76 所示。

图 9-76 在左边和下方输入文字

步骤 06 继续在封面左边相关位置输入歌曲名，完成 CD 包装设计，效果如图 9-77 所示。

图 9-77 输入歌曲名

步骤 07 将该图像存储为"职场实战——'黑与白'CD 包装设计 .psd"文件。

Chapter
10
第 10 章

应用颜色与绘制图形

本章导读

在 PS CC 中，除强大的图像处理功能之外，调配并应用颜色以及绘制图形也是其强大功能，这也是用户必须掌握的重点知识，本章就来学习相关内容。

本章主要内容如下

- 掌握颜色的基本知识
- PS CC 的颜色模式与配色系统
- PS CC 颜色的应用
- 综合练习——制作个性邮票
- 职场实战——公益广告设计

10.1　掌握颜色的基本知识

这一节有先来了解并掌握有关颜色的基础知识，这对应用颜色与绘制图形非常重要，有颜色基础知识的读者可以跳过这一节，进入下一节内容的学习。

10.1.1　颜色三属性

颜色三属性也叫颜色三要素，了解颜色三要素，有助于正确认识颜色，了解各颜色之间的关系，从而调配并应用颜色。颜色三要素是指色相、纯度和色调。

扫一扫，看视频

1. 色相

色相简单来说就是指颜色的相貌。在可见光谱中，人的视觉能感受到各种各样的颜色，例如红、橙、黄、绿、蓝、紫等不同特征的颜色，当我们称呼某一种颜色的名称时，就会联想到这种颜色留给人们的印象，也就是该颜色的相貌。

2. 纯度

纯度是指颜色的鲜浊程度，也就是我们常说的颜色饱和度。在可见光谱中，颜色的鲜浊程度取决于该颜色的波长，高饱和度的颜色波长长，低饱和度的颜色波长短。

3. 色调

色调是指颜色的明亮度，也就是我们常说的颜色的明度（亮度）。在无彩色中，明度最高的为白色，明度最低的是黑色，这两种颜色之间存在着由亮到暗的灰色系列，而在有彩色中，明度最高的为黄色，明度最低的为紫色。

颜色的色相、纯度和色调比较如图 10-1 所示。

图 10-1　颜色的色相、纯度和色调比较

10.1.2　颜色的感情反应

扫一扫，看视频

颜色是有感情的，从而能使人产生不同的感情反应，当然，这些感情反应由于人的性别、年龄、喜好和生活环境不同而各不相同，从而使人产生主观和客观两种感情。例如，当我们看到不同的颜色会产生喜好感时，就是颜色给我们的主观感情；而当我们看到颜色产生冷暖感、轻重感时，就是颜色给我们的客观感情。颜色的这种感情，主要表现在以下几个方面。

- 颜色的兴奋与沉静感：明亮而鲜艳的颜色呈兴奋感，深沉而浑浊的颜色呈沉静感。
- 颜色的冷暖感：高明度、高纯度的颜色一般具有暖感，低明度、低纯度的颜色具有冷感。
- 颜色的轻重感：明度越高的颜色使人感觉越轻，明度越低的颜色使人感觉越重。
- 颜色的进退感：一般来说，明度越高的颜色有前进感，明度越低的颜色则有后退感。
- 颜色的华丽朴素感：鲜艳明亮的颜色具有华丽感，浑浊深沉的颜色具有朴素感，有色系具有华丽感，无色系具有朴素感。
- 颜色的软硬感：明度越高感觉越软，明度越低感觉越硬，中纯度颜色具有软感，高纯度颜色与低纯度颜色具有硬感，暖色系较软，冷色系较硬。
- 颜色的明快与忧郁感：明度越高越有明快感，明度越低越有忧郁感，颜色纯度越高越具有明快感，纯度越低越具有忧郁感，强对比色调具有明快感，弱对比色调具有忧郁感。

在 PS CC 图像处理与平面设计工作中，工作人员必须充分考虑颜色的这种感情反应，才能设计并制作出满意的作品。

10.1.3　颜色的联想与象征意义

颜色的这种感情反应会使我们产生各种联想与象征意义，不同的颜色所产生的联想不同，这种联想包括"具体联想"和"抽象联想"，其象征意义也不同，具体如下。

扫一扫，看视频

- 红色：使人产生火、太阳、血等具体联想以及热情、温暖和危险等抽象联想，象征喜庆、幸福以及警觉、危险与灾难等。
- 橙色：使人产生灯火、秋阳、橘子等具体联想以及嫉妒、温和、快乐和活力等抽象联想，象征时尚、青春、动感，有种让人活力四射的感觉。
- 黄色：能使我们产生香蕉、黄金、月亮、阳光等具体联想以及光明、明快、活泼等抽象联想，象征光明、希望、高贵、愉快，但另一方面又象征病态、轻薄等。

- 绿色：能使我们产生草地、森林、山川等具体联想以及春天、和平、希望、新鲜、青春等抽象联想，象征平静、安全与生命力。
- 蓝色：能使我们产生水、海洋、天空、湖泊等具体联想以及理智、沉静、清爽、冷淡等抽象联想，象征和平、安静、纯洁、理智，但另一方面又象征消极、冷淡、保守等。
- 紫色：能使我们产生葡萄、茄子、紫藤等具体联想以及优雅、高贵、不安以及神秘等抽象联想，象征优美、高贵、尊严，但另一方面又象征孤独、神秘等。
- 白色：能使我们产生冰雪、白云、白纸等具体联想以及明快、洁净、纯真、空虚等抽象联想，象征纯洁、干净、朴素、高雅等。
- 灰色：能使我们产生阴天、水泥、老鼠、沙石等具体联想以及温和、消极、中庸以及失望等抽象联想，象征失望、灰心、消极等。
- 黑色：能使我们产生夜晚、煤炭、黑夜等具体联想以及严肃、沉静、恐怖以及死亡等抽象联想，象征悲哀、死亡、严肃和恐怖。

在平面设计中，正确运用颜色的象征意义是十分重要和必需的，通过颜色的象征意义的运用，能更好地表现设计师的设计思想，表达作品的设计主题。

10.1.4　颜色的搭配

这一小节来了解颜色的搭配，根据作者多年的工作经验，结合颜色的属性及其象征意义总结了一些颜色搭配技巧，希望能对大家有所帮助。

扫一扫，看视频

1. 红色颜色的搭配

红色色感温暖，呈暖色调，容易引起人的注意，是一种对人视觉感官刺激很强的颜色，同时也是一种容易造成人视觉疲劳的颜色，在运用红色进行设计时，可以将其与其他颜色进行配色，以得到更具象征意义的颜色。

红色与少量的黄色相配，会使其火力更强盛，使人感到躁动不安；红色与少量的蓝色相配，会使其火力减弱，给人文雅、柔和的感觉；红色与少量的黑色相配，会使其性格变的沉稳，给人厚重、朴实的感觉；红色与少量的白色相配，会使其性格变的温柔，给人含蓄、

羞涩、娇嫩的感觉，如图 10-2 所示。

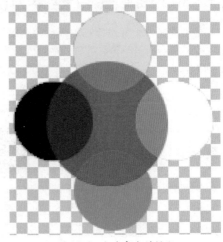

图 10-2　红色颜色的搭配

2. 黄色颜色的搭配

黄色是明度最高的一种颜色，也是给人感觉最为骄气的一种颜色，常给人一种冷漠、高傲、敏感的视觉感觉。在运用黄色进行设计时，可以将其与其他颜色进行配色，改变其色感和色性给人的这些印象。

黄色与少量的蓝色相配，会使其转化为一种鲜嫩的绿色，不再使人感到骄气、高傲，而会给人一种平和、鲜嫩的感觉；黄色与少量的红色相配，则会呈现一种橙色温暖之感，不再使人感到冷漠、高傲，反而会使人感到热情、温暖；黄色与少量的黑色相配，会呈现一种暗绿，给人以成熟、稳重、随和之感；黄色与少量的白色相配，其色感更为柔和，那种冷漠、高傲之感随之消失，给人含蓄、易于接近之感，如图 10-3 所示。

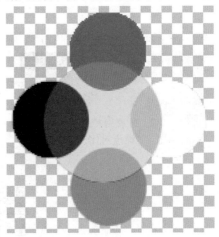

图 10-3　黄色颜色的搭配

3. 蓝色颜色的搭配

蓝色色感偏冷，给人感觉朴实无华、内向，常常作为一种配色，为那些色感比较跳跃、扩张力较强的颜色做陪衬，展现深远、广阔、平静的空间。在运用蓝色进行设计时，可以将其与其他颜色进行配色，给人另一种颜色感觉。

蓝色与少量的黄色相配，会呈现一种蓝绿色，给人一种高贵、嫩绿的感觉；蓝色与少量的红色相配，会呈现一种蓝紫色，给人一种温暖、高雅的感觉；蓝色与少量的黑色相配，会呈现一种深蓝色，给人一种深沉、稳重的感觉；蓝色与少量的白色相配，会呈现一种浅蓝色，给人一种淡雅、随和的感觉，如图 10-4 所示。

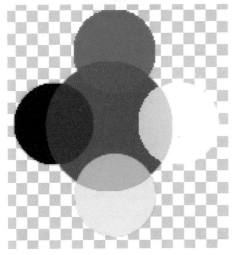

图 10-4　蓝色颜色的搭配

4. 绿色颜色的搭配

绿色是一种具有黄色和蓝色两种成分的颜色，色感属于中性，既没有黄色的骄气、高傲和扩张感，也没有蓝色的冷漠感和过于收敛感，绿色给人的是一种充满希望、生命和活力的感觉。在运用绿色进行设计时，可以将其与其他颜色进行配色，给人另一种颜色感觉。

绿色与少量的黄色相配时，呈现一种嫩绿色，给人一种活泼、友善、稚嫩的感觉；绿色与少量的黑色相配，呈现一种翠绿色，会使其中性的感觉趋于庄重、老练，给人稳重、大方的感觉；绿色与少量的白色相配，呈现一种淡绿色，会使人感到更洁净、清爽、鲜嫩、素雅；绿色与少量的蓝色相配，呈现一种蓝绿色，使原本中性的感觉减少，给人一种成熟、趋于高贵的感觉，如图 10-5 所示。

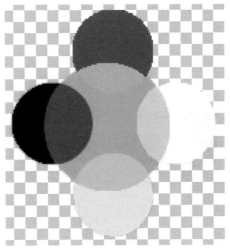

图 10-5　绿色颜色的搭配

5. 紫色颜色的搭配

在颜色的明度系统中，紫色是明度最低的颜色，这种低明度颜色常会给人一种沉闷、神秘的感觉，在使用紫色进行设计时，可以将其与其他颜色进行配色，以此改变这种感觉，从而获得另一种颜色效果。

紫色与少量的红色相配，会改变由于其明度低而带给人的那种沉闷和神秘感，使其具有一种更加高贵的玫瑰红效果；紫色与少量的蓝色相配，会呈现一种蓝紫色，给人沉闷、神秘的感觉更浓；紫色与少量黑色相配，其感觉更趋于沉闷、伤感、恐怖；紫色与少量白色相配，可使紫色沉闷、神秘的感觉消失，使其变得优雅、娇气，充满女性的魅力，如图 10-6 所示。

6. 其他颜色的搭配

除以上几种颜色之外，严格来说，黑、白、金、银、灰几种颜色不属于颜色范畴，因此这几种颜色与其他任何颜色相配都会改变其原来的性格，例如白色，白色的色感明亮，性格朴实、纯洁，具有神圣不可侵犯性，在白色中加入其他任何颜色，都会使其性格发生变化。

白色与少量的红色相配，会呈现淡淡的粉红色，给人鲜嫩、充满诱惑力的感觉；白色与少量的黄色相配，会呈现淡淡的乳黄色，给人一种淡淡的奶香的感觉；白色与少量的蓝色相配，会呈现一种淡蓝色，给人清冷、悠远、洁净的感觉；白色与少量的绿色相配，会呈现一种淡绿色，给人一种稚嫩、柔和的感觉；白色与少量的紫色相配，会呈现一种淡淡的紫色，给人一种芳香的感觉；白色与少量的黑色相配，会呈现一种灰色，给人一种浑浊、沉闷、脏的感觉，如图 10-7 所示。

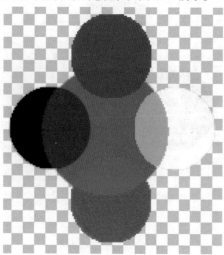

图 10-6　紫色颜色的搭配

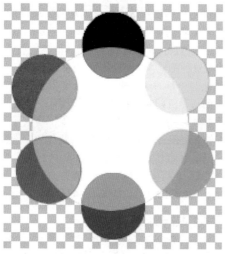

图 10-7　白色颜色的搭配

10.2　PS CC 的颜色模式与配色系统

PS CC 软件有专用的颜色模式与完善的配色系统，用户可采用多种方法调配出 1670 多万种颜色，这一节学习相关知识。

10.2.1　PS CC 的颜色模式

在可见光谱中，朱红（R）、翠绿 (G) 和蓝紫 (B) 被称为三原色，即 RGB 颜色，如果将 RGB 三原色的光谱以最大的强度

扫一扫，看视频

混合时，就会形成白色的色光。由于各种色光混合后的结果会比原来单独的色光还亮，所以这种色又称为加色混合（Additive colors）模式，如图 10-8 所示。

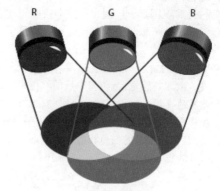

图 10-8　加色混合

除加色模式之外，减色原色是指一些颜料，也就是打印机使用的颜料色和绘画使用的颜色，减色原色简称青色（C）、洋红色（M）、黄色（Y）和黑色（K），即 CMYK 颜色模式。当按照不同的组合将这些颜料添加在一起时，也可以创建一个色谱。减色原色是通过减色混合来生成颜色。使用"减色"这个术语是因为，这些原色都是纯色，将它们混合在一起后生成的颜色都是原色的不纯版本。例如，橙色是通过将洋红色和黄色进行减色混合创建的，如图 10-9 所示。

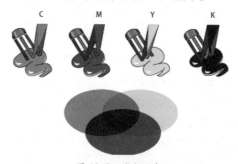

图 10-9　减色混合

针对 RGB 颜色的加色混合原理，PS CC 系统使用 RGB 颜色模式来描述 RGB 颜色模型的图像，将所有可见的颜色由各色光不同的强度分为 0~255 个色阶。当 RGB 的值都是 0 时，是完全的黑色，当 RGB 的值都为 255 时就是完全的白色，当 RGB 的值是 0 和 255 以外的数值时，就会产生新的颜色，其他所有颜色都是通过 R（红）、G（绿）和 B（蓝）3 种颜色的不同量的混合而产生的，颜色量不同，产生的颜色也不同。

10.2.2　PS CC 中的前景色与背景色

在 PS CC 的工具箱中，有两个重叠在一起的颜色块，放在上面的颜色代表前景色，放在下面的颜色代表背景色，系统默认状态下，前景色为黑色（R:0、G:0、B:0），背景色为白色（R:255、G:255、B:255），如图 10-10 所示。在 PS CC 中，许多操作都与前景色和背景色有关。

扫一扫，看视频

图 10-10　前景色与背景色

1. 前景色的使用范围

使用 画笔工具、 铅笔工具、矢量绘图工具以及文字工具时，使用前景色，如图 10-11 所示。

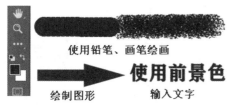

图 10-11　使用前景色

2. 背景色的使用范围

在使用 橡皮工具擦除图像背景、图像背景被剪切或清除后，系统自动使用背景色填充，如图 10-12 所示。

图 10-12　使用背景色

10.2.3　PS CC 配色系统——【颜色】面板

【颜色】面板是一个功能强大的配色系统，用户可以根据需要，调配出不同模式的颜色，并将其指定给前景色或背景色。下面通过一个简单的实例，学习使用【颜色】面板调配前景色和背景色的相关方法。

扫一扫，看视频

实例——使用【颜色】面板调配前景色和背景色

步骤 01 执行【窗口】/【颜色】命令打开【颜色】面板，该面板中有两个叠放的颜色块，放在上面的颜色块表示前景色，放在下面的颜色块表示背景色，如图 10-13 所示。

步骤 02 调配前景色。在上面的颜色块上单击，颜色块周围出现黑色线，表示前景色被选择。

步骤 03 移动 R、G、B 颜色带下方的三角滑块，或直接在其色带后面的颜色数值框中输入颜色值，可以调配出所需要的前景色，如图 10-14 所示。

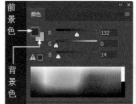　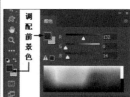

图 10-13　前景色与背景色　　图 10-14　调配前景色

步骤 04 调配背景色。在下面的颜色块上单击，颜色块周围出现黑色线，表示背景色被选择。

步骤 05 移动 R、G、B 颜色带下方的三角滑块，或直接在其色带后面的颜色数值框中输入颜色值，可以调配出所需要的背景色，如图 10-15 所示。

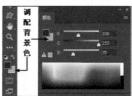

图 10-15　调配背景色

🚀 **小贴士**

在使用【颜色】面板调配颜色时，当面板中出现⚠标志，表示选取的颜色超出了 CMYK 颜色范围（打印颜色范围），单击⚠标志，其右边的颜色将代替所选颜色。另外，将光标移动到【颜色】面板下方的颜色带上，光标显示✐图标，单击拾取一种颜色作为前景色，按住 Alt 键并单击，拾取一种颜色作为背景。

🚀 知识拓展

使用【颜色】面板能调配的颜色模式包括"RGB 模式""CMYK 模式""HSB 模式""Lab 模式""网页模式"和"灰度模式"等，当选择某一个颜色模式时，【颜色】面板将显示该颜色模式的颜色属性，方便用户直接调色使用。系统默认状态下，【颜色】面板使用 RGB 颜色模式来调配颜色，除该模式外，【颜色】面板还提供了其他颜色模式，用来调配不同模式的颜色。单击【颜色】面板中的≡按钮，在打开的面板菜单中选择颜色模式，例如选择"CMYK 滑块"选项，使用 CMYK 模式调配颜色，如图 10-16 所示。

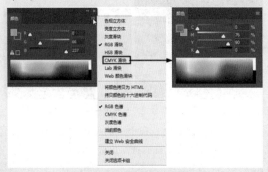

图 10-16　选择不同颜色模式

🔖 练一练

使用【颜色】面板调配前景色为橙色（R:235、G:95、B:32），背景色为蓝绿色（R:102、G:192、B:162），如图 10-17 所示。

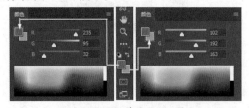

图 10-17　调配前景色与背景色

✎ 操作提示

（1）打开【颜色】面板，单击上面的色块选择前景色，拖动滑块或直接输入 RGB 颜色值调整前景色。

（2）单击下面的色块选择背景色，拖动滑块或直接输入 RGB 颜色值调整背景色。

10.2.4　PS CC 配色系统——【拾色器】面板

【拾色器】面板与【颜色】面板相似，可以使用多种颜色模式进行色彩调配。下面通过一个简单的实例，学习使用【拾色器】面板调配颜色的方法。

扫一扫，看视频

实例——使用【拾色器】面板调配前景色与背景色

步骤 01 调配前景色为洋红。单击工具箱中的前景色打开【拾色器】面板，首先在中间色带洋红颜色上单击选择洋红颜色。

步骤 02 在洋红颜色区域单击拾取一种洋红颜色，单击"确定"按钮，如图 10-18 所示。

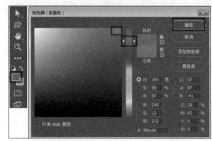

图 10-18　调配前景色

步骤 03 调配背景色为绿色。单击工具箱中的背景色打开【拾色器】面板，然后依照调配前景色的方法依次调配背景色为绿色，如图 10-19 所示。

图 10-19　调配背景色

小贴士

使用以上方式调配的颜色并不精确，最简单的方法其实就是在右下方的 RGB 颜色输入框中输入颜色的色值，这样可以调配更为精确的颜色。另外，调配颜色时，【拾色器】面板会出现 ⚠ 标志和 ⬡ 标志，单击 ⚠ 标志，获取色域内的颜色，单击 ⬡ 标志，获取 Web 颜色。另外，在使用【颜色】面板时，单击前景色或背景色色块即可打开【拾色器】面板调配颜色。

知识拓展

使用【拾色器】面板能调配的颜色模式同样包括"RGB 模式""CMYK 模式""HSB 模式"和"Lab 模式"，用户可以输入相关颜色模式的颜色值。如果勾选左下方的"只有 Web 颜色"选项，可以调配一种 Wab 颜色；单击 添加到色板 按钮，打开【色板名称】对话框，为颜色命名并单击"确定"按钮，可以将调配的颜色添加到【色板】面板，以方便以后使用该颜色，如图 10-20 所示。

扫一扫，看视频

图 10-20　【色板名称】对话框

单击 颜色库 按钮，打开【颜色库】面板，使用【颜色库】调配颜色更简单，首先在中间色带上选择颜色，然后在左侧色带上根据需要选择颜色的不同明度，最后单击"确定"按钮即可，如果想返回【拾色器】面板，单击 拾色器(P) 按钮即可返回，如图 10-21 所示。

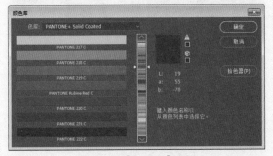

图 10-21　【颜色库】面板

练一练

使用【拾色器】面板调配前景色为蓝紫色（R：123、G：12、B：248），背景色为黄绿色（R:139、G：255、B：2)，如图 10-22 所示。

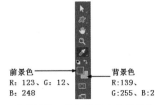

前景色　　　　　　　背景色
R: 123、G: 12、　　　R:139、
B: 248　　　　　　　G:255、B:2

图 10-22　调配前景色与背景色

操作提示

（1）单击工具箱中的前景色按钮打开【拾色器】面板，在右下方输入 RGB 颜色值调配前景色。

（2）单击工具箱中的背景色按钮打开【拾色器】面板，在右下方输入 RGB 颜色值调配背景色。

10.2.5　PS CC 配色系统——【色板】面板

【色板】面板的应用非常简单，不仅可以快速选择前景色和背景色，还可以将自己满意的颜色保存在该面板中，方便以后使用。下面通过一个简单的实例，学习使用【色板】面板设置前景色与背景色的方法。

扫一扫，看视频

实例——使用【色板】面板调配前景色与背景色

步骤 01 执行【窗口】/【色板】命令，打开【色板】面板。

步骤 02 将光标移动到色样中，光标显示 🖊 图标，单击选择前景色。

步骤 03 按住 Ctrl 键，单击色样选择背景色，如图 10-23 所示。

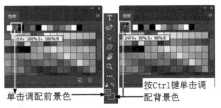

单击调配前景色　　　按Ctrl键单击调配背景色

图 10-23　调配前景色与背景色

小贴士

用户可以将自己满意的颜色存储在【色板】面板中，或将一个不满意的颜色从【色板】面板中删除。首先单击前景色或背景色打开【拾色器】面板，调整一个满意的前景色，然后单击【色板】面板下的 按钮建立一个新色样，或直接将光标移动到【色板】面板的空位置，光标显示 图标，单击打开【色板名称】对话框，如图 10-24 所示。

图 10-24 【色板名称】对话框

在"名称"栏输入样色的名称，单击"确定"按钮，将调配的前景色添加到【色板】面板中。如果要想删除一个样色，按住 Alt 键，将光标移动到要删除的样色中右击，在弹出的快捷键菜单中选择不同的命令，可以对色样进行重命名或删除，如图 10-25 所示。

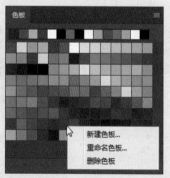

图 10-25 右键菜单

10.3 PS CC 颜色的应用

当设置好满意的颜色后，就可以将颜色应用到实际工作中，PS CC 颜色的应用范围很广，例如使用颜色对图像、选区、文字等进行填充、描边，还可以使用颜色进行绘画等，这一节学习相关知识。

10.3.1 使用颜色填充

可以使用颜色对图像进行填充，执行【填充】命令后，用户可以自定义一个颜色，

扫一扫，看视频

或选择前景色、背景色、黑、白、灰色等颜色进行填充。下面通过一个简单的实例，学习相关知识。

打开"素材"/红衣照片.jpg"素材文件，向该照片人物衣服填充天蓝色。

实例——使用【填充】命令向图像中填充颜色

步骤 01 激活 "魔棒工具"，在人物红色外套上单击将其选择。

步骤 02 执行【编辑】/【填充】命令，打开【填充】对话框，在"内容"列表中选择"颜色"选项，此时打开【拾色器】对话框，设置颜色为天蓝色（R:86、G:220、B:254），如图 10-26 所示。

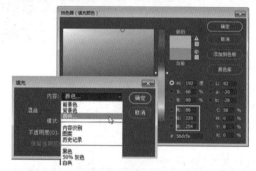

图 10-26 设置颜色

步骤 03 单击"确定"按钮返回【填充】对话框，再次单击"确定"按钮，选区内填充了设置的颜色，如图 10-27 所示。

图 10-27 填充颜色

小贴士

填充时可以在"模式"列表中选择填充模式，并设置填充的"不透明度"，得到不同的填充效果另外。另外，按 Alt +Delete 组合键，快速填充前景色；按 Ctrl +Delete 组合键，快速填充背景色。

打开"素材"/"风景 06.jpg"素材文件,使用【填充】命令向黄色葵花花朵上填充粉红色（R:252、G:160、B:160），如图 10-28 所示。

图 10-28　填充粉红色

（1）使用 ✎ "魔棒工具"选取黄色花朵。

（2）执行【填充】命令,选择"颜色"的填充内容,并设置粉红色颜色进行填充。

10.3.2　填充图案

使用【填充】命令不仅可以填充颜色,也可以将图案填充到图像中。下面通过向该照片人物衣服上填充一种图案的实例,学习填充图案的相关知识。

扫一扫，看视频

实例——使用【填充】命令向图像中填充图案

步骤 01 继续 10.3.1 小节的操作。在【填充】对话框的"内容"列表中选择"图案"选项,此时进入图案填充界面。

步骤 02 单击"自定图案"按钮,在弹出的预定图案中选择要填充的图案,单击"确定"按钮,向图像中填充图案,如图 10-29 所示。

图 10-29　填充图案

填充图案时，除选择系统预设的图案之外，用户还可以将自己喜欢的图像定义为图案进行填充。定义图案的方法如下。

扫一扫，看视频

（1）继续上一节的操作，激活 "矩形选框工具"，设置"羽化"为 0 像素，将人物眼睛选中，然后执行【编辑】/【定义图案】命令，在打开的【图案名称】对话框中为其命名，如图 10-30 所示。

图 10-30　定义图案

（2）单击"确定"按钮，然后执行【填充】命令，选择"内容"为"图案"，在"自定图案"列表中可以选择自定义的"眼睛"图案，然后确认将其填充到图像中，如图 10-31 所示。

图 10-31　填充自定义图案

在此要特别注意的是，自定义图案时， "矩形选框工具"的"羽化"必须为 0 像素，否则不能自定义图案。

打开"素材"/"风景 06.jpg"素材文件，将葵花花朵定义为图案，并将其填充到蓝色天空，如图 10-32 所示。

图 10-32　填充图案

操作提示

（1）使用 [矩形选框工具] "矩形选框工具"选取葵花花朵，将其定义为图案。

（2）使用 [魔棒工具] "魔棒工具"选取蓝色天空,执行【填充】命令，选择"图案"的填充内容，并选择定义的图案进行填充。

10.3.3 使用颜色描边

可以使用颜色对图像、文字、选区等进行描边。下面通过一个简单的实例，学习相关知识。

扫一扫，看视频

实例——使用颜色描边

步骤 01 使用 [矩形选框工具] "矩形选框工具"创建矩形选区。执行【编辑】/【描边】命令，打开【描边】对话框。

步骤 02 单击颜色块打开【拾色器】对话框，设置颜色为洋红（R:255、G:0、B:234），如图10-33所示。

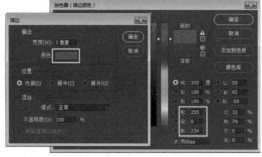

图 10-33　设置颜色

步骤 03 单击"确定"按钮返回【描边】对话框，设置"宽度"为10像素，单击"确定"按钮进行描边，如图10-34所示。

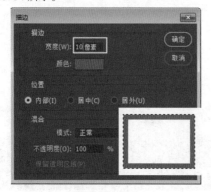

图 10-34　描边

知识拓展

扫一扫，看视频

描边时可以设置描边的位置，系统默认下为"内部"描边,选择"居中"选项，将沿选区中间描边;选择"居外"选项，则在选区外描边，效果如图10-35所示。

图 10-35　不同位置的描边效果

另外,可以设置描边的"模式"与"不透明度"，得到不同的描边结果，例如选择"溶解"模式，设置50%的"不透明度",其描边结果如图10-36所示。

图 10-36　描边效果

练一练

打开"素材"/"小猫.jpg"素材文件，沿小猫外轮廓使用红色进行描边，如图10-37所示。

图 10-37　描边效果

操作提示

（1）使用选择工具沿女孩图像边缘选取图像。

（2）执行【描边】命令,设置红色颜色,并设置"内部"描边，确认进行描边。

10.3.4 填充渐变色

什么是"渐变色"？"渐变色"是由一种颜色过

渡到另一种颜色，这种颜色的变化具有很强的视觉冲击力和明显的传动效果，特别适合表现动感较强的视觉效果。

系统默认下，渐变色是由前景色和背景色两种颜色渐变的渐变色，这一节通过具体案例，学习使用渐变色的相关知识。

扫一扫，看视频

实例——填充渐变色

步骤 01 创建矩形选区，单击工具箱中的 ▣ "渐变工具"，在选项栏选择渐变方式，例如激活 ▣ "线性渐变"方式。

步骤 02 在选区内由左到右拖曳鼠标，向选区填充由前景色和背景色两种颜色渐变的线性渐变色，如图 10-38 所示。

图 10-38 填充渐变色

步骤 03 在选项栏分别激活 ▣ "径向渐变"、▣ "角度渐变"、▣ "对称渐变"和 ▣ "菱形渐变"方式，继续向选区填充不同类型的渐变色，效果如图 10-39 所示。

径向渐变　　角度渐变　　对称渐变　　菱形渐变
图 10-39 不同类型的渐变

🚀 知识拓展

可以选择系统预设的多种渐变色，单击选项栏中的渐变颜色按钮，打开【渐
扫一扫，看视频

变编辑器】对话框，在"预设"列表选择系统预设的多种渐变色，如图 10-40 所示。

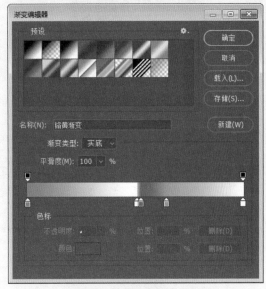
图 10-40 【渐变编辑器】对话框

也可以自定义一种渐变色，方法如下。

（1）单击 新建(W) 按钮新建一个渐变色，然后双击下方色带上的色标打开【拾色器】对话框，设置颜色，如图 10-41 所示。

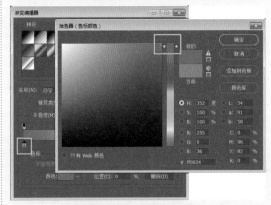
图 10-41 设置渐变色

（2）使用相同的方法，分别设置其他色标的颜色。

（3）在色带下方单击即可添加色标；将光标放在色标上，按住鼠标向下将其拖曳到对话框外即可将其删除；按住色标左右拖曳，调整色标的位置，如图 10-42 所示。

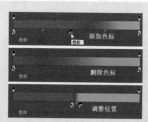

图 10-42　添加、删除、移动色标

（4）设置完成后，单击"确定"按钮关闭该对话框，完成渐变色的设置。

练一练

使用渐变色，结合选择工具，绘制放在地上的红色小球，制作时要注意小球的"高光""阴影"和"反光"三大区域颜色的变化，在制作小球的投影时要注意光线来源和投影的过渡，如图 10-43 所示。

图 10-43　红色小球

操作提示

（1）新建图层 1 并创建圆形选区，设置"淡红 – 红色 – 白色"的渐变色，选择"径向渐变"方式，在选区内填充渐变色，制作红色小球。

（2）使用【变换选区】命令对小球选区进行变形，并移动到小球下方位置。

（3）在图层 1 下方新建图层 2,设置"黑色 – 透明"的渐变色，选择"线性渐变"方式，在选区内填充渐变色制作小球的投影。

（4）取消选区，使用【高斯模糊】命令对投影进行模糊处理。

10.3.5　使用颜色绘画

在 PS CC 系统中，颜色不仅可以用于填充和描边，还可以用来绘画，PS CC 有两个用来绘画的工具，分别是 "画笔工具"和 "铅笔工具"，这两个工具都使

扫一扫，看视频

用前景色来绘画。下面通过具体的实例，学习使用颜色绘画的相关知识。

实例——使用 "画笔工具"绘画

步骤 01　新建空白文件，设置前景色为红色。

步骤 02　激活 "画笔工具"，单击选项栏中的"画笔"按钮打开"画笔设置"面板，选择一种画笔并设置其大小和硬度，然后在图像中拖曳进行绘画，如图 10-44 所示。

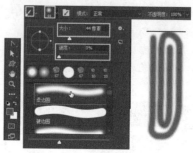

图 10-44　使用画笔绘画

在使用 "画笔工具"绘画时，通常都需要选取一种画笔，并进行相关设置，通常"画笔"工具选项栏只能对画笔进行简单的设置，如果想要选择其他画笔，并对画笔进行更复杂的设置，则需要打开【画笔】和【画笔设置】两个面板。

步骤 03　执行【窗口】/【画笔】和【画笔设置】两个命令，打开【画笔】面板和【画笔设置】面板，如图 10-45 所示。

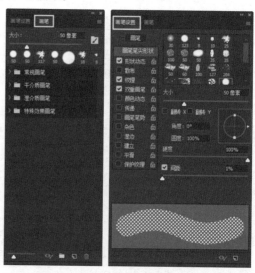

图 10-45　【画笔】和【画笔设置】面板

步骤 04 在【画笔】面板中共有 4 个文件夹图标，放置了 4 种不同类型的画笔，展开相关文件夹图标，就可以选择一种画笔。例如，在"常规画笔"中选择"柔边圆"画笔。

步骤 05 在【画笔设置】面板左边显示画笔的相关选项，勾选某个选项，在右边对画笔各选项进行调整，例如大小、硬度、圆度、角度、间距等，设置完成后，就可以使用画笔进行绘画了。

🚀 **小贴士**

画笔的设置要根据绘画时的具体要求进行，其设置选项较多，具体设置将在具体应用时进行讲解，在此不再详述。另外，使用 🖌 "画笔工具"时，除设置画笔之外，PS CC 还新增了一些绘画的新功能，这些新增功能在第 1 章已经做了详细讲解，在此不再赘述。

除 🖌 "画笔工具"外，✏ "铅笔工具"也是一种绘画工具，它与 🖌 "画笔工具"的大多数功能都相同，包括选择画笔、设置绘画效果等，因此，该工具在此不做详细讲解，大家可以自己根据 🖌 "画笔工具"的操作方法，尝试对 ✏ "铅笔工具"进行操作。

🔧 **练一练**

使用 🖌 "画笔工具"，结合选区，绘制名为"层峦叠嶂"的儿童山水画，如图 10-46 所示。

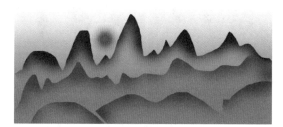

图 10-46　"层峦叠嶂"儿童山水画

🔧 **操作提示**

（1）使用"绿色至白色"的渐变色填充背景，制作背景图像。

（2）使用自由套索工具绘制山的外形轮廓，然后设置前景色，并使用 🖌 "画笔工具"沿选区边缘单击绘制山。

（3）使用相同的方法依次绘制山的选区，并设置不同的颜色，使用 🖌 "画笔工具"沿选区单击绘制山。

（4）设置前景色为红色，使用 🖌 "画笔工具"在山顶单击绘制太阳。

10.4 综合练习——制作个性邮票

互通信件原是亲朋间联络感情的主要方式，但在互通信件时需要在信封上贴上邮票，邮票是供寄递邮件贴用的邮资凭证，一般由主权国家发行。邮票的方寸空间，常体现一个国家或地区的历史、科技、经济、文化、风土人情、自然风貌等特色，但随着通信技术的发展，现在人们很少给亲朋邮寄信件了，邮票也就慢慢淡出了人们的视线。

打开"素材"/"女孩.jpg"素材文件，这是女孩 8 岁时的照片，如图 10-47 所示。这一节就将该照片制作成一枚个性邮票，以作纪念，如图 10-48 所示。

图 10-47　原女孩照片

图 10-48　制作的个性邮票

10.4.1 处理照片颜色并制作水彩画效果

这一小节处理照片的颜色，并将该照片制作成水彩画。

扫一扫，看视频

步骤 01 按 F7 键打开【图层】面板，执行【图像】/【调整】/【亮度/对比度】命令，在打开的对话框中设置参数调整图像亮度/对比度，如图 10-49 所示。

图 10-49 调整亮度/对比度

步骤 02 单击【图层】面板下方的 🔲 "创建新图层" 按钮新建图层 1。

步骤 03 单击工具箱中的 🔲 "渐变工具"，在选项栏选择 🔲 "线性渐变"方式，选择系统预设的 "色谱"渐变色，在图层 1 左上角到右下角拉渐变色。

步骤 04 在【图层】面板设置图层 1 的混合模式为 "叠加"模式，并设置 "不透明度"为 50%，效果如图 10-50 所示。

图 10-50 设置混合模式与不透明度

步骤 05 按 Ctrl+Shift+Alt+E 组合键盖印图层生成图层 2，然后将图层 1 和图层 2 暂时隐藏，使用 🖌 "快速选择工具"沿背景层人物边缘选取图像背景。

步骤 06 显示被隐藏的图层 2，执行【滤镜】/【扭曲】/【扩散亮光】命令，在打开的对话框中设置参数对背景进行处理，效果如图 10-51 所示。

步骤 07 执行【选择】/【反向】命令将选区翻转，然后执行【图像】/【调整】/【色调分离】命令，在打开的对话框中设置参数进行色调分离，效果如图 10-52 所示。

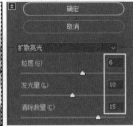
图 10-51 扩散亮光效果

图 10-52 色调分离效果

步骤 08 继续执行【滤镜】/【艺术效果】/【粗糙蜡笔】命令，在打开的对话框中设置参数对人物进行处理，效果如图 10-53 所示。

图 10-53 粗糙蜡笔效果

步骤 09 按 Ctrl+D 组合键取消选区，完成人物水彩画效果的处理。

10.4.2 制作邮票效果

这一小节制作邮票边缘锯齿效果。

扫一扫，看视频

步骤 01 执行【图像】/【画布大小】命令，将画布扩大 1 厘米，扩大部分使用白色填充，如图 10-54 所示。

图 10-54　调整画布大小

步骤 02 双击背景层打开【新建图层】对话框，确认将背景层转换为图层，然后按 Ctrl+Shift+Alt+E 组合键盖印图层生成图层 3。

步骤 03 将除图层 3 之外的其他所有图层隐藏，按 Ctrl+T 键，将图层 3 缩小 90%。

步骤 04 设置前景色为黑色，激活 "画笔工具"，打开【画笔设置】面板，选择一种画笔，并设置参数，如图 10-55 所示。

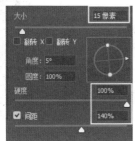

图 10-55　设置画笔

步骤 05 在选区左上角单击，然后按住 Shift 键依次在选区右上角、右下角、左下角和左上角单击，使用 "画笔工具" 绘制出邮票边缘的锯齿状效果，如图 10-56 所示。

图 10-56　使用画笔绘画

画笔的设置要根据绘画时的具体要求进行设置，尤其是大小和间距，在实际工作中可以将画笔移动到图像中进行比较，然后设置合适的大小和间距。另外，在使用画笔绘画时，一定要按住 Shift 键，依次在左上角、右上角、右下角、左下角和左上角单击，这样就可以绘制连续的笔触效果。

步骤 06 按 Ctrl+D 组合键取消选区，激活 "魔棒工具"，将绘制的黑色点线条选中，按 Delete 键删除，然后取消选区。

步骤 07 激活图层 0，使用【填充】命令向其填充白色，然后激活图层 3，单击【图层】面板下方的 "添加图层样式" 按钮，选择 "投影" 选项，设置 "距离" 为 1，其他设置默认，制作邮票的投影效果，如图 10-57 所示。

图 10-57　制作阴影效果

步骤 08 激活 "横排文字工具"，选择一种字体并设置颜色为黑色，大小为 20，在邮票左上角位置输入 "个性邮票" 字样，在右下方位置输入 "己亥年个性发行 票面无价" 字样，如图 10-58 所示。

图 10-58　输入文字

步骤 09 按住 Ctrl 键单击两个文字层将其选中，按 Ctrl+E 组合键将其合并，按 Ctrl+J 组合键将合并后的文字层复制。

步骤 10 激活上方的文字层，在【图层】面板按下 "锁定透明像素"按钮，然后执行【填充】命令，向该文字层填充白色，如图 10-59 所示。

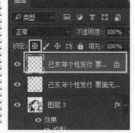

图 10-59　填充文字颜色

步骤 11 激活"移动工具"，按键盘上的向上方向键一次，将填充颜色后的文字向上移动 1 像素，完成文字的处理。

步骤 12 执行"存储为"命令，将该邮票图像存储为"职场实战——制作个性邮票 .psd"图像文件。

10.5 职场实战——公益广告设计

公益广告是带有一定思想性的、非商业行为的广告。这类广告具有特定的对公众的教育、励志等意义。这一节我们来制作一款关于"吸烟有害健康"的公益广告，效果如图 10-60 所示。

图 10-60　公益广告设计

10.5.1 填充背景颜色并调整图像颜色

这一小节来填充背景颜色并调整图像的颜色。

扫一扫，看视频

步骤 01 执行【新建】命令，新建 18cm×15cm、300 像素、RGB 颜色的图像文件。

步骤 02 按 D 键设置系统默认颜色，激活 "矩形选框工具"，设置"羽化"为 0 像素，将图像下半部分选中，按 Ctrl+Delete 组合键填充背景色。

步骤 03 打开"素材"/"菜花 .jpg"素材文件，激活 "魔术橡皮擦工具"，将图像背景擦除，然后将图像拖曳到新建图像中生成图层 1。

步骤 04 按 Ctrl+T 组合键添加自由变换框，单击选项栏中的按钮进入变换模式，调整图像大小和形态，如图 10-61 所示。

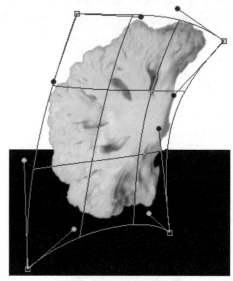

图 10-61　变形操作

步骤 05 按 Enter 键确认，然后按 Ctrl+J 组合键将图层 1 复制为图层 1 副本层，执行【编辑】/【变换】/【水平翻转】命令，将图层 1 副本层水平翻转并调整位置，如图 10-62 所示。

图 10-62　复制并调整位置

步骤 06 按住 Ctrl 键将图层 1 与图层 1 副本同时选中，按 Ctrl+E 组合键将其合并为图层 1。

步骤 07 激活 "矩形选框工具"，设置 "羽化" 为 0 像素，沿黑白界限将图像上半部分选中，然后执行【图像】/【调整】/【色彩平衡】命令，勾选 "阴影" 选项，调整 "色阶" 为 +20、–45 和 +20。

步骤 08 继续勾选 "中间调" 选项，调整 "色阶" 为 +100、0、–30；勾选 "高光" 选项，调整 "色阶" 为 +55、–5 和 +5，单击 "确定" 按钮，图像效果如图 10–63 所示。

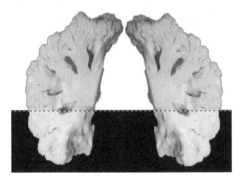

图 10–63 调整颜色

步骤 09 执行【选择】/【反选】命令将选区翻转，按 Ctrl+J 组合键再次将图层 1 复制为图层 1 副本层，然后勾选【图层】面板中的 "锁定透明像素" 按钮。

步骤 10 按 D 键设置系统默认颜色，执行【滤镜】/【渲染】/【云彩】命令，在下方图像上制作云彩效果，如图 10–64 所示。

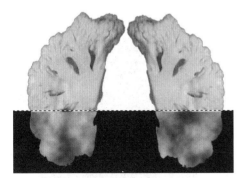

图 10–64 云彩效果

步骤 11 在【图层】面板上设置图层 1 副本层的模式为 "线性加深" 模式，然后再次将图层 1 与图层 1 副本合并为图层 1，效果如图 10–65 所示。

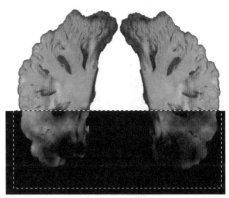

图 10–65 混合模式效果

步骤 12 继续执行【色彩平衡】命令，分别设置 "阴影" 参数为 +30、–20 和 –20；"中间调" 参数为 +10、–35 和 –45；"高光" 参数为 +10、0 和 –30，单击 "确定" 按钮，图像效果如图 10–66 所示。

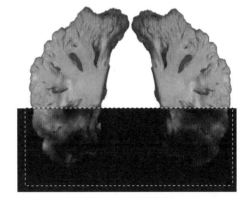

图 10–66 调整颜色

步骤 13 按 Ctrl+D 组合键取消选区，完成背景颜色填充与图像颜色的处理。

10.5.2 制作香烟与禁烟标志

这一小节制作香烟与禁烟标志，继续完善该公益广告。

扫一扫，看视频

步骤 01 新建图层 2，激活 "矩形选框工具"，设置 "羽化" 为 0 像素，创建矩形选区。

步骤 02 激活 "渐变工具"，设置渐变色依次为灰色（R:204、G:204、B:204）至白色（R:255、G:255、B:255）至暗灰色（R:155、G:155、B:155）至浅灰色（R:241、G:241、B:241）。

步骤 03 选择 "线性渐变" 方式，在矩形选区内水平拖曳鼠标填充渐变色，结果如图 10-67 所示。

图 10-67　填充渐变色

步骤 04 激活 "矩形选框工具"，按下选项栏中的 "从选区中减去"按钮，在香烟上方再次创建选区，将上方的选区减去，只保留下方选区。

步骤 05 执行【滤镜】/【杂色】/【添加杂色】命令，设置"数量"为 60 并确认，然后执行【图像】/【调整】/【色相/饱和度】命令，调整图像颜色，如图 10-68 所示。

图 10-68　调整颜色

步骤 06 按 Ctrl+J 组合键将图层 2 复制为图层 2 副本层，以备后用。

步骤 07 激活图层 2，激活 "自由套索工具"，在其选项栏设置"羽化"为 20 像素，在香烟上方位置创建选择区，然后执行【图像】/【调整】/【色相/饱和度】命令，设置参数调整图像颜色，如图 10-69 所示。

步骤 08 按 Ctrl+D 组合键取消选择区，设置前景色分别为灰色（R:113、G:113、B:113）、深灰色（R:35、G:35、B:35）和红色（R:255、G:0、B:0），激活 "画笔工具"，为其选择系统预设的一种画笔，并设置

合适的大小，在香烟上方位置单击绘制烟灰效果，如图 10-70 所示。

图 10-69　调整颜色

图 10-70　制作烟灰效果

步骤 09 新建图层 3，激活 "椭圆选框工具"，设置"羽化"为 0 像素，按住 Alt+Shift 组合键在图像中创建圆形选区，然后按 Ctrl+Delete 组合键填充背景色，如图 10-71 所示。

图 10-71　填充颜色

步骤 ⑩ 执行【选择】/【变换选区】命令，按住 Alt+Shift 组合键将选区等比例缩小，然后激活 ▦ "矩形选框工具"，按下 ⬚ "从选区中减去"按钮，在圆形选区中间减去选区，如图 10-72 所示。

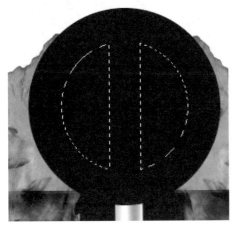

图 10-72 减去选区

步骤 ⑪ 按 Delete 键删除，按 Ctrl+D 组合键取消选区，然后使用自由变换工具将禁烟标志旋转 30°，制作完成禁烟标志，如图 10-73 所示。

图 10-73 制作禁烟标志

步骤 ⑫ 在【图层】面板设置禁烟标志的"不透明度"为 50%，然后将制作的香烟复制一份，将其移动到标志下方层，效果如图 10-74 所示。

步骤 ⑬ 激活图层 2 副本层，使用自由变换工具将禁烟标志旋转 -30°，并将其放置在禁烟标志位置，效果如图 10-75 所示。

步骤 ⑭ 激活图层 2，使用自由变换工具对其进行旋转，并将其放置在图像左下方位置，结果如图 10-76 所示。

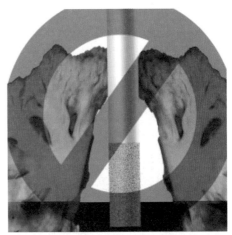

图 10-74 复制香烟与设置不透明度

图 10-75 调整香烟的位置

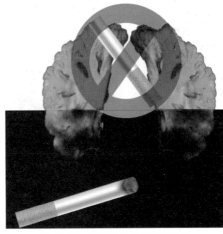

图 10-76 调整图层 2 香烟的位置

步骤 15 设置前景色为白色（R:255、G:255、B:255），新建图层 4，激活 ✐ "画笔工具"，为其选择系统预设的一种画笔，并设置合适大小，在香烟上方位置绘制白色线条，如图 10-77 所示。

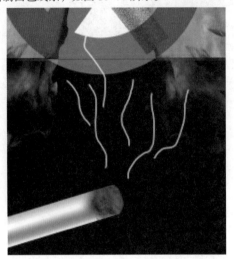

图 10-77　绘制白色线条

步骤 16 激活 ✐ "涂抹工具"，设置较小的画笔，其他设置默认，在绘制的白色线条上涂抹，制作出飘散的烟雾效果，如图 10-78 所示。

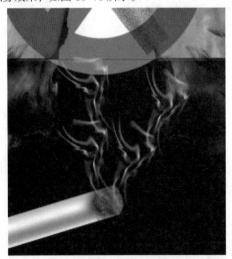

图 10-78　涂抹效果

步骤 17 激活 ✎ "多边形套索工具"，设置"羽化"为 0 像素，在香烟上、下位置绘制三角形选区，然后向选区内填充白色，完成香烟的绘制，效果如图 10-79 所示。

图 10-79　绘制选区并填充颜色

10.5.3　输入广告语

扫一扫，看视频

　　广告语是一款广告中的重要内容，是对广告诉求的一种补充和说明，广告语一般要简洁、精练，目标明确，这样才能起到锦上添花的作用，使受众能通过广告画面和广告语明白广告的诉求。这一节就向公益广告中输入相关的广告语，完成该款公益广告的设计制作，结果如图 10-80 所示。

10-80　输入广告语

🚀 **小贴士**

　　广告语的输入可以使用文字工具，可以根据广告需要，选择不同的字体、设置字体大小、颜色等，在输入由文字内容组成的"上"和"下"字体效果时，可以首先输入这两个文字，然后根据文字字形，使用较小的文字输入相关内容，输入时可以根据字形使用 Enter 键进行换行，最后将这两个文字删除，输入完成广告语后，将该图像效果存储为"职场实战——公益广告设计 .psd"图像文件。文字的输入非常简单，其详细操作将在后面章节进行详细讲解。

Chapter
11

第 11 章

图层及其应用

本章导读

    在 PS CC 中，图层是图像设计的重要工具之一，了解并掌握图层及其应用知识是学习 PS CC 的重点，这一章学习有关图层及其应用的相关知识。

本章主要内容如下

- 了解图层的类型与用途
- 创建与应用图层
- 管理图层
- 应用图层特效
- 综合练习——制作炫酷个性相框
- 职场实战——环保公益广告设计

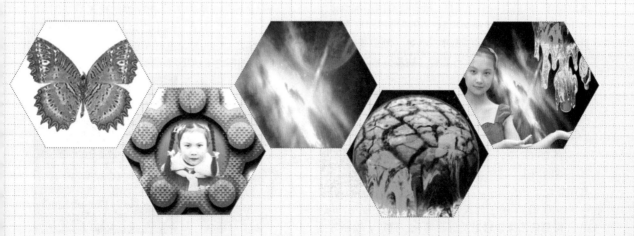

11.1 了解图层的类型与用途

图层是 PS CC 中的重要内容，也是图像处理与设计中的重要工具，这一节来了解图层的类型与用途。

11.1.1 认识图层及其类型

什么是"图层"？简单来说，图层就像我们手工绘图时的空白绘图纸，在 PS CC 中，图层其实就是一张没有厚度的透明电子纸，用户在使用 PS CC 进行图像设计时，根据图像的设计需要，可以新建许多这样的透明电子纸，可以在每一张透明电子纸上放置一个或多个图像或文字，然后将这些透明电子纸通过相关顺序叠加在一起，就形成了我们最终看到的图像的设计效果，如图 11-1 所示。

扫一扫，看视频

图 11-1　图层与图像

在 PS CC 中，有两种类型的图层，一种是一般图层，称为图层；另一种是背景图层，称为背景层。这两种类型的图层都有相同的图像分辨率与色彩模式，且共享相同的颜色通道。

在一幅图像中，可以有无数个图层，这些图层包括一般图层、文字图层、校正图层、填充图层以及视频图层等，但只有一个背景层，所有这些图层都由【图层】面板来查看、管理和控制，用户可以对所有图层进行合并、删除、复制等操作。另外，除背景层之外，用户还可以对其他图层进行旋转、缩放、移动等操作。

11.1.2 了解图层在图像设计中的用途

在 PS CC 中，不同类型的图层，都有其不同的用途，这一小节就来了解各图层在图像设计中的作用。

扫一扫，看视频

- 一般图层：用于放置通过粘贴、拖动得到的图像素材以及进行填充、描边、绘制等操作，如图 11-2 所示。

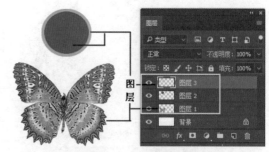

图 11-2　一般图层

- 文字图层：在输入文字时自动生成的特殊图层，用于放置与管理文本内容，并对文字有特殊保护作用，如图 11-3 所示。

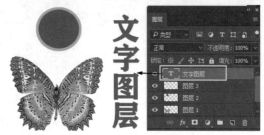

图 11-3　文字图层

🚀 小贴士

一般情况下，文字图层对文字有保护作用，用户不能对文字进行填充、描边等操作，如需对文字进行相关编辑，需将文字图层转换为一般图层，有关文字图层的转换，将在第 12 章进行详细讲解。

- 校正图层：一种图像颜色调整工具，可以对位于该层下方的所有图层进行颜色校正。如图 11-4 所示，图层 1 上方的【色相/饱和度】调整图层对图层 1 中的对象进行颜色调整，而不影响位于调整图层之上的图层 1 拷贝层中的对象。

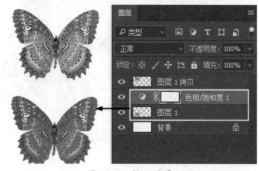

图 11-4　校正图层

- 填充图层：一种用于填充的图层，填充内容包括渐变色、纯色以及图案，图 11-5 所示为填充了图案的填充图层。

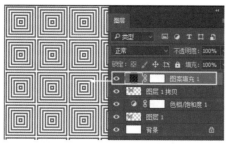

图 11-5　填充图层

- 视频图层：用于创建二维动画的图层，可以从序列文件创建，也可以新建空白的视频图层，图 11-6 所示为创建的空白视频图层。

图 11-6　视频图层

以上所有这些图层都位于背景图层的上方，用户可以对这些图层进行合并、删除等操作，还可以对任意一个图层中的对象进行缩放、位移、剪切、粘贴等，都不会影响其他图层中的对象。如图 11-7 所示缩放并旋转图层 1 拷贝层中的蝴蝶，不影响图层 1 中的蝴蝶对象。

图 11-7　缩放并旋转"图层 1 拷贝"图层

- 背景层：新建或打开图像时，图像文件自带的图层，位于最底层，背景图层可以是填充的颜色，

也可以是图像，背景图层可以被删除，但不能移动，图 11-8 所示为以白色颜色填充的背景图层。

图 11-8　背景图层

11.2 创建与应用图层

图层在图像处理与图像设计中的作用非常重要，那么这些图层是怎么来的呢？在实际工作中又该如何应用这些图层呢？这一节我们就来学习相关知识。

11.2.1 通过【图层】面板创建一般图层

通过【图层】面板创建一般图层是最常用、最简单的创建图层的方法。下面通过一个简单的实例，学习相关知识。

扫一扫，看视频

实例——通过【图层】面板创建一般图层

步骤 01 新建图像文件，按 F7 键打开【图层】面板，我们发现新建的图像文件只有一个背景层，如图 11-9 所示。

图 11-9　背景层

步骤 02 单击【图层】面板下方的 🖽 "创建新图层"按钮，即可创建一个名为"图层 1"的新图层，如

图 11-10 所示。

步骤 03 连续单击【图层】面板下方的 "创建新图层"按钮两次，继续新建图层 2 和图层 3，如图 11-11 所示。

图 11-10　新建图层 1

图 11-11　新建其他图层

🚀 **小贴士**

系统默认状态下。新建的图层系统自动将其依次名为图层 1、图层 2 等，用户可以为新建的图层重新命名，方法非常简单，例如将新建的图层 2 重新命名为"特效"，其操作是，双击"图层 2"名称使其反白，然后输入"特效"新名，如图 11-12 所示。

图 11-12　为图层重命名

11.2.2　通过菜单命令创建一般图层

通过菜单命令创建图层也是常用的创建一般图层的方法之一。下面通过简单的实例，学习相关知识。

扫一扫，看视频

实例——通过菜单命令创建一般图层

步骤 01 继续 11.2.1 小节的操作。执行【图层】/【新建】/【图层】命令（或按 Shift+Ctrl+N 组合键），打开【新建图层】对话框。

步骤 02 在该对话框中可以进行如下设置。

- "名称"：为新建图层命名，例如命名为"效果"。
- "颜色"：单击列表设置新建图层的标注颜色，该颜色便于用户对图层进行区分，但不会对该图层的效果产生任何影响，例如设置标注颜色为"红色"。
- "模式"：在列表中选择新建图层的混合模式，默认为"正常"。
- "不透明度"：设置新建图层的不透明度，默认为 100%。

步骤 03 设置完成后，单击"确定"按钮，即可新建一个图层，如图 11-13 所示。

图 11-13　新建图层

🚀 **小贴士**

勾选"使用前一图层创建剪贴蒙版"选项，确认后可以新建一个蒙版层，如图 11-14 所示。

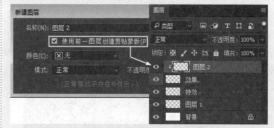
图 11-14　新建蒙版层

蒙版层是一个图像编辑工具，有关蒙版层的相关知识，在第 13 章进行详细讲解，在此不作介绍。

📡 **疑问解答**

扫一扫，看视频

疑问 1：创建了那么多的一般图层，为什么在图像文件中却看不到这些图层？

解答：前面我们讲过，图层是透明的电子纸，因此无论我们创建了多少个一般图层，在图像上都是无法看到的，但是在【图层】面板中却可以看到创建的图层。

疑问 2：我们无法在图像上看到图层，那么又该如何应用这些图层呢？

解答：所有图层都是由【图层】面板来管理的，因此，可以通过【图层】面板来应用这些图层，例如在【图层】面板上单击"效果"图层，该图层显示灰白色，这样我们就能在该图层中进行图像设计了，如图 11-15 所示。

扫一扫，看视频

显示灰白色

图 11-15　应用该图层

🔊 练一练

新建名为"广告特效"，颜色为绿色，"模式"为"颜色减淡"，"不透明度"为 60% 的新图层，如图 11-16 所示。

图 11-16　新建图层

📝 操作提示

（1）执行【图层】/【新建】命令，打开【新建图层】

对话框。

（2）分别为图层命名、设置颜色、不透明度和模式，单击"确定"按钮。

11.2.3　通过粘贴创建一般图层

在图像设计中，将选择的图像粘贴到另一幅图像中时，粘贴的图像会自动生成一个图层。下面通过简单的实例，学习相关知识。

扫一扫，看视频

实例——通过粘贴创建一般图层

步骤 01 打开"素材"/"海边风景 01.jpg"和"海上扬帆 .jpg"两幅素材文件。

步骤 02 激活"海上扬帆 .jpg"图像，使用选择工具将帆船图像选中，并按 Ctrl+C 组合键复制，如图 11-17 所示。

图 11-17　选择帆船图像

步骤 03 激活"海边风景 01.jpg"图像文件，按 F7 键打开【图层】面板，发现该图像只有背景图层，如图 11-18 所示。

图 11-18　背景层

步骤 04 按 Ctrl+V 组合键，将复制的帆船图像粘贴到该图像中，粘贴的帆船图像生成图层 1，如图 11-19 所示。

图 11-19　粘贴图像创建图层 1

🔖 练一练

除粘贴可以创建新图层之外，使用 ✛ "移动工具"将图像拖入时，拖入的图像也会自动产生一个新图层。打开名为"女孩 .jpg"的图像文件，将女孩图像选择并将其拖入"海边风景 01"图像中，创建图层 2，如图 11-20 所示。

图 11-20　拖入图像创建图层 2

🔖 操作提示

（1）使用选择工具将女孩图像选中。
（2）使用 ✛ "移动工具"将图像拖入"海边风景 01"图像中。

11.2.4　在图像上输入文字创建文本图层

文本图层是一个特殊图层，该图层主要用于在图像中输入文字，并对文字有特殊保护作用，创建文本图层时需要使用文字工具来创建。下面通过实例操作，学习相关知识。

扫一扫，看视频

实例——创建文本图层

步骤 01 继续 11.2.3 小节的操作，单击工具箱中的 **T** "横排文字工具"按钮。

步骤 02 在图像上单击并输入"海边风景"文字内容，此时发现【图层】面板中新建了一个名为"海边风景"

的新图层，如图 11-21 所示。

图 11-21　创建文本图层

🚀 小贴士

并非所有的文字工具都可以创建文本图层，当使用"文字蒙版工具"时，并不能创建一个文本图层，有关文本图层以及文字工具的应用与编辑操作，将在第 12 章进行详细讲解，在此不再赘述。

11.2.5　创建调整图层调整图像颜色

扫一扫，看视频

调整图层是一个图像颜色校正工具，用于校正位于其下方的所有层的颜色。下面通过具体实例，学习创建调整图层调整图像颜色的方法。

实例——创建调整图层校正图像颜色

步骤 01 继续 11.2.4 小节的操作，激活图层 1，单击【图层】面板下方的 ⬤ "创建新的填充或调整图层"按钮打开列表，选择任意一种色彩校正命令，例如选择【色相 / 饱和度】命令，此时在图层 1 上创建一个调整图层，如图 11-22 所示。

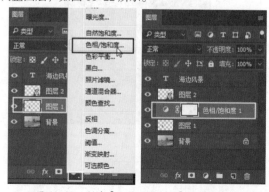

图 11-22　创建【色相 / 饱和度】的调整图层

步骤 02 此时打开【属性】面板，并显示【色相／饱和度】参数区，拖动滑块调整颜色值，此时发现位于"调整图层"下方的图层 1 以及背景层的图像颜色被调整，而图层 2 中的女孩图像颜色没有任何变化，如图 11-23 所示。

图 11-23　使用调整图层调整图像颜色

　　由以上操作可以看出，调整图层只能对位于该层下方的所有图层的颜色进行统一调整，而位于该层上方的图层不受任何影响。另外，用户也可以执行【图层】/【新建调整图层】命令，选择相应的色彩校正命令，建立相应的调整图层，如图 11-24 所示。

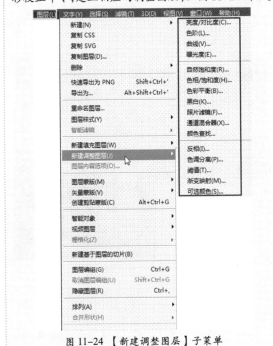

图 11-24　【新建调整图层】子菜单

✍ 练一练

打开"效果"/"第 8 章"/"电影海报设计——

我的朋友是只猫 .psd"图像文件，使用【亮度／对比度】命令调整图像所有图层的亮度／对比度，效果如图 11-25 所示。

（a）原图像　　　　（b）调整结果

图 11-25　调整图像亮度／对比度

🔖 **操作提示**

　　（1）激活最顶层的图层 8，单击【图层】面板下方的 "创建新的填充或调整图层"按钮选择"亮度／对比度"色彩校正命令。

　　（2）在打开的【属性】对话框中拖动滑块，调整图像的亮度／对比度。

11.2.6　转换背景层

　　背景层是图像自带的特殊图层，该图层不能移动，但可以删除，当需要对背景层中的对象进行移动、缩放、旋转等编辑时，可以将背景层转换为一般图层。另外，背景层转换或删除后，还可以将一般图层创建为背景层。下面通过具体实例，学习相关知识。

扫一扫，看视频

实例——转换背景层

步骤 01 继续 11.2.5 小节的操作，在背景层上双击，打开【新建图层】对话框。

步骤 02 单击"确定"按钮，将背景层转换为名为"图层 0"的一般图层，如图 11-26 所示。

图 11-26　转换背景层

🚀 小贴士

执行【图层】/【新建】/【背景图层】命令，也可以打开【新建图层】对话框，可以在该对话框中为图层重命名、设置颜色、不透明度以及模式等。另外，当背景层被转换为一般图层后，激活一般图层，执行【图层】/【新建】/【图层背景】命令，即可将该层转换为背景图层。

11.2.7　通过拷贝、剪切创建图层

除以上创建图层的方法之外，还可以通过拷贝、剪切来创建图层。下面通过具体实例，学习相关知识。

扫一扫，看视频

实例——通过拷贝、剪切创建图层

步骤 01 继续 11.2.6 小节的操作，激活图层 2，执行【图层】/【新建】/【通过拷贝的图层】命令，得到图层 2 拷贝层，如图 11-27 所示。

图 11-27　拷贝的图层

步骤 02 激活背景层，使用 "椭圆选框工具" 创建选区，然后执行【图层】/【新建】/【通过剪切的图层】命令，选取的图像被剪切到图层 3，如图 11-28 所示。

图 11-28　剪切的图层

🚀 小贴士

除创建一般图层之外，PS CC 还允许用户创建序列文件的视频图层或空白视频图层，用于制作二维动画，有关视频图层的创建以及二维动画的制作，在此不作讲解，感兴趣的读者可以参阅其他书籍。

11.3　管理图层

通过管理图层，可以方便地使用图层进行图像设计，这一节学习相关知识。

11.3.1　复制图层

可以对图层进行复制，以生成多个图层。下面通过简单的实例，学习相关知识。

扫一扫，看视频

实例——复制图层

步骤 01 继续 11.2.7 小节的操作，激活背景层，执行【图层】/【复制图层】命令，打开【复制图层】对话框。

步骤 02 单击 "确定" 按钮，将背景层复制为 "背景拷贝" 层，如图 11-29 所示。

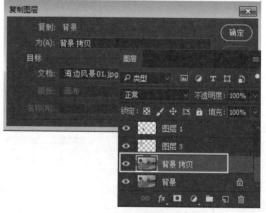

图 11-29　复制图层

🚀 小贴士

在 "文档" 列表中选择 "新建" 选项，并在 "名称" 列表中命名，单击 "确定" 按钮，可以从当前层中创建一个没有背景层的文档，如图 11-30 所示。

另外，按键盘上的 Ctrl+J 组合键可以直接将图

层复制为拷贝层。

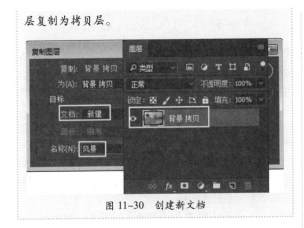

图 11-30　创建新文档

11.3.2　合并与删除图层

可以将多个图层合并为一个图层，也可以将多余的图层删除。下面通过具体实例，学习相关知识。

扫一扫，看视频

实例——合并与删除图层

步骤 01 继续 11.3.1 小节的操作，按住 Ctrrl 键单击背景层与背景拷贝层将其选中，执行【图层】/【合并图层】命令，将这两个图层合并为背景层，如图 11-31 所示。

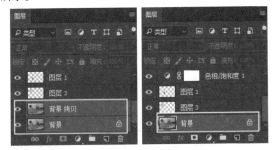

图 11-31　合并图层

> **🚀 小贴士**
>
> 按 Ctrl+E 组合键，也可以将选中的图层合并。

步骤 02 在图层 2 拷贝层的前面单击 ◉ 图标，将该层隐藏，执行【图层】/【合并可见图层】命令，将除图层 2 拷贝之外的其他所有图层都合并，如图 11-32 所示。

步骤 03 执行【图层】/【合并图层】命令，将所有图层合并。

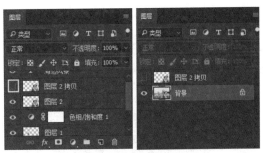

图 11-32　合并可见图层

> **🚀 小贴士**
>
> 可见图层就是指在图像上显示的图层，在【图层】面板单击图层前面的 ◉ 图标，此时该图标消失，该层上的对象不可见，再次在该位置单击，◉ 图标显示，该层上的对象在图像中可见。另外，激活一个图层，单击【图层】面板下方的 🗑 "删除"按钮，或直接将图层拖到 🗑 "删除"按钮上释放鼠标，即可将该图层删除，该操作比较简单，在此不再详述。

11.3.3　将图层导出为图像文件

可以将图层单独导出为 PNG 或其他格式的图像文件。下面通过具体实例，学习相关知识。

扫一扫，看视频

实例——导出图层

步骤 01 继续 11.3.2 小节的操作，激活背景层，执行【图层】/【快速导出为 PNG】命令，打开【存储为】对话框，如图 11-33 所示。

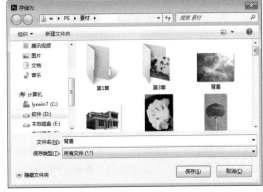

图 11-33　【存储为】对话框

步骤 02 选择存储路径并为图像重新命名，单击 保存(S) 按钮将背景层导出为 PNG 格式的图像文件。

步骤 03 执行【图层】/【导出为】命令，打开【导出为】对话框，设置导出的文件格式、品质、图像大小、画布大小等，如图 11-34 所示。

图 11-34　设置导出选项

步骤 04 单击 全部导出... 按钮打开【存储为】对话框，选择存储路径并为图像重新命名，单击 保存(S) 按钮将背景层导出为所选格式的图像文件。

◆ 练一练

继续上面的操作，将图层 2 拷贝层导出为具有透明背景的图像，如图 11-35 所示。

图 11-35　导出为透明背景图像

◆ 操作提示

（1）在图层 2 拷贝层前面单击显示 ⊙ 图标。

（2）执行【图层】/【快速导出为】命令，在【存储为】对话框中设置存储路径并重命名，单击 保存(S) 按钮将其导出。

11.3.4　将图层转换为智能对象

扫一扫，看视频

可以将图层转换为智能对象，这样在编辑图层时可以保证原图层效果不变，并可以生成新的图像文件。下面通过具体实例，学习相关知识。

步骤 01 继续上一节的操作，按 Ctrl+Z 组合键，将图像恢复到合并图层前的效果。

步骤 02 激活图层 2 拷贝层，执行【图层】/【智能对象】/【转换为智能对象】命令，此时图层 2 拷贝层的缩略图上显示智能图标。

步骤 03 执行【图像】/【调整】/【色相/饱和度】命令，对该层上的人物进行颜色调整，如图 11-36 所示。

图 11-36　调整图像颜色

步骤 04 在【图层】面板双击智能对象缩览图，此时会打开另一幅图像，该图像保持源图像效果不变，如图 11-37 所示。

图 11-37　双击打开另一幅图像

11.3.5　调整图层叠加顺序

图层是根据图像设计需要，按照一定的顺序叠加在一起的，如果图层顺序改变

扫一扫，看视频

了，那么图像效果也会发生改变，继续 11.3.4 小节的操作，图层 2 位于调整图层的上方，因此其颜色不受调整图层的调整，下面我们将图层 2 调整到调整图层的下方，看看会发生什么变化。

实例——调整图层叠加顺序

步骤 01 在【图层】面板将图层 2 拷贝层暂时隐藏，然后激活图层 2。

步骤 02 执行【图层】/【排列】/【后移一层】命令，将图层 2 移动到调整图层的下面，此时发现图层 2 位于调整图层的下方，其颜色也受到了调整图层的校正，效果如图 11-38 所示。

图 11-38　调整图层叠加顺序

🚀 小贴士

在【图层】/【排列】菜单下有一组命令，执行相关命令，即可调整图层的叠加顺序，如图 11-39 所示。

排列(A)	▶	置为顶层(F)	Shift+Ctrl+]
合并形状(H)	▶	前移一层(W)	Ctrl+]
对齐(I)	▶	后移一层(K)	Ctrl+[
分布(T)	▶	置为底层(B)	Shift+Ctrl+[
		反向(R)	

图 11-39　调整图层顺序的菜单命令

其中【置为底层】命令是指将图层调整到背景层的上方，而不是背景层的下方，改变了图层的叠加顺序，意味着图像的效果也发生了改变。

🖊 练一练

继续 11.3.4 小节的操作，通过调整图层的叠加顺序，使调整图层只对背景层进行颜色校正，效果如图 11-40 所示。

图 11-40　图像效果

📎 操作提示

（1）激活调整图层，执行【图层】/【排列】/【置为底层】命令，将调整图层调整到除背景层外的所有图层的下方。

（2）这样，调整图层就只对背景层进行颜色校正，而其他图层不受影响。

11.3.6　对齐图层

在图像设计中，将图层中的设计素材沿一轴线对齐比较困难，学习了下面知识后，对齐图层中的素材就变得非常简单。下面通过具体实例，学习相关知识。

扫一扫，看视频

实例——对齐图层

步骤 01 打开"素材"/"蝴蝶 .psd"素材文件，图像中的图层 1 和图层 2 中各自有一只蝴蝶，如图 11-41 所示。

图 11-41　打开的图像文件

步骤 02 按住 Ctrl 键，分别单击图层 1 和图层 2 将其选中，然后执行【图层】/【对齐】/【顶边】命令，此时发现两只蝴蝶的顶部都对齐，如图 11-42 所示。

步骤 03 分别执行【图层】/【对齐】/【垂直居中】、【底边】、【左边】、【水平居中】以及【右边】命令，两个图层上的蝴蝶会沿垂直中心、底边、左边、右边以及水平中心对齐，结果如图 11-43 所示。

图 11-42　顶边对齐

底边对齐　　　　水平中心对齐

左边对齐　　垂直中心对齐　　右边对齐

图 11-43　对齐效果

🚀 **小贴士**

除使用【对齐】命令对齐层之外，在 ⊠ "移动工具"选项栏中也有一组对齐层以及均匀分布图层的功能按钮，直接单击相应的按钮，即可将图层在某一位置对齐，并可以均匀分布图层。所谓均匀分布，是指自动调整图层之间的距离，包括水平距离与垂直距离，如图 11-44 所示。

图 11-44　"移动工具"选项栏

✏ **练一练**

继续上面的操作，将图层 1 复制为图层 1 拷贝层，然后使用 ⊠ "移动工具"选项栏中的分布功能对 3 个图层中的蝴蝶进行顶、垂直中心、底、左、水平居中、右均匀分布。

🎖 **操作提示**

（1）激活图层 1，按 Ctrl+J 组合键将其复制为图层 1 拷贝层。

（2）按住 Ctrl 键分别单击 3 个图层将其选中。

（3）激活 ⊠ "移动工具"，分别单击其选项栏中的

分布按钮进行均匀分布。

11.3.7　锁定图层与建立图层组

可以对图层进行锁定，还可以建立图层组，以方便对图层进行管理和编辑。下面通过具体实例，学习相关知识。

扫一扫，看视频

1. 锁定图层

锁定图层包括锁定透明、锁定位置、锁定像素、锁定嵌套以及全部锁定，在【图层】面板的顶部有相关的功能按钮，如图 11-45 所示。

图 11-45　锁定图层的功能按钮

- ⊠ "锁定透明像素"：激活该按钮，锁定图层的透明区域，编辑图像时只作用于非透明区域，再次单击该按钮，取消锁定。

- ✎ "锁定图像像素"：激活该按钮，锁定图层像素使之不可以进行任何编辑，再次单击该按钮，取消锁定。

- ✛ "锁定位置"：激活该按钮，锁定图层的位置使之不可以移动，再次单击该按钮，取消锁定。

- ⊡ "锁定嵌套"：激活该按钮，锁定图层防止其在画板内外自动嵌套，再次单击该按钮，取消锁定。

- 🔒 "锁定全部"：激活该按钮，完全锁定图层，除非复选，否则任何操作都不可执行。

下面通过一个实例，学习相关功能的应用方法和作用。

实例——锁定透明像素

步骤 01 继续 11.3.6 小节的操作，激活图层 1，在【图层】面板激活 ⊠ "锁定透明像素"按钮。

步骤 02 按 Ctrl+Delete 组合键向图层 1 填充背景色，

此时发现只有蝴蝶被填充了颜色，而其他区域并未填充颜色，如图 11-46 所示。

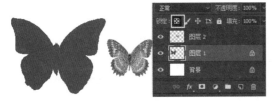

图 11-46 填充效果

✎ 小贴士

　　除直接在【图层】面板上锁定图层之外，用户还可以执行【图层】/【锁定图层】命令打开【锁定图层】对话框，在该对话框中选择要锁定的项目，然后确认，将所有链接层锁定，如图 11-47 所示。

图 11-47 【锁定图层】对话框

✎ 练一练

　　继续上面的操作，依次激活 ✎ "锁定图像像素"、✛ "锁定位置"、▣ "锁定嵌套" 和 ⚿ "锁定全部" 功能按钮，尝试对图像进行绘图、移动等操作。

2. 编组图层

　　编组图层是指将多个图层编在一个图层组中，其好处是方便对图层进行管理和编辑。下面通过一个简单的实例，学习相关知识。

实例——编组图层

步骤 01 继续上一个实例操作。执行【图层】/【新建】/【组】命令，打开【新建组】对话框，如图 11-48 所示。

图 11-48 【新建组】对话框

步骤 02 在 "名称" 输入框中命名组，默认为 "组1"；在 "颜色" 列表中选择组的标注颜色；在 "模式" 列表中设置组中各层的混合模式；在 "不透明度" 列表中设置组的不透明度。

步骤 03 设置完成后单击 "确定" 按钮新建组 1，如图 11-49 所示。

图 11-49 新建组 1

步骤 04 新建图层 3、图层 4，发现新建的这两个图层都位于组 1 下，如图 11-50 所示。

图 11-50 在组 1 下新建图层

✎ 知识拓展

1. 从图层建立组

　　可以将其他图层重新建立一个组，放在一个组中的每一个图层都是独立的，用户可以单独进行编辑或加载其他菜单命令，而不影响组中的其他图层，其方法如下。

扫一扫，看视频

　　（1）在【图层】面板中选择图层 1 和图层 2，执行【图层】/【新建】/【从图层建立组】命令，打开【从图层建立组】对话框。

　　（2）为组命名并设置其他选项后，单击 "确定" 按钮，将图层 1 和图层 2 放置在该组内，如

图 11-51 所示。

图 11-51　从图层建立组

2. 删除组

编组之后，还可以将组删除，删除时可以单独删除组，也可以将组与组内的图层全部删除，方法如下。

（1）将光标移动到【图层】面板的组上右击，选择【删除组】命令，将弹出警告对话框，询问删除组还是删除组和所有内容，如图 11-52 所示。

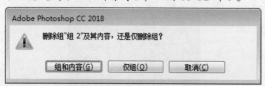

图 11-52　询问对话框

（2）单击 组和内容(G) 按钮，删除图层组和所有内容；单击 仅组(O) 按钮，仅删除图层组。

（3）将光标移动到【图层】面板的组中，右击并选择【取消图层编组】命令，即可将图层从组中分离出来。

11.4　应用图层特效

【图层】面板不仅用于管理、编辑图层，同时还可以向图层中添加两种特效，这两种特效分别是图层混合模式与图层样式，这一节学习相关知识。

11.4.1　通过图层混合模式制作图层特效

图层混合模式是通过将两个图层进行叠加，使其颜色进行融合，形成一种特殊颜色效果。下面通过一个实例操作，学习图层混合模式的应用方法。

扫一扫，看视频

实例——通过图层混合模式制作图层特效

步骤 01 重新打开"素材"/"蝴蝶 .psd"素材文件，将图层 2 中的蝴蝶移动到图层 1 蝴蝶的上方，使两只蝴蝶进行叠加，如图 11-53 所示。

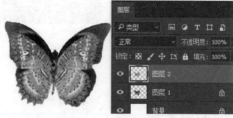

图 11-53　调整蝴蝶位置

步骤 02 激活图层 2，在【图层】面板中展开混合模式列表，选择"变亮"模式，此时发现图层 2 上的蝴蝶与图层 1 上的蝴蝶进行了颜色融合，形成一种特殊颜色效果，如图 11-54 所示。

图 11-54　"变亮"混合效果

步骤 03 按键盘上向下和向上的方向键，分别选择其他混合模式，会发现不同的混合模式会产生不同的颜色效果，该操作比较简单，大家可以自己尝试操作，看看各混合模式效果的区别。

小贴士

在选择图层混合模式后，还可以设置图层的"不透明度"，得到不同的颜色效果。图 11-55 所示为"溶解"混合模式下，不透明度分别为 30% 和 100% 时的效果比较。

图 11-55　混合模式效果比较

练一练

打开"素材"/"海边风景 01.jpg"和"背景 .jpg"素材文件，通过图层混合模式，制作如图 11-56 所示的"海边风景 01"效果。

图 11-56　图像混合效果

操作提示

（1）将背景图像拖到海边风景 01 图像中，图像生成图层 1。

（2）使用自由变换工具调整背景图像，使其大小与海边风景 01 图像匹配。

（3）激活图层 1，设置混合模式为"叠加"模式。

11.4.2　通过图层样式制作图层特效

图层样式是【图层】面板中的一个功能，图层样式可以为图层添加各种样式，例如浮雕、投影、描边、发光等，以制作图层特效。下面通过具体实例学习相关知识。

扫一扫，看视频

实例——通过图层样式制作图层特效

步骤 01 重新打开"素材"/"蝴蝶 .psd"素材文件，激活图层 1。

步骤 02 单击【图层】面板下方的 *fx* "添加图层样式"按钮，在弹出的列表中选择任意一个图层样式选项，即可打开【图层样式】对话框。

步骤 03 例如选择【投影】选项，在打开的【图层样式】对话框右侧设置投影的各参数，为图层 1 制作投影，如图 11-57 所示。

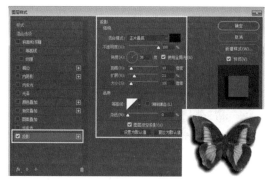

图 11-57　制作投影样式

步骤 04 参数设置完毕后单击"确定"按钮，完成投影样式的制作。

知识拓展

各样式的大多数参数设置基本相同，下面对各样式进行简单介绍。

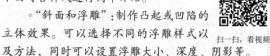

扫一扫，看视频

• "斜面和浮雕"：制作凸起或凹陷的立体效果。可以选择不同的浮雕样式以及方法，同时可以设置浮雕大小、深度、阴影等。

• "描边"：为对象描边，与【描边】命令的设置基本相同，可以设置描边的大小、位置、颜色、不透明度以及混合模式等。

• "内阴影"：与"投影"有些相似，可以在对象内部制作阴影，可以设置"内阴影"的混合模式、不透明度、角度、距离、大小等。

• "内发光""外发光"：制作对象背景的内、外发光效果，可以设置混合模式、不透明度、发光颜色、距离、大小、方向等。

• "光泽"：在对象上制作光泽效果，可以设置混合模式、不透明度、光泽颜色、距离、角度、大小等。

• "颜色叠加""渐变叠加""图案叠加"：使用颜色、渐变色或图案在对象上叠加，可以设置混合模式以及不透明度。

各图层样式效果如图 11-58 所示。

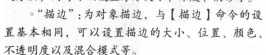

图 11-58　图层样式效果

可以将多种样式同时运用到一个对象上，如图 11-59 所示。

图 11-59　在对象上同时运用多种样式

当为图层添加了图层样式之后，用户可以通过【图层】面板对样式进行修改和编辑。

单击"效果"前面的 ◉ 图标，◉ 图标消失，即可隐藏所有样式，再次在该位置单击，显示所有样式，如图 11-60 所示。

图 11-60　隐藏所有样式

单击各样式前面的 ◉ 图标，◉ 图标消失，即可隐藏该样式，再次在该位置单击，显示该样式，如图 11-61 所示。

图 11-61　隐藏一种样式

双击任意样式打开【图层样式】对话框，对该样式进行编辑修改。

在样式上右击，选择快捷菜单中的【拷贝图层样式】命令，可以将样式拷贝，在要添加图层样式的图层上右击，选择【粘贴图层样式】命令，将样式粘贴到该层的对象上，如图 11-62 所示。

图 11-62　粘贴图层样式

在样式上右击，选择快捷菜单中的【清除图层样式】命令，可以将样式全部清除，如图 11-63 所示。

图 11-63　清除图层样式

📢 练一练

可以将多种样式运用到一个对象上，制作更加丰富多彩的图像特效。下面使用图层样式制作如图 11-64 所示的特效文字。

图 11-64　特效文字

📢 操作提示

（1）激活 T "横排文字工具"，设置字体颜色为蓝色，输入"样式"文字内容。

（2）打开【图层样式】对话框，分别为文字添加"斜面和浮雕""描边""内阴影"以及"投影"样式，并设置各样式的参数，制作特效文字。

11.4.3　通过图层蒙版制作图层特效

先来说说什么是"图层蒙版"？简单来说，图层蒙版就像覆盖在图层上的一层覆盖膜，这种覆盖膜会在白色作用下使图像处于完全不透明状态，在黑色作用下会使图像处于完全透明状态，而在灰色作用下使图像处于半透明状态。除背景层之外，用户可以在每一个图层都添加一个图层蒙版对图像进行处理。下面通过一个实例操作学习相关知识。

扫一扫，看视频

实例——通过图层蒙版制作图层特效

步骤 01 打开"素材"/"风景 06.jpg"和"女孩 .jpg"两幅素材文件，将"女孩 .jpg"图像中的女孩图像选择并移动到"风景 06.jpg"中，自动生成图层 1，如图 11-65 所示。

图 11-65　女孩图像生成图层 1

步骤 02 单击【图层】面板下方的 ◉ "添加图层蒙版"按钮为图层 1 添加图层蒙版，图层和图层蒙版之间以锁链联结起来。

步骤 03 激活 "画笔工具"，设置前景色为黑色（R: 0、G:0、B:0），在图层 1 女孩图像下方拖曳鼠标进行描绘，此时发现女孩图像下方消失不见，同时发现图层 1 的蒙版上出现了黑色，如图 11-66 所示。

图 11-66　使用黑色编辑蒙版

步骤 04 设置前景色为白色（R:255、G:255、B:255），继续在女孩图像下方消失的部分拖曳鼠标进行描绘，发现女孩图像消失的下半部分又显示出来，同时发现蒙版上的黑色不见了，如图 11-67 所示。

图 11-67　使用白色编辑蒙版

步骤 05 设置前景色为灰色（R:175、G:175、B:175），继续在女孩图像上拖曳鼠标进行描绘，发现女孩图像呈半透明状态，蒙版上显示灰色，如图 11-68 所示。

图 11-68　使用灰色编辑蒙版

🚀 小贴士

用户还可以执行【图层】/【图层蒙版】/【显示全部】或【隐藏全部】命令添加图层蒙版，使用【显示全部】命令添加的图层蒙版使图像完全显示，使用【隐藏全部】命令添加的图层蒙版则可以使图像全部透明。另外，如果在图像中创建选区后，则可以使用【显示选区】或【隐藏选区】命令创建图层蒙版。但不管采用何种方式添加图层蒙版，其最终的编辑结果是一样的，编辑蒙版时，一般情况下使用"黑色到白色"的渐变色对图层蒙版进行编辑，以制作半透明的渐隐效果，如图 11-69 所示。

图 11-69　使用渐变色编辑蒙版

🚀 知识拓展

添加图层蒙版后，用户可以删除、停用图层蒙版，方法如下。

（1）将图层蒙版拖到【图层】面板的 🗑 "删除"按钮上释放鼠标，弹出警告对话框，单击 应用 按钮，删除蒙版后仍应用蒙版效果；单击 取消 按钮，取消该操作；单击 不应用 按钮，删除蒙版后不应用蒙版效果。

（2）执行【图层】/【图层蒙版】/【删除】命令，直接删除蒙版，执行【应用】命令，在移除图层蒙版后仍应用图层蒙版效果。

（3）选定图层蒙版，按住 Shift 键的同时，在【图层】面板的图层蒙版上单击，关闭图层蒙版。

（4）执行【图层】/【图层蒙版】/【停用】命令，停用图层蒙版。

关闭图层蒙版后，在图层蒙版上会出现红色的叉，表示蒙版已经关闭，再次在图层蒙版中单击，即可打开图层蒙版，如图 11-70 所示。

图 11-70　关闭图层蒙版

🖊 练一练

使用图层蒙版编辑图像是图像处理中常用的一种方法，打开"素材"/"海边风景 01.jpg"和"照片 01.jpg"两幅素材文件，制作如图 11-71 所示的图像合成效果。

图 11-71　图像合成

🖊 操作提示

（1）将"照片 01.jpg"图像拖到"海边风景 01.jpg"图像中生成图层 1，并调整好位置。

（2）为图层 1 添加蒙版，激活 🖌 "画笔工具"，设置前景色为黑色（R:0、G:0、B:0），在除人物和礁石之外的其他部分描绘。

注意：在礁石边缘描绘时可以设置颜色为灰色，使礁石与海水之间有一个过渡。

11.5　综合练习——制作炫酷个性相框

相框在日常生活中比较常见，它用来装饰我们的照片，美化我们的生活环境。这一节就利用图层以及图层特效来制作一个独具个性的梅花形的相框，如图 11-72 所示。

图 11-72　炫酷个性相框

11.5.1　制作相框炫酷的立体外形

扫一扫，看视频

该独具个性的炫酷相框外形酷似一朵梅花，材质为实木复合环保材料，小巧灵动，色彩亮丽，手感极好，无论是摆在桌面上还是悬挂在钥匙链或手机上都非常美，很讨人喜欢。这一节首先来制作其立体外形。

步骤 01 新建名为"炫酷个性相框"的文件，并新建图层 1。

步骤 02 选择 ⬭ "椭圆选框工具"，设置"羽化"为 0 像素，按住 Alt+Shift 组合键在图像中创建圆形选择区，并向选区填充任意颜色。

步骤 03 按下 Ctrl+D 组合键取消选择，按 Ctrl+J 组合键将图层 1 复制为图层 1 拷贝层，按 Ctrl+T 组合键添加自由变换，调整大小为 50%，然后将其向上移动，使其中心位于大圆的边缘位置，如图 11-73 所示。

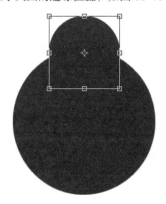

图 11-73　复制、缩放并移动

步骤 04　按 Enter 键确认，再按 Ctrl+J 组合键将图层 1 拷贝层复制为图层 1 拷贝 2 层，按 Ctrl+T 组合键为其添加自由变换框，将变换中心点向下移动到大圆的圆心位置，并设置旋转角度为 72°，如图 11-74 所示。

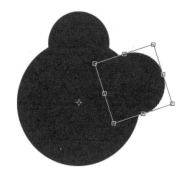

图 11-74　复制并旋转

步骤 05　按 Enter 键确认，然后按住 Ctrl+Alt+Shift 组合键的同时，按 T 键 3 次，将该层旋转复制为图层 1 拷贝 3、4、5 层，如图 11-75 所示。

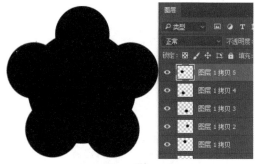

图 11-75　复制图层

步骤 06　按住 Ctrl 键在【图层】面板上单击图层 1 载

入选区，执行【选择】/【存储选区】命令，将该选区存储为 1。

步骤 07　依照相同的方法，分别载入图层 1 拷贝至图层 1 拷贝 5 层的选区，并将其依次存储为 1a 至 5a，以备后用，之后将图层 1 至图层 1 拷贝 5 合并为图层 1。

步骤 08　打开"素材"/"留言板 .bmp"素材文件，按 Ctrl+A 组合键将其选中，按 Ctrl+C 组合键将其复制，然后关闭该图像。

步骤 09　按住 Ctrl 键单击图层 1 载入选区，按 Ctrl+V+Alt+Shift 组合键将拷贝的图像粘贴到选区，生成图层 2，然后将图层 2 合并到图层 1，如图 11-76 所示。

图 11-76　粘贴图像

步骤 10　为图层 1 添加图层样式，设置"斜面和浮雕""纹理"以及"投影"参数，如图 11-77 所示。

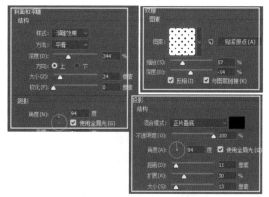

图 11-77　图层样式参数设置

步骤 11　单击"确定"按钮确认制作图层样式，效果如图 11-78 所示。

步骤 12　执行【选择】/【载入选区】命令，载入存储的名为 1 的选区，然后执行【选择】/【变换选区】命令，将其缩小 80%，按 Delete 键删除，效果如图 11-79 所示。

图 11-78　图层样式效果

图 11-79　删除后的效果

步骤 13 依照相同的方法，分别载入存储的 1a 至 5a 选区，将其缩小 50%，然后执行【选择】/【通过剪切的图层】命令，将选择的图像分别剪切到图层 2 至图层 6，效果如图 11-80 所示。

图 11-80　载入选区并删除

小贴士

　　载入选区以及变换选区的相关知识，可以参阅前面章节相关内容的详细讲解，在此不再详述。

11.5.2　美化外形并制作照片保护屏

扫一扫，看视频

　　这一小节继续来美化相框外形，并制作照片保护屏。

步骤 01 继续 11.5.1 小节的操作。按住 Ctrl 键分别单击图层 1 至图层 6 将其全部选中，按 Ctrl+E 组合键将其合并到图层 1，然后按住 Ctrl 键单击图层 1 载入选区。

步骤 02 新建图层 2，选择"色谱"渐变色，在图层 2 的选区内填充渐变色，然后设置其混合模式为"柔光"模式，使其与图层 1 混合，效果如图 11-81 所示。

图 11-81　填充渐变色并设置混合模式

步骤 03 在背景层的上方新建图层 3，继续载入名为 1 的选区，使用【变换选区】命令，将其缩小 80%，并向其填充"深蓝（R:4、G:116、B:255）至浅蓝（R:136、G:214、B:255）"的线性渐变色，制作出照片保护屏，结果如图 11-82 所示。

图 11-82　填充渐变色

步骤 04 打开"素材"/"女孩 .jpg"素材文件，使用 "快速选择工具"选取女孩图像，按 Ctrl+C 组合键将其复制，然后关闭该图像。

步骤 05 按住 Ctrl 键单击图层 3 载入其选区，按 Ctrl+Shift+Alt+V 组合键将复制的女孩图像粘贴到保护屏的选区内，生成带有蒙版的图层 4。

步骤 06 按 Ctrl+T 组合键为图层 4 添加自由变换框，调整女孩头像大小，然后在【图层】面板设置其混合模式为"线性光"模式，结果如图 11-83 所示。

11.6.1 制作背景图像

这一小节制作背景图像。

步骤 01 执行【新建】命令，新建"宽度"为 13 厘米，"高度"为 18 厘米，"分辨率"为 300 像素 / 英寸，图像背景色为黑色（R:0、G:0、B:0），名为"环保公益广告"的图像文件。

步骤 02 打开"素材"/"背景 3.jpg"素材文件，将其拖到当前图像中，生成图层 1。

步骤 03 按 Ctrl+T 组合键为图层 1 添加自由变换框，调整大小与新建图像大小一致，按 Enter 键确认。

步骤 04 打开"素材"/"背景 2.jpg"素材文件，将其拖到当前图像中，生成图层 2，使用相同的方法调整大小与新建图像大小一致，按 Enter 键确认。

步骤 05 在【图层】面板中设置图层 2 的混和模式为"强光"模式，使其与图层 1 进行图层混和，图像效果如图 11-85 所示。

图 11-83 添加照片

步骤 07 至此，个性相框制作完毕，将该文件保存为"炫酷个性相框 .psd"文件。

11.6 职场实战——环保公益广告设计

水是生命的必需品，珍惜每一滴水就是珍惜生命。这一节制作一款有关"珍惜水资源"的公益广告，效果如图 11-84 所示。

图 11-84 公益广告设计

图 11-85 混合模式效果

步骤 06 打开"素材"/"背景 1.jpg"素材文件，将其拖到当前图像中，生成图层 3，使用自由变换工具，设置"W"为 96%，设置"H"为 135%，并将其移动到图像上方位置，按 Enter 键确认，如图 11-86 所示。

步骤 07 在【图层】面板中设置图层 3 的混和模式为"点光"模式，使其与下方图层进行混和，效果如图 11-87 所示。

图 11-86　调整大小与位置

图 11-87　添加图像

步骤 08 为图层 3 添加图层蒙版，然后使用黑色（R：0、G：0、B：0）至白色（R：255、G：255、B：255）的线性渐变由下向上对图层 3 进行处理，效果如图 11-88 所示。

步骤 09 按住 Ctrl 键依次单击图层 1、图层 2、图层 3，然后按 Ctrl+E 组合键将其合并到图层 1，完成背景图

像的制作。

图 11-88　混合模式与蒙版效果

11.6.2　处理素材图像

这一小节处理素材图像。

步骤 01 打开"素材"/"地面.jpg"素材文件，将其移动到当前图像，生成图层 2。

扫一扫，看视频

步骤 02 打开"素材"/"地球.jpg"素材文件，将该图像拖到当前图像的地面图像上，生成图层 3，然后使用自由变换工具调整地面大小将地球图像覆盖，如图 11-89 所示。

图 11-89　添加地球图像

步骤 03 按住 Ctrl 键单击图层 3 载入地球图像的选区，然后激活图层 2，执行【滤镜】/【扭曲】/【球面化】命令，设置"数量"为 100%，单击"确定"按钮，使地面图像完全附着到地球图像上。

步骤 04 执行【选择】/【反向】命令将选区反转，按 Delete 键删除多余的地面图像，按 Ctrl+D 组合键取消选区。

步骤 05 为图层 3 添加图层蒙版，选择黑色（R:0、G:0、B:0）至白色（R:255、G:255、B:255）的渐变色，以"线性"渐变方式由下向上填充渐变色，对蒙版进行编辑，结果如图 11-90 所示。

图 11-91　混合模式与亮度 / 对比度效果

图 11-90　蒙版编辑效果

步骤 06 设置图层 3 的混合模式为"线性光"，之后将图层 3 合并到图层 2，执行【图像】/【调整】/【亮度 / 对比度】命令，设置"亮度"为 30，"对比度"为 30，单击"确定"按钮，效果如图 11-91 所示。

步骤 07 执行【滤镜】/【液化】命令，打开【液化】对话框，分别激活 "向前变形工具"、 "皱褶"工具，设置合适大小的画笔，对图像进行液化变形处理，如图 11-92 所示。

🚀 小贴士

【液化】滤镜可以将图像处理成类似于液体流动的效果，该命令看似复杂，其实操作非常简单，分别选择相关工具，设置画笔大小以及压力等参数，拖曳鼠标即可对图像进行处理，由于篇幅所限，在此不再详述。

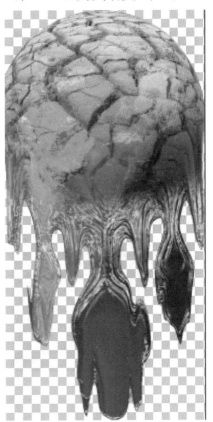

图 11-92　液化效果

步骤 08 按住 Ctrl 键单击图层 2 载入图像选区，然后激活 ⬭ "椭圆选框工具"，设置"羽化"为 30 像素，激活 ⬛ "从选区减去"按钮，将地球上方的选区减去。

步骤 09 执行【滤镜】/【艺术效果】/【塑料包装】命令，设置参数继续处理图像，如图 11-93 所示。

图 11-93 【塑料包装】滤镜效果

步骤 10 在图层 2 上方新建图层 3，执行【编辑】/【描边】命令，设置描边颜色为白色（R:255、G:255、B:255），"宽度"为 2，以"外部"方式进行描边，如图 11-94 所示。

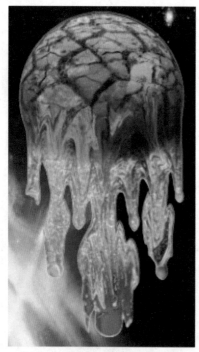

图 11-94 描边效果

步骤 11 将图层 3 合并到图层 2，执行【图像】/【调整】/【亮度 / 对比度】命令，设置"亮度"为 10，"对比度"为 100，效果如图 11-95 所示。

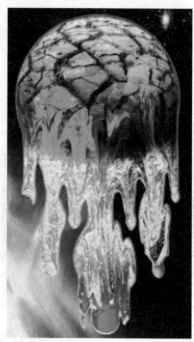

图 11-95 亮度 / 对比度效果

步骤 12 打开"素材"/"照片 08.jpg"素材文件，将人物图像选择并移动到当前图像左下角位置，生成图层 3，如图 11-96 所示。

步骤 13 按 Ctrl+J 组合键将其复制为图层 3 拷贝层，在【图层】面板中调整其混合模式为"滤色"模式，并设置其"不透明度"为 80%，效果如图 11-97 所示。

图 11-96 添加人物图像

图 11-97　设置混合模式

步骤 14 将图层 3 拷贝层合并到图层 3 层，执行【图像】/【调整】/【自然饱和度】命令，设置"自然饱和度"为 100，"饱和度"为 40，效果如图 11-98 所示。

图 11-98　调整自然饱和度

步骤 15 激活"横排文字工具"，设置字体颜色为白色，输入广告语，完成公益广告的制作，效果如图 11-99 所示。

图 11-99　输入广告语

步骤 16 将该图像效果存储为"职场实战——环保公益广告设计 .psd"图像。

读书笔记

Chapter
12
第 12 章

路径、图形与文本

本章导读

在 PS CC 中，路径、图形与文本是图像设计的重要操作对象，一般情况下使用路径来绘制图形，并对图形进行填充、描边等，而文本是输入的文字内容，对图像进行文字说明。这一章学习路径、图形与文本的相关知识。

本章主要内容如下

- 路径及其绘制方法
- 调整与编辑路径
- 绘制矢量图形
- 创建文本
- 综合练习——企业标志设计
- 职场实战——房地产广告设计

12.1 路径及其绘制方法

在 PS CC 中，路径是图形的基础，图形是利用路径来记录与编辑的。这一节首先来了解路径，并学习绘制路径的相关方法。

12.1.1 路径简介

在 PS CC 中，路径其实就是使用钢笔工具创建的图形的边框，路径包括线段和锚点两部分，线段用于记录图形的形状，例如多边形、圆形等，而锚点用于调整线段，从而影响图形的形状，如图 12-1 所示。

扫一扫，看视频

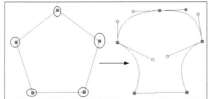
图 12-1 线段与锚点

在路径未被选择的情况下，锚点被隐藏，当选择路径后，显示锚点，锚点具有属性，包括直线属性和曲线属性，当锚点为直线属性时绘制直线路径，当锚点为曲线属性时绘制曲线路径，如图 12-2 所示。

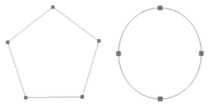
（a）直线属性　　　（b）曲线属性
图 12-2 锚点的直线属性与曲线属性

12.1.2 绘制直线或曲线路径

使用 "钢笔工具" 可以绘制直线或者曲线路径，这也是绘制路径常用的一种方法。下面通过一个简单的实例学习相关知识。

扫一扫，看视频

实例——使用 "钢笔工具" 绘制一段路径

步骤 01 新建图像文件，激活 "钢笔工具"，在其

选项栏列表中选择 "路径" 选项，如图 12-3 所示。

图 12-3 选择 "路径" 选项

步骤 02 在图像上单击，建立直线属性锚点，依次单击，绘制相互连接的直线路径，如图 12-4 所示。

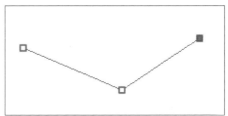
图 12-4 绘制直线路径

步骤 03 单击并拖曳鼠标，创建曲线属性锚点，绘制曲线路径，同时出现曲线路径调节杆，如图 12-5 所示。

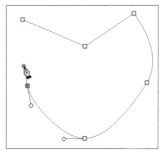
图 12-5 绘制曲线路径

🚀 小贴士

曲线路径由调节杆调整路径的曲率，曲率决定了路径的弯曲与光滑程度。有关路径的调节，将在 12.2 节进行详细讲解，在此不再赘述。

步骤 04 将光标移动到路径起点锚点上，光标下方出现小圆环，此时单击，绘制闭合路径并结束操作，如图 12-6 所示。

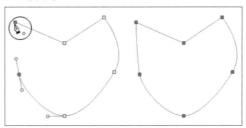
图 12-6 绘制闭合路径

小贴士

系统默认状态下，路径的宽度为 1 像素，其颜色为天蓝色，用户可以单击选项栏中的 ⚙ "设置"按钮，重新设置路径的粗细，取值范围为 0.5~3 像素，同时也可以设置路径的颜色，如图 12-7 所示。

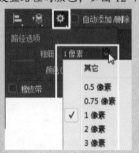

图 12-7　设置路径粗细与颜色

12.1.3　绘制自由路径

自由路径就是不受直线或曲线的限制，很随意地绘制路径，这种路径在实际工作中应用不多，用户可以使用 ⬠ "自由钢笔工具"来绘制这种路径。⬠ "自由钢笔工具"的操作类似于 ⬠ "套索工具"，用户只需按住鼠标拖曳绘制自由线段，释放鼠标后即可形成一条自由路径。下面通过简单的实例学习相关知识。

实例——使用 ⬠ "自由钢笔工具" 绘制路径

步骤 01 激活 ⬠ "自由钢笔工具"，在其选项栏列表中选择"路径"选项，在图像上拖曳鼠标绘制曲线。

步骤 02 释放鼠标，曲线转换为路径，如图 12-8 所示。

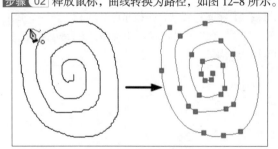

图 12-8　绘制曲线路径

小贴士

⬠ "自由钢笔工具"的设置与 ⬠ "钢笔工具"的设置完全相同，在此不再赘述。

12.1.4　绘制弧形路径

扫一扫，看视频

PS CC 新增了一个 ⬠ "弯曲钢笔工具"，专用于绘制弧形路径，其绘制方法类似于 Auto CAD 中圆弧的画法。下面通过简单的实例学习相关知识。

实例——绘制弧形路径

步骤 01 激活 ⬠ "弯曲钢笔工具"，在图像上单击拾取圆弧的起点，然后移动光标到合适位置单击拾取圆弧上的一点。

步骤 02 继续移动光标到合适位置单击，拾取圆弧的端点，即可绘制一个圆弧路径，如图 12-9 所示。

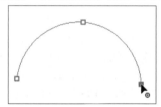

图 12-9　绘制圆弧路径

小贴士

⬠ "弯曲钢笔工具"的设置与 ⬠ "钢笔工具"的设置完全相同，在此不再赘述。

练一练

使用 ⬠ "弯曲钢笔工具"绘制一个圆形路径，如图 12-10 所示。

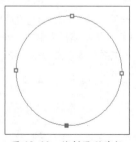

图 12-10　绘制圆形路径

点一边的路径，如图 12-12 所示。

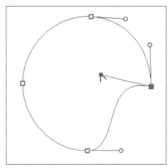

图 12-12 拖动调节杆调整路径

步骤 03 在锚点上单击，则调节杆消失，锚点转换为直线属性锚点，路径成为直线路径，如图 12-13 所示。

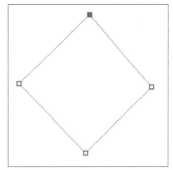

图 12-13 直线路径

继续上面的操作，将四边形路径调整为一个心形路径，如图 12-14 所示。

图 12-14 心形路径

操作提示

（1）激活 ▮ "转换点工具"，在路径锚点上拖曳鼠标拖出调节杆，释放鼠标后分别拖曳调节杆的两端，调整路径为圆弧路径。

操作提示

（1）激活 "弯曲钢笔工具"，分别在图像上单击拾取 4 个点作为圆上的 4 个象限点。

（2）移动光标到起点位置，光标下方出现小圆环，单击闭合路径，绘制圆形路径。

小贴士

在 Auto CAD 绘图中，象限点是指圆上的 4 个特征点，也是圆的 4 个等分点，这 4 个点的位置确定了圆的形态。

12.2 调整与编辑路径

掌握了路径的绘制方法后，这一节学习调整与编辑路径的相关知识。

12.2.1 调整路径形态

前面讲过，路径的形状受路径锚点控制，锚点具有属性，锚点属性包括直线属性和曲线属性，如果路径锚点为直线属性，则绘制直线路径，反之则绘制曲线路径。

扫一扫，看视频

一般情况下使用 ▮ "转换点工具"调整锚点，从而调整路径，使其能满足设计要求。下面通过简单的实例学习相关知识。

实例——调整路径形态

步骤 01 继续 12.1 节的操作，激活 ▮ "转换点工具"，移动光标到锚点上拖曳鼠标，拖出调节杆，如图 12-11 所示。

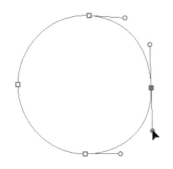

图 12-11 拖曳出现调节杆

步骤 02 移动光标到调节杆端点上拖曳鼠标，调整锚

（2）使用相同的方法分别调整各锚点，将直线路径调整为曲线路径，调整出心形路径。

12.2.2 添加、移动、删除锚点与路径

有时为了调整路径，需要添加更多锚点、删除多余的锚点或移动锚点的位置。下面通过具体实例学习相关知识。

扫一扫，看视频

实例——添加、移动、删除锚点与路径

步骤 01 继续 12.2.1 小节的操作，激活 ✍ "添加锚点工具"，移动光标到路径上，光标下方出现 "+" 图标，单击添加一个锚点，如图 12-15 所示。

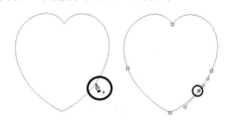

图 12-15 添加锚点

步骤 02 激活 ✍ "删除锚点工具"，移动光标到路径的锚点上，光标下方出现 "−" 图标，单击删除该锚点，如图 12-16 所示。

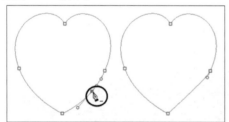

图 12-16 删除锚点

🚀 小贴士

激活 ✍ "删除锚点工具"，移动光标到路径的锚点上，按住 Alt 键时，光标下方出现 "−" 图标，单击即可删除一个锚点；激活 ✍ "添加锚点工具"，移动光标到路径上，按住 Alt 键时，光标下方出现 "＋" 图标，此时单击即可添加一个锚点。另外，

激活 ✍ "钢笔工具"，勾选选项栏中的 "自动添加 / 删除" 选项，即可自由地添加或删除锚点。

步骤 03 激活 ▶ "路径选择工具"，单击路径并拖动鼠标，即可移动路径的位置。

步骤 04 激活 ▶ "直接选择工具"，在锚点上单击并拖曳，即可移动锚点的位置，如图 12-17 所示。

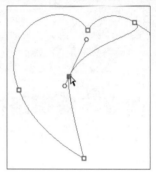

图 12-17 移动锚点的位置

步骤 05 激活 ▶ "直接选择工具"，选择锚点，然后按 Delete 键，可将连同相关锚点两端相关联的路径一同删除，如图 12-18 所示。

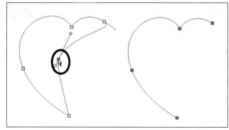

图 12-18 删除锚点与路径

步骤 06 使用 ▶ "直接选择工具" 选择一段路径，按 Delete 键删除该路径，但锚点不会被删除，如图 12-19 所示。

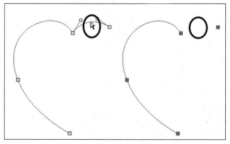

图 12-19 删除一段路径

步骤 07 激活 ▶ "路径选择工具" 选择路径，按 Delete 键删除路径与锚点。

12.2.3　填充、描边与转换路径

绘制路径后可以对路径进行填充与描边，填充内容可以是颜色，也可以是图案。需要注意的是，被填充的路径必须是闭合路径。另外，还可以将路径转换为选区，或者将选区转换为路径。下面通过具体实例学习相关知识。

扫一扫，看视频

实例——填充、描边与转换路径

步骤 01 继续 12.2.2 小节的操作。连续按 Ctrl+Alt+Z 组合键撤销前面的操作到心形闭合路径状态。

步骤 02 激活　"路径选择工具"将心形路径选择并右击，在弹出的快捷菜单中选择【填充路径】命令，打开【填充路径】对话框，选择填充内容与模式、羽化半径、不透明度等，单击"确定"按钮，即可对路径进行填充，如图 12-20 所示。

图 12-20　填充路径

> ### 🚀 小贴士
>
> 在填充路径时，用户可以设置填充内容，有"前景色""背景色""颜色""图案""历史记录""黑色""50% 灰色"和"白色"。当选择"图案"作为填充内容时，单击"自定图案"按钮，可以选择一种图案填充路径，如图 12-21 所示。

图 12-21　选择填充图案

步骤 03 右击并选择【描边路径】命令，打开【描边路径】对话框，选择描边路径的方式，例如选择"画笔"，单击"确定"按钮，即可使用当前画笔以及前景色对路径进行描边，如图 12-22 所示。

图 12-22　描边路径

> ### 🚀 小贴士
>
> 描边路径时，用户可以选择多种工具，默认为画笔，当确定要使用画笔描边路径时，需要首先设置画笔各参数，例如画笔大小、硬度、笔尖、间距等参数，然后进行描边。

步骤 04 右击并选择【建立选区】命令，打开【建立选区】对话框，设置"羽化半径"参数，单击"确定"按钮，即可将路径转换为选区，如图 12-23 所示。

图 12-23　将路径转换为选区

> ### 🚀 知识拓展
>
> 在【路径】面板中可以对路径进行填充、描边以及转换、保存等操作。执行【窗口】/【路径】命令打开该面板，如图 12-24 所示。
>
>
> 扫一扫，看视频

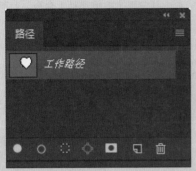

图 12-24 【路径】面板

单击面板下方的 "使用前景色填充路径"按钮，即可使用前景色填充路径；单击 "使用画笔描边路径"按钮，即可使用画笔描边路径；单击 "将路径作为选区载入"按钮，即可将路径转换为选区；单击 "从选区生成工作路径"按钮，将由路径转换的选区再次转换为路径。需要注意的是，在将选区转换为路径时，会有一个误差，为了减小误差，使转换后的路径与选区保持一致，可以单击【路径】面板右上方的 按钮，在打开的面板菜单中选择【建立工作路径】命令，在打开的【建立工作路径】对话框的"容差"输入框中输入容差值，如图 12-25 所示。

图 12-25 【建立工作路径】对话框

容差值越大，转换后的路径与选区之间的误差就越大，反之越小。图 12-26 所示分别是"容差"为 0.5 和 5 时的转换效果。

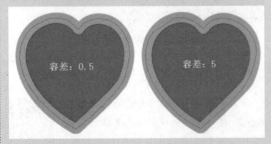

图 12-26 将选区转换为路径

✎ 练一练

在实际工作中，路径除绘制图形外，还可以用于选择复杂的图像。打开"素材"/"红衣照片.jpg"素材文件，沿人物图像边缘绘制路径，并对路径进行填充与描边，如图 12-27 所示。

图 12-27 填充与描边路径

✎ 操作提示

（1）使用 "钢笔工具"沿人物边缘创建直线路径，使用 "转换点工具"沿人物图像边缘调整路径。

（2）对路径进行填充与描边。

12.3 绘制矢量图形

从 PS CS 版本开始，PS 就新增了绘制矢量图形的功能，使用该功能，用户可以方便地绘制矢量图形，例如圆形、矩形、椭圆以及多边形等。这一节学习相关知识。

12.3.1 绘制图形

扫一扫，看视频

绘制图形其实就是填充颜色，其颜色一般为前景色，用户可以绘制任意大小、任意形状的图形，同时还可以设置图形的混合模式、不透明度等。这一节以绘制矩形图形为例学习绘制图形的相关知识。

实例——绘制矩形图形

步骤 01 新建图像文件，激活 "矩形工具"，在选项栏中选择"像素"选项，同时设置其他相关选项，例如不透明度、模式等，如图 12-28 所示。

图 12-28 "矩形工具"选项栏

步骤 02 在图像上拖曳鼠标，绘制任意大小、不透明度以及模式的矩形图形，如图 12-29 所示。

图 12-29 绘制矩形图形

步骤 03 单击选项栏中的 ⚙ "设置其他路径和选项"按钮，在打开的对话框进行相关设置，以绘制特定矩形图形，如图 12-30 所示。

图 12-30 设置矩形图形的绘制类型

- "不受约束"：选中该选项，绘制任意大小的矩形图形或矩形路径以及形状。
- "方形"：选中该选项，可以绘制正方形的路径或形状。
- "固定大小"：选中该选项，在"W"和"H"数值框中设置固定的宽和高，绘制固定尺寸的矩形路径或形状。
- "比例"：选中该选项，在"W"和"H"数值框中设置宽和高的比例，绘制等比例尺寸的矩形路径或形状。
- "从中心"：选中该选项，鼠标落点是图形的中心点。

🚀 小贴士

除绘制矩形图形之外，PS CC 还提供了其他图形工具用于绘制其他图形，如图 12-31 所示。

图 12-31 图形工具

这些图形工具的使用方法基本相同，其设置也基本相似，读者可以自己尝试使用这些工具绘制图形，在此不再详述。

12.3.2 绘制形状

形状其实就是带有边框的图形，可以为该图形进行描边、设置描边颜色、宽度以及描边线型等，与图形不同的是，每一个形状都会自动生成一个带蒙版的特殊图层。

扫一扫，看视频

在图形工具选项栏选择"形状"选项，即可绘制形状，所有图形工具绘制形状的方法都相同。下面继续以"矩形工具"为例学习绘制形状的相关方法。

实例——绘制矩形形状

步骤 01 继续 12.3.1 小节的操作，在选项栏中选择"形状"选项，同时设置其他相关选项，如图 12-32 所示。

图 12-32 设置形状

步骤 02 在图像中拖曳鼠标，绘制任意大小的矩形形状，每一个形状都会生成一个形状图层，如图 12-33 所示。

图 12-33 绘制形状

步骤 03 激活形状所在图层，单击选项栏中的填充颜色块，在打开的颜色列表中选择形状的填充颜色，有颜色、渐变色、图案以及无填充等，如图 12-34 所示。

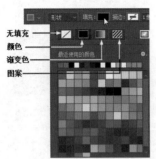

图 12-34　选择填充方式

步骤 04 单击 ◢ 按钮，形状无填充，分别单击颜色块、渐变色或图案按钮，使用颜色、渐变色或图案进行填充，如图 12-35 所示。

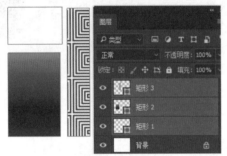

图 12-35　填充图形

步骤 05 系统默认设置下，形状不描边，单击 ▱ "形状描边类型"按钮，在打开的对话框中选择描边类型，可以选择颜色、渐变色以及图案进行描边，其操作与填充操作相同，如图 12-36 所示。

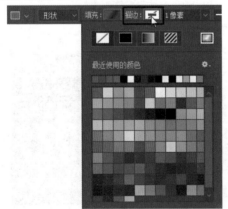

图 12-36　选择描边类型

步骤 06 在"宽度"列表中设置描边的宽度，单击 ▬ 按钮，设置描边的线型，设置完成后对形状进行描边，如图 12-37 所示。

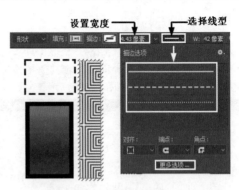

图 12-37　形状描边

步骤 07 单击 更多选项... 按钮打开【描边】对话框，对描边内容进行更多的设置，如图 12-38 所示。

图 12-38　设置【描边】对话框

🚀 **小贴士**

　　除使用图形工具绘制图形和形状之外，在 ◢ "钢笔工具"、 ◢ "自由钢笔工具"以及 ◢ "弯曲钢笔工具"选项栏中选择"形状"选项，也可以绘制形状，方法与绘制路径的方法相同，在此不再赘述。另外，绘制形状后，用户可以使用路径编辑工具对形状的边框进行编辑，编辑时出现如图 12-39 所示的询问框。

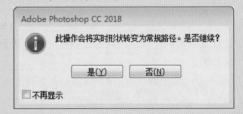

图 12-39　询问框

　　单击 是(Y) 按钮将形状转换为常规路径，然后就可以像编辑路径那样编辑形状了，如图 12-40 所示。

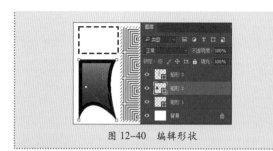

图 12-40　编辑形状

12.4 创建文本

文本是 PS CC 的重要组成部分，使用文本工具可以在图像中创建文本，并对文本进行排版、编辑等操作，以满足图像的设计需要。在前面章节的学习中，已经接触和使用过文本，这一节就来系统地学习创建文本的相关知识。

12.4.1　认识文本工具

与其他版本相同，PS CC 仍然提供了4 种文本工具，分别是 T "横排文字工具"、↓T "直排文字工具"、T "横排文字蒙版工具"以及 T "直排文字蒙版工具"，如图 12-41 所示。

扫一扫，看视频

图 12-41　文字工具

- T "横排文字工具"：输入横排的文本内容。
- ↓T "直排文字工具"：输入直排的文本内容。
- T "横排文字蒙版工具"：输入横排的文字蒙版，可以向蒙版中填充颜色、图案等，形成特殊的文字效果。
- T "直排文字蒙版工具"：输入直排的文字蒙版，可以向蒙版中填充颜色、图案等，形成特殊的文字效果。

12.4.2　输入文本

使用以上几种文本工具输入文本的操作基本相同，这一节以 T "横排文字工具"和 T "横排文字蒙版工具"为例学习输入文本的相关方法。

扫一扫，看视频

实例——输入文本

1. 输入文本

步骤 01 新建图像文件，激活工具箱中的 T "横排文字工具"，在图像中单击出现闪动的光标，此时输入"横排文本"内容，同时在【图层】面板中自动建立"图层 1"，如图 12-42 所示。

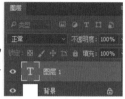

图 12-42　输入文本

步骤 02 单击 T "横排文字工具"选项栏中的 ✓ 按钮确认，此时，"图层 1"自动更名为以文字内容命名的文字层，如图 12-43 所示。

图 12-43　命名文字层

> 🚀 **小贴士**
>
> 在使用 T "横排文字工具"和 T "直排文字工具"输入文本时，系统会自动建立一个图层，当输入完文本后，该图层会转换为以文字内容命名的文本层。

2. 输入文字蒙版

步骤 01 新建图层 1，激活 T "横排文字蒙版工具"，在图像上单击出现闪动的光标，此时输入"横排文字蒙版"内容，如图 12-44 所示。

图 12-44　建立文字蒙版

步骤 02 单击选项栏中的 ✓ 按钮确认，此时，图像中出现了"横排文字蒙版"的文字选区，如图 12-45 所示。

图 12-45　建立文字选区

小贴士

与 T "横排文字工具"不同，当使用 "横排文字蒙版工具"与 "直排文字蒙版工具"输入文字蒙版时，系统不会自动建立图层，因此，在输入前，需要新建一个图层。

12.4.3　编辑文本

用户可以对输入的文本进行编辑，包括设置字体、大小、颜色以及文字变形等。下面通过具体实例学习相关知识。

扫一扫，看视频

实例——编辑文本

1. 编辑文本

步骤 01 继续 12.4.2 小节的操作。激活 T "横排文字工具"，在图像中的"横排文本"上拖曳鼠标使文字反白，在选项栏选择字体、修改字号、设置文字颜色等，如图 12-46 所示。

选择字体　　　　设置颜色

设置字号

图 12-46　编辑文本

步骤 02 设置完成后，单击选项栏中的 ✓ 按钮确认，文字被修改，效果如图 12-47 所示。

图 12-47　文本编辑结果

2. 编辑文本蒙版

文字蒙版不能进行编辑，因此，在输入文字蒙版之前，在选项栏中设置字体与字号，然后再输入文字蒙版即可。

知识拓展

除在选项栏编辑文本外，用户还可以在【字符】面板中对文本进行编辑，执行【窗口】/【字符】命令打开【字符】面板，在该面板中可以对文本进行更多的编辑，如图 12-48 所示。

扫一扫，看视频

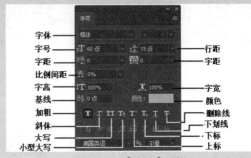

字体　　　　　　行距
字号　　　　　　字距
字距
比例间距
字高　　　　　　字宽
基线　　　　　　颜色
加粗　　　　　　删除线
斜体　　　　　　下划线
大写　　　　　　下标
小型大写　　　　上标

图 12-48　【字符】面板

在【字符】面板中编辑文字时，首先将要编辑的文字选中，然后在【字符】面板中设置参数进行编辑，结果如图 12-49 所示。

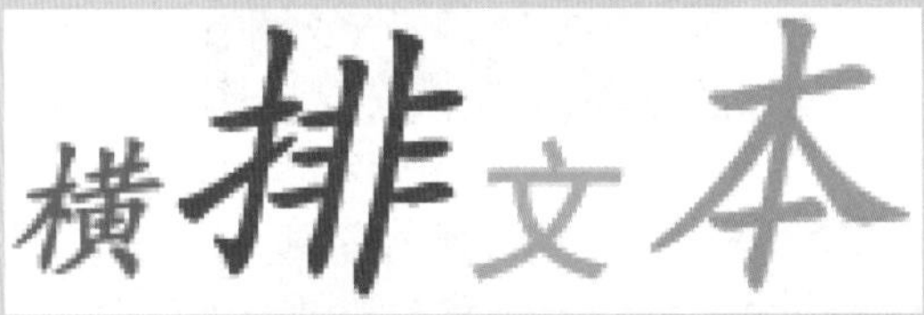

图 12-49　编辑文本

12.4.4　文字变形

PS CC 允许用户对文字进行变形操作，制作出不同变形效果的文字特效。需要注意的是，加粗的文字不能变形，变形时需要取消加粗。下面通过具体实例学习相关知识。

扫一扫，看视频

实例——文字变形

步骤 01 使用 T "横排文字工具"输入"文字变形操作"的文字内容。

步骤 02 将文字选择，单击选项栏中的 按钮，打开【变形文字】对话框，在"样式"列表中选择一种样式，如图 12-50 所示。

图 12-50　文字变形样式

步骤 03 选择一种样式后，设置各参数对文字进行变形，相关设置比较简单，在此不再一一讲解，各变形效果如图 12-51 所示。

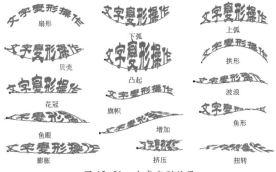

图 12-51　文字变形效果

◇ 练一练

制作如图 12-52 所示的特效文字。

图 12-52　特效文字

◇ 操作提示

（1）使用 [T] "横排文字工具"输入"特效文字"文本内容。

（2）打开【变形文字】对话框，选择"鱼形"变形类型进行变形。

（3）在文字层右击选择【栅格化】命令将文字层栅格化，然后按住 Ctrl 键单击载入文字选区，并填充渐变色。

（4）激活移动工具，按住 Ctrl+Alt 组合键的同时连续按向下、向左的方向键多次，对文字进行移动复制，最后向选区填充白色。

🚀 小贴士

使用 [T] "横排文字工具"输入文字时会自动建立文本层，文本层对文字有保护作用，在对文字进行其他编辑时需要将文本层栅格化为一般图层，这样才能进行其他编辑。

12.4.5　沿路径输入

可以沿一条路径输入文本，形成一种特殊的文本格式。下面通过具体实例学习相关知识。

扫一扫，看视频

实例——沿路径输入文本

步骤 01 在图像上绘制一个多边形路径，激活 [T] "横排文字工具"，选择合适的字体、颜色、大小等，将光标移动到多边形路径上，光标下方出现路径图标，如图 12-53 所示。

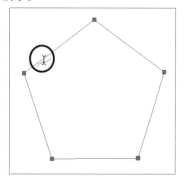

图 12-53　光标下方出现路径符号

步骤 02 单击，然后输入文字内容，此时文字会沿路径进行排列，效果如图 12-54 所示。

图 12-54　沿路径输入文字

步骤 03 激活 ↖ "转换点工具"对多边形路径进行调整，此时文字排列方式会依照路径的变化而变化，如图 12-55 所示。

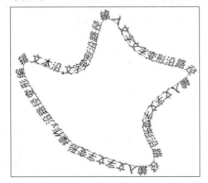

图 12-55　调整路径

✏️ 练一练

制作如图 12-56 所示的特效文字。

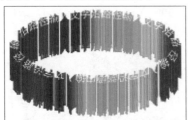

图 12-56　特效文字

✏️ 操作提示

（1）使用 ⬭ "椭圆工具"创建椭圆形路径，然后使用 T "横排文字工具"沿椭圆形路径输入文字内容。

（2）在文字层右击选择【栅格化】命令将文字层栅格化，然后按住 Ctrl 键单击载入文字选区，并填充渐变色。

（3）激活移动工具，按住 Ctrl+Alt 组合键的同时连续按向上的方向键多次，对文字进行移动复制，最后向选区填充白色。

12.5 综合练习——企业标志设计

企业标志是树立企业形象的主要视觉设计要素，这一节就利用路径与文字功能来为某企业设计一个标志，如图 12-57 所示。

图 12-57　企业标志

12.5.1　绘制标志的人物头像图形

扫一扫，看视频

该标志是由一个女性侧面头像和沿头像环绕的星星组成的，这一节首先来绘制人物头像图形。

步骤 01 新建名为"企业标志设计"的文件，并新建图层 1。

步骤 02 激活 ✐ "钢笔工具"，在其选项栏列表中选择"路径"选项，在图像中单击创建头像的基本路径，如图 12-58 所示。

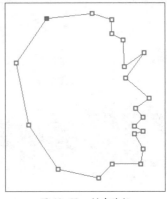

图 12-58　创建路径

步骤 03 激活 ⊵ "转换点工具"，移动光标到锚点上拖曳鼠标，拖出调节杆，对路径调整，调整出女性侧面头像路径，如图 12-59 所示。

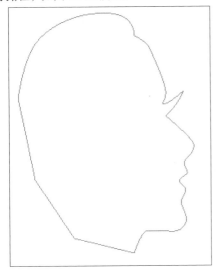

图 12-59　调整路径

步骤 04 设置前景色为天蓝色（R:0、G:138、B: 255），在路径上右击，选择【填充路径】命令，使用前景色填充路径，效果如图 12-60 所示。

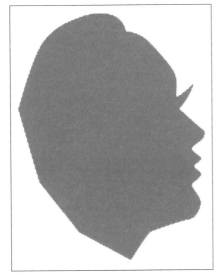

图 12-60　填充路径

步骤 05 激活 ○ "椭圆工具"，设置绘图类型为 "路径"，并设置绘图比例为 1：1，在头像图形上绘制圆形路径，如图 12-61 所示。

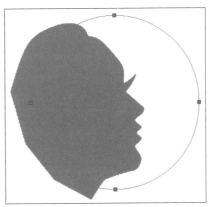

图 12-61　绘制圆形路径

步骤 06 在路径上右击，选择【建立选区】命令打开【建立选区】对话框，设置 "羽化半径" 为 0，单击 "确定" 按钮建立路径选区，如图 12-62 所示。

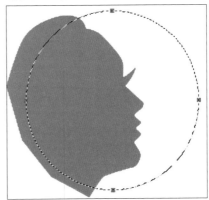

图 12-62　建立路径选区

步骤 07 执行【选择】/【反选】命令将选区翻转，按 Delete 键删除人物头像多余部分，效果如图 12-63 所示。

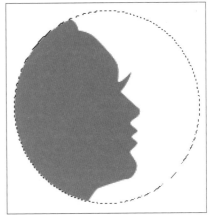

图 12-63　反选并删除

12.5.2 绘制星星图形并输入文字

标志中的女性侧面头像图形绘制完毕后，下面来创建沿头像环绕的星星图形，并输入标志相关文字，完成标志的设计。

扫一扫，看视频

步骤 01 执行【选择】/【反选】命令将选区翻转，执行【选择】/【变换选区】命令为选区添加自由变换框，将选区缩小 85%，按 Delete 键确认，如图 12-64 所示。

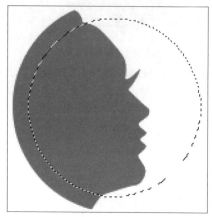

图 12-64　变换选区

步骤 02 打开【路径】面板，单击【路径】面板右上方的 按钮，选择【建立工作路径】命令，打开【建立工作路径】对话框，设置"容差"为 0.5 像素，如图 12-65 所示。

图 12-65　设置容差

步骤 03 单击"确定"按钮将选区转换为路径，然后设置前景色为红色（R:255、G:0、B:0），激活 **T** "横排文字工具"，设置字号为 16 点，在头像额头位置的路径上单击并输入"五角星"字样，在字符中选择五角星图案，如图 12-66 所示。

步骤 04 按 Space 键 1 次，继续输入"五角星"字样并选择五角星图案，依此方法沿路径输入五角星图案，效果如图 12-67 所示。

图 12-66　输入五角星图案

图 12-67　输入五角星图案的效果

步骤 05 设置前景色为蓝色（R:0、G:138、B:255），选择圆形路径，按 Ctrl+T 组合键，使用自由变换工具将路径缩小 80%，如图 12-68 所示。

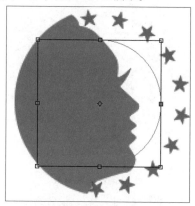

图 12-68　调整路径大小

步骤 06 激活 **T** "横排文字工具"，设置字号为 12，在头像额头位置的路径上单击并输入

"yuesaoxinxizixungongsi"字样，完成该标志的设计，效果如图 12-69 所示。

图 12-69　沿路径输入文字

步骤 07 至此，标志设计完成，将该标志图形保存为"综合练习——企业标志设计 .psd"文件。

12.6 职场实战——房地产广告设计

房地产广告主要是以现房销售、楼盘开盘、楼盘预售等为目的所进行的广告设计，这类广告大多属于长期广告，广告发布时间较长。这一节制作一款房地产广告，效果如图 12-70 所示。

图 12-70　房地产广告

12.6.1　制作广告背景图像

这一小节来制作广告背景图像。

步骤 01 执行【新建】命令，新建"宽度"为 20 厘米，"高度"为 13 厘米，"分辨率"为 300 像素 / 英寸，图像背景色为白色（R:255、G:255、B:255）的图像文件。

扫一扫，看视频

步骤 02 打开"素材"/"房产 .jpg"素材文件，激活"圆形选框工具"，设置其"羽化"为 10 像素，按

住 Alt+Shift 组合键在图像中创建圆形选区，将楼体图像选中，如图 12-71 所示。

图 12-71　选中图像

步骤 03 执行【编辑】/【拷贝】命令将图像拷贝，然后按 Ctrl+D 组合键取消选区。

步骤 04 设置前景色为绿色（R:1、G:77、B:1），背景色为白色（R:255、G:255、B:255），执行【滤镜】/【素描】/【影印】命令，打开【影印滤镜】对话框，设置"细节"为 1，"暗度"为 50，单击"确定"按钮，对图像进行影印滤镜处理，结果如图 12-72 所示。

图 12-72　影印效果

步骤 05 将处理后的图像拖到新建文件中生成图层 1，按 Ctrl+T 组合键为图层 1 添加自由变换框，使用自由变换框将该图像等比例缩小 52%，并将其移动到图像右下方位置，如图 12-73 所示。

图 12-73　拖入图像

步骤 06 打开"素材"/"眼睛 .jpg"素材文件，将该

图像拖到当前图像左边位置，生成图层 2，如图 12-74 所示。

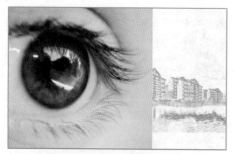

图 12-74　添加眼睛图像

步骤 07 激活 "圆形选框工具"，设置其"羽化"为 10 像素，按住 Alt+Shift 组合键在眼睛位置创建圆形选择区，执行【编辑】/【选择性粘贴】/【贴入】命令，将步骤 3 的图像贴入选区生成图层 3，如图 12-75 所示。

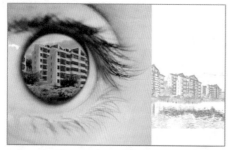

图 12-75　粘贴图像

步骤 08 在【图层】面板中设置图层 3 的混合模式为"叠加"模式，使其与眼睛图像进行融合，效果如图 12-76 所示。

图 12-76　叠加混合模式效果

步骤 09 将图层 3 合并到图层 2，然后单击【图层】面板下方的 "添加图层蒙版"按钮为图层 2 添加图层蒙版。

步骤 10 激活 "渐变工具"，设置黑色（R:0、G:0、B:0）至白色（R:255、G:255、B:255）的渐变色，并选择 "线性"渐变方式，在图层 2 中由右向左拖曳鼠标，使用渐变色编辑蒙版，使该眼睛图像与背景图像融合，结果如图 12-77 所示。

图 12-77　蒙版编辑效果

12.6.2　输入广告语

扫一扫，看视频

这一小节的操作比较简单，根据广告画面版式以及广告宣传的需要，选择不同的字体，设置不同的文字大小，在画面合适位置输入相关广告语，完成该方案的制作。其最终效果如图 12-78 所示。

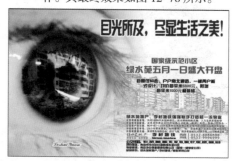

图 12-78　输入广告语

最后将该图像效果存储为"职场实战——房地产广告设计 .psd"图像。

Chapter
13
第 13 章

通道与蒙版

本章导读

在 PS CC 中，通道是一切位图图像的颜色基础，在图像颜色处理与图像设计中的作用非常重要，而蒙版也是编辑图像不可缺少的重要工具。这一章学习通道与蒙版的相关知识。

本章主要内容如下

- 认识通道
- 通道的作用
- 通道的操作
- 快速蒙版
- 综合练习——制作铜板錾刻画
- 职场实战——人物照片美颜

13.1 认识通道

在 PS CC 中，通道就像印刷术中彩色网片的重叠效果，用于存储图像的颜色信息，不同色彩模式的图像，采用不同数量的通道来记录该图像的颜色信息，每个单色通道都记录着单色的灰度资料，将这些通道重叠起来，就是一个全彩色的图像。

在 PS CC 中，有 3 种类型的通道，分别是内建通道、Alpha 通道和专色通道，所有通道的运作过程都是在【通道】面板中进行的。这一节首先来认识通道。

13.1.1 内建通道

内建通道是图像自带的通道，不同色彩模式的图像，其内建通道是不一样的。下面来认识这些内建通道。

扫一扫，看视频

1. RGB 模式图像

RGB 色彩模式的图像有 4 个通道，分别是 RGB、红、绿、蓝。其中，RGB 通道代表其他 3 个通道重叠在一起的总和，也叫综合颜色通道，而红、绿和蓝 3 个通道分别代表红色通道、绿色通道和蓝色通道，如图 13-1 所示。

图 13-1　RGB 模式图像及其通道

2. 位图模式图像

位图模式的图像只有黑色和白色两种颜色，因此，这种模式的图像只有一个位图通道，如图 13-2 所示。

图 13-2　位图模式图像及其通道

3. 灰度模式图像

灰度模式图像也只有黑白两色，因此该图像也只有一个灰度通道，如图 13-3 所示。

图 13-3　灰度模式图像及其通道

4. CMYK 模式图像

CMYK 模式图像有 4 色，因此这种图像有 5 个通道，分别为 CMYK、青色、洋红、黄色和黑色，其中 CMYK 通道代表其他 4 个通道重叠在一起的总和，也叫综合颜色通道，而青色、洋红、黄色和黑色 4 个通道分别代表青色颜色通道、洋红颜色通道、黄色颜色通道和黑色通道，如图 13-4 所示。

图 13-4　CMYK 模式图像及其通道

5. Lab 模式图像

Lab 模式的图像由 4 个通道组成，一个是"明度"通道，两个是色彩通道，用 a 和 b 来表示。a 通道包括的颜色是从深绿色（低亮度值）到灰色（中亮度值）再到亮粉红色（高亮度值）；b 通道则是从亮蓝色（低亮度值）到灰色（中亮度值）再到黄色（高亮度值）。因此，这种色彩混合后将产生明亮的色彩。而 Lab 通道则是这 3 个通道的总和，如图 13-5 所示。

图 13-5　Lab 模式图像及其通道

13.1.2　Alpha 通道

　　Alpha 通道是用户新建的一种通道，一般主要用来编辑图像，例如存储图像选区、调整图像颜色等。Alpha 通道以"Alpha"命名，系统默认为"Alpha 1""Alpha 2"等。下面通过一个简单的实例学习新建 Alpha 通道的方法。

扫一扫，看视频

实例——新建 Alpha 通道

步骤 01 打开"素材"/"红衣照片 .jpg"素材文件，执行【窗口】/【通道】命令打开【通道】面板，如图 13-6 所示。

图 13-6　图像与【通道】面板

步骤 02 单击【通道】面板上的 ⊡ "创建新通道"按钮，即可新建名为"Alpha 1"的通道，如图 13-7 所示。

图 13-7　新建 Alpha 通道

步骤 03 继续单击该按钮，新建更多 Alpha 通道，如图 13-8 所示。

图 13-8　新建更多 Alpha 通道

　　单击【通道】面板右上角的 ≡ 按钮，在打开的面板菜单中选择【新建通道】命令，如图 13-9 所示。

图 13-9　面板菜单

　　此时弹出【新建通道】对话框，如图 13-10 所示。

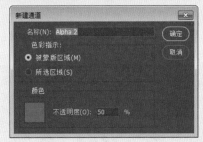

图 13-10　【新建通道】对话框

　　在"名称"输入框中输入通道名称，选择"被蒙版区域"选项将创建一个以黑色填充的通道，选择"所选区域"选项则创建一个以白色填充的通道，单击"确定"按钮，创建 Alpha 通道，如图 13-11 所示。

图 13-11　创建 Alpha 通道

13.1.3　专色通道

　　专色通道也是用户新建的一种通道，这种通道专门用于放置一种印刷颜色，用于输出时所需的一种专用颜色。下面通过

扫一扫，看视频

简单的实例学习新建专色通道的方法。

实例——新建专色通道

步骤 01 继续 13.1.2 小节的操作。单击【通道】面板右上角的 ▼≣ 按钮，选择【新建专色通道】命令，弹出【新建专色通道】对话框，如图 13-12 所示。

图 13-12 【新建专色通道】对话框

步骤 02 在"名称"输入框中输入专色名称，以便应用程序识别；单击颜色按钮，在打开的【选择专色】对话框设置专色颜色；在"密度"输入框中设置油墨浓度，数值越大表示专色浓度越大，专色将会覆盖原图像颜色；设置完成单击"确定"按钮，建立专色通道，如图 13-13 所示。

图 13-13 新建专色通道

13.2 通道的作用

这一节来了解通道在图像处理中的作用。

13.2.1 内建通道的作用

前面讲过，内建通道是图像自带的通道，用于存储图像的色彩信息。下面以RGB 颜色模式的图像为例了解内建通道在图像中的作用。

扫一扫，看视频

实例——了解内建通道的作用

步骤 01 继续 13.1.3 小节的操作，单击"绿"通道前面的 ◉ 图标将该通道关闭，此时发现图像只显示蓝色和红色颜色信息，同时 RGB 颜色通道也自动关闭，如图 13-14 所示。

图 13-14 关闭"绿"通道

步骤 02 打开"绿"通道，并单击"红"通道前面的 ◉ 图标将该通道关闭，此时图像只显示蓝色和绿色的颜色信息，同时 RGB 颜色通道也自动关闭，如图 13-15 所示。

图 13-15 关闭"红"通道

步骤 03 打开"红"通道，并单击"蓝"通道前面的 ◉ 图标将该通道关闭，此时图像只显示红色和绿色的颜色信息，同时 RGB 颜色通道也自动关闭，如图 13-16 所示。

图 13-16 关闭"蓝"通道

步骤 04 继续关闭"绿"通道，只保留"红"通道，发现图像只显示灰度颜色，同时 RGB 颜色通道也自动关闭，如图 13-17 所示。

图 13-17 关闭"绿"和"蓝"通道

通过以上操作我们发现，当隐藏某一个通道后，图像将显示其他通道的颜色效果，由此说明，通道就是存储图像的颜色信息，不管调整哪一个通道，都会影响图像的颜色效果。

13.2.2 通过内建通道调整图像

通过前面的实例操作我们知道，内建通道是影响图像颜色效果的主要因素，这一节就通过具体实例学习通过内建通道调整图像的相关知识。

扫一扫，看视频

实例——通过内建通道调整图像效果

步骤 01 打开"素材"/"海边风景02.jpg"素材文件，该图像色彩灰暗、模糊，如图 13-18 所示。下面利用通道对图像进行处理。

图 13-18 打开的图像

步骤 02 打开【通道】面板，单击"红"通道，执行【图像】/【调整】/【亮度/对比度】命令，设置"亮度"为 -20，"对比度"为 100，单击"确定"按钮，在"红"通道调整眼睛和嘴唇的亮度/对比度，如图 13-19 所示。

图 13-19 调整亮度/对比度

步骤 03 执行【滤镜】/【锐化】/【智能锐化】命令，设置"半径"为 2.5，"数量"为 130，单击"确定"按钮，在"红"通道对图像进行锐化处理，如图 13-20 所示。

图 13-20 锐化处理

步骤 04 激活"绿"通道，执行【亮度/对比度】命令，设置"亮度"为 0，"对比度"为 100，单击"确定"按钮，然后执行【智能锐化】命令进行锐化处理，参数设置与"红"通道设置相同，如图 13-21 所示。

图 13-21 处理"绿"通道

步骤 05 激活"蓝"通道，执行【亮度/对比度】命令，设置"亮度"为 35，"对比度"为 100，单击"确定"按钮，然后执行【智能锐化】命令进行锐化处理，参数设置与"红"通道设置相同，如图 13-22 所示。

图 13-22 处理"蓝"通道

步骤 06 单击 RGB 通道回到颜色通道，查看图像效果，发现原来灰蒙蒙的图像现出了亮丽的色彩，如图 13-23 所示。

图 13-23　图像处理结果

✎ 练一练

通道用于存储图像的颜色信息，调整通道就可以调整图像的颜色效果。打开"素材"/"阴雨天的海景.jpg"素材文件，通过调整各通道的亮度/对比度以调整图像，效果如图 13-24 所示。

（a）原图像　　　　（b）调整结果

图 13-24　原图像与调整结果比较

✎ 操作提示

（1）在【通道】面板中激活"红"通道，执行【亮度/对比度】命令，调整亮度与对比度。

（2）使用【亮度/对比度】命令分别调整"绿"通道和"蓝"通道的亮度/对比度，完成对图像的调整。

13.2.3　Alpha 通道的作用

Alpha 通道是用户新建的通道，该通道不仅可以存储图像选区，还可以制作图像特效。下面通过具体实例学习通过Alpha 通道制作特效的相关方法。

扫一扫，看视频

实例——利用 Alpha 通道制作图像特效

步骤 01 新建黑色背景的图像文件，打开"素材"/"蝴

蝶 .bmp"素材文件，这是一个索引颜色模式的图像，其蝴蝶颜色不够鲜艳，如图 13-25 所示。下面通过Alpha 通道使其颜色更鲜艳。

图 12-25　蝴蝶图像

步骤 02 执行【图像】/【模式】/【RGB】命令将其颜色模式转换为 RGB 颜色模式，然后使用 "魔棒工具"将蝴蝶图像选中。

步骤 03 按 Ctrl+C 组合键将蝴蝶图像复制，然后打开【通道】面板，单击 "将选区存储为通道"按钮将该选区保存在 Alpha 1 通道，如图 13-26 所示。

图 13-26　将选区保存在 Alpha 1 通道

步骤 04 单击 "创建新通道"按钮新建 Alpha 2 通道。按 Ctrl+V 组合键将复制的蝴蝶图像粘贴到 Alpha 2 通道，如图 13-27 所示。

图 13-27　粘贴图像到 Alpha 2 通道

步骤 05 按 Ctrl+D 组合键取消选区，回到 RGB 通道，

执行【图像】/【应用图像】命令打开【应用图像】对话框，在"通道"列表中选择"Alpha 2"通道，并设置"混合"为"颜色加深"，如图 13-28 所示。

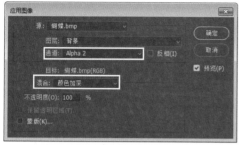

图 13-28 【应用图像】设置

步骤 06 单击"确定"按钮，发现蝴蝶颜色变鲜亮了，如图 13-29（a）所示。

（a）　　　　　　　（b）

图 13-29　应用图像效果

由以上操作可以看出，Alpha 通道不仅可以存储图像的选区，还可以编辑图像。

◆ 练一练

Alpha 通道用于存储图像的选区，同时对图像进行特效处理。打开"素材"/"照片 04.jpg"图像文件，通过 Alpha 通道结合【渲染】滤镜制作铜板画，效果如图 13-30 所示。

（a）　　　　　　　（b）

图 13-30　原图像与制作效果比较

◆ 操作提示

（1）执行【图像】/【调整】/【阈值】命令，对图

像进行处理。

（2）在【通道】面板中新建 Alpha 1 通道，执行【滤镜】/【杂色】/【添加杂色】命令，在 Alpha 1 通道添加杂色。

（3）回到 RGB 通道，执行【滤镜】/【渲染】/【光照效果】命令，在"纹理"列表中选择"Alpha 1"通道，并设置光照方式、颜色等其他参数，完成图像效果的处理。

13.2.4　专色通道的作用

扫一扫，看视频

一般情况下，四色印刷的元素只有 4 种颜色的网点，有许多颜色无法印出，必须使用一种专色。专色是指印刷时在印刷物上加上特殊色，如金、银色等。专色通道可以让用户直接在 PS CC 里输出这些专色，而不需要大费周折地另外制作灰度色阶的通道来制作专色效果。

有关专色通道的应用，在此不做详细讲解，对此感兴趣的读者可以参阅相关书籍。

13.3 通道的操作

在图像处理中，可以对通道进行操作以达到编辑图像的目的，例如复制通道、删除通道、分离通道、合并通道等。这一节学习相关知识。

13.3.1　复制与粘贴通道

可以对通道进行复制与粘贴。复制与粘贴通道时，既可以将同一幅图像中的某一个通道复制粘贴到其他通道或新建通道中，例如将红色通道复制粘贴到绿色通道；也可以将其他图像的某一个通道复制，然后粘贴到另一幅图像的一个通道中，例如将 A 图像的红色通道复制粘贴到 B 图像的绿色通道等，这些操作都会得到图像的特殊颜色效果。下面通过具体实例学习复制与粘贴通道的相关知识。

实例——复制与粘贴通道

步骤 01 打开"素材"/"背景.jpg"与"风景 05.jpg"素材文件，如图 13-31 所示。

（a） （b）

图 13-31 打开的图像文件

步骤 02 激活"背景.jpg"图像文件，按 Ctrl+A 组合键将图像选中，按 Ctrl+C 组合键将其复制。

步骤 03 激活"风景 05.jpg"素材文件，打开【通道】面板，激活"红"通道，按 Ctrl+V 组合键将复制的图像粘贴到该通道，如图 13-32 所示。

图 13-32 粘贴图像到通道

步骤 04 回到 RGB 通道，发现图像效果发生了变化，如图 13-33 所示。

（a） （b）

图 13-33 图像效果比较

练一练

也可以将某一个通道复制并粘贴到另一个图像的某一个通道中，继续前面的操作，将"背景.jpg"图像的蓝色通道复制并粘贴到"风景 05.jpg"图像文件的蓝色通道中，看看会发生什么。

操作提示

（1）激活"背景.jpg"图像文件的蓝色通道，将其复制。

（2）激活"风景 05.jpg"图像文件的蓝色通道，按 Ctrl+V 组合键将其粘贴到该通道。

13.3.2 分离与合并通道

扫一扫，看视频

可以将通道分离，分离后每一个通道都将成为一幅灰度图像，通道被分离后还可以再次合并。下面通过简单的实例学习分离与合并通道的相关知识。

实例——分离与合并通道

步骤 01 打开"素材"/"海边风景 02.jpg"素材文件，单击【通道】面板右上角的 ▤ 按钮，在打开的面板菜单中选择【分离通道】命令，如图 13-34 所示。

图 13-34 【分离通道】命令

步骤 02 此时将图像分离为 3 幅单通道的灰度图像，如图 13-35 所示。

图 13-35 分离后的单色图像

步骤 03 分别对这 3 幅图像使用【曲线】命令调整其亮度，将其亮度降低，然后在【通道】面板的面板菜单中选择【合并通道】命令打开【合并通道】对话框，如图 13-36 所示。

步骤 04 在"模式"列表中选择图像的合并模式，共有 4 种合并图像的模式供用户选择，分别是 RGB 颜色、CMYK 颜色、Lab 颜色和多通道模式，如图 13-37 所示。

图 13-36　【合并通道】对话框

图 13-37　选择合并模式

步骤 05 在"模式"列表中选择"RGB 颜色"模式，单击"确定"按钮，弹出【合并 RGB 通道】对话框，显示红、绿、蓝 3 个通道的图像，如图 13-38 所示。

图 13-38　【合并 RGB 通道】对话框

步骤 06 单击"确定"按钮，将红、绿、蓝 3 个通道的图像合并为 RGB 模式的一幅图像，效果如图 13-39 所示。

图 13-39　合并通道的结果

13.4　快速蒙版

在前面的章节中已经学习了图层蒙版，其实图层蒙版也是蒙版的一种，只是这种蒙版主要是作用于图层。下面学习的这种蒙版称为快速蒙版，之所以叫快速蒙版，是因为这种蒙版可以进行调整，当图像编辑完成之后，这种蒙版将自动消失。

13.4.1　了解并建立快速蒙版

在【通道】面板中保存的 Alpha 通道，其实就是一种蒙版。蒙版可以很清楚地划分出图像的可编辑（白色范围）与不可编辑（黑色范围）范围，从而让用户可以更灵活、更精细地编辑图像。下面通过具体实例学习建立快速蒙版的相关知识。

扫一扫，看视频

实例——建立快速蒙版

步骤 01 打开"素材"/"照片 16.jpg"图像文件，单击工具箱下方的 ◻ "以快速蒙版模式编辑"按钮，进入快速蒙版编辑模式。

步骤 02 此时发现【图层】面板中的图层显示红色，在【通道】面板中自动新建了名为"快速蒙版"的新通道，如图 13-40 所示。

图 13-40　进入快速蒙版编辑模式

步骤 03 激活 ✐ "画笔工具"，选择合适的画笔，在图像背景上沿人物图像边缘拖曳鼠标，向背景中填充红色，如图 13-41 所示。

图 13-41　填充红色

步骤 04 此时发现【通道】面板中的"快速蒙版"通道中填充红色的区域显示黑色，而未填充红色的区域显示白色，如图 13-42 所示。

图 13-42　快速蒙版通道显示效果

步骤 05 单击工具箱下方的 ⬛ "以标准模式编辑"按钮退出蒙版编辑模式，此时发现，未填充红色的人物图像区域出现了选区，而【通道】面板中的"快速蒙版"通道也消失了，如图 13-43 所示。

图 13-43　未填充区域出现选区

通过以上操作我们发现，建立快速蒙版其实就是建立选区，从而达到编辑图像的目的。需要说明的是，蒙版比选区更容易编辑，在快速蒙版编辑模式下，可以使用 🖌 "画笔工具"建立蒙版，使用 🩹 "橡皮擦工具"编辑蒙版，例如擦除不需要的蒙版区域，如图 13-44 所示。

图 13-44　编辑蒙版

13.4.2　设置与应用快速蒙版

扫一扫，看视频

　　用户既可以对快速蒙版进行设置，又可以利用蒙版编辑图像。下面通过具体实例学习设置与应用快速蒙版的相关知识。

实例——设置与应用快速蒙版

步骤 01 继续 13.4.1 小节的操作，双击工具箱下方的 ⬛ "以快速蒙版模式编辑"按钮，打开【快速蒙版选项】对话框，如图 13-45 所示。

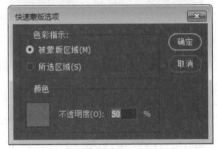

图 13-45　【快速蒙版选项】对话框

步骤 02 在该对话框中可以对快速蒙版进行相关设置，具体如下。

- "被蒙版区域"：系统默认的选项，选择该选项，编辑区域将被蒙蔽，取消蒙版后，该区域不可编辑。
- "所选区域"：选择该选项，未编辑区域将被蒙蔽，取消蒙版后，该区域不可编辑。
- "颜色"：设置蒙版颜色，默认为红色，该颜色与编辑效果无关。
- "不透明度"：设置蒙版的透明度，默认为 50%

步骤 03 选择"所选区域"选项，其他设置默认，然后确认并关闭该对话框，进入蒙版编辑模式，使用 🖌 "画笔工具"在人物图像上拖曳建立快速蒙版，如图 13-46 所示。

图 13-46　建立快速蒙版

步骤 04 单击工具箱下方的 ⬛ "以标准模式编辑"按钮退出蒙版编辑模式，然后执行【图像】/【调整】/

【阈值】命令，设置"阈值色阶"为 128，然后确认，图像效果如图 13-47 所示。

图 13-47　图像处理效果

通过以上操作再次证明，建立蒙版后，可以在编辑图像某一个区域时不会影响图像的其他区域，这与创建选区的作用是一样的。

13.5　综合练习——制作铜板錾刻画

通道在图像效果制作中非常关键，图像中的许多特效都要依靠通道来制作。这一节就来制作一幅铜板錾刻画效果，如图 13-48 所示。

图 13-48　铜板錾刻画

13.5.1　制作一个相框

这一小节制作一个相框。首先需要将画布增大，预留出制作相框的位置，然后使用渐变色制作出相框效果。

扫一扫，看视频

步骤 01 打开"素材"/"照片 04.jpg"素材文件，执行【图像】/【画布大小】命令，设置参数调整画布大小，如图 13-49 所示。

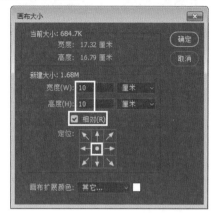

图 13-49　设置画布大小

步骤 02 单击"确定"按钮，将画布增加 10 厘米，如图 13-50 所示。

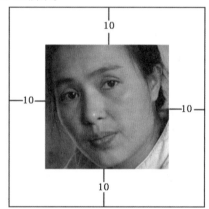

图 13-50　增大画布

步骤 03 按 F7 键打开【图层】面板，新建图层 1，激活 矩形选框工具"，设置"羽化"为 0 像素，在图像上方沿画布边缘与图像边缘创建矩形选区。

步骤 04 激活 "渐变工具"，选择系统预设的任意一种渐变色，然后设置渐变色颜色以及色标位置，如图 13-51 所示。

图 13-51　设置渐变色

步骤 05 选择"线性渐变"方式，在选区内垂直拉渐变色，效果如图 13-52 所示。

图 13-52 填充渐变色

步骤 06 按 Ctrl+D 组合键取消选区，按 Ctrl+J 组合键将图层 1 复制为图层 1 拷贝层，执行【编辑】/【变换】/【垂直翻转】命令，将图层 1 拷贝层垂直翻转，然后将其向下移动到图像下方位置，如图 13-53 所示。

图 13-53 复制并垂直翻转

步骤 07 将图层 1 拷贝层复制为图层 1 拷贝 2 和图层 1 拷贝 3，并将其逆时针翻转 90°，然后调整到图像两边位置，效果如图 13-54 所示。

步骤 08 激活 "多边形套索工具"，设置"羽化"为 0 像素，在图层 1 拷贝 2 渐变色的两端沿图像对角线创建选区，将两端多余的渐变色选中，如图 13-55 所示。

图 13-54 复制并调整位置

图 13-55 选择两端多余图像

步骤 09 按 Delete 键删除，将多余的渐变色删除，效果如图 13-56 所示。

步骤 10 使用相同的方法，将图层 1 拷贝 3 层上的渐变色两端多余的部分选中并删除，完成相框的制作，如图 13-57 所示。

图 13-56 删除多余部分

图 13-57　制作的相框

13.5.2　绘制铜板錾刻画效果

铜板錾刻画的重要特征是首先材质必须是铜板，其次要在铜板上制作出錾刻的纹理效果，这样才算是铜板錾刻画，要实现铜板质感和铜板錾刻画效果，就需要在通道中来调整图像，然后通过滤镜制作出铜板的质感和錾刻的纹理效果。

扫一扫，看视频

步骤 01 继续 13.5.1 小节的操作。按 Ctrl+E 组合键将相框与图像合并。

步骤 02 按 Ctrl+A 组合键将图像全部选中，按 Ctrl+C 组合键将其复制，然后执行【窗口】/【通道】命令打开【通道】面板，新建 Alpha 1 通道。

步骤 03 按 Ctrl+V 组合键将复制的图像粘贴到 Alpha 1 通道中，效果如图 13-58 所示。

图 13-58　粘贴图像到通道

步骤 04 执行【滤镜】/【像素化】/【点状化】命令，设置"单元格"大小为 5，单击"确定"按钮确认，在 Alpha 1 通道制作点状化效果，如图 13-59 所示。

步骤 05 单击 RGB 通道回到颜色通道，执行【滤镜】/【渲染】/【光照效果】命令，打开【光照效果】对话框，在"纹理"列表中选择 Alpha 1 通道，然后设置其他参

数，如图 13-60 所示。

图 13-59　制作点状化效果

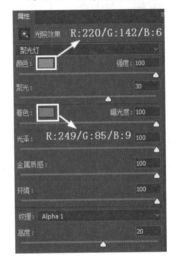

图 13-60　光照效果参数设置

步骤 06 单击"确定"按钮，制作出铜板錾刻画效果，如图 13-61 所示。

图 13-61　铜板錾刻画制作效果

小贴士

　　在制作铜板錾刻画的时候，铜板质感是依靠灯光颜色来完成的，而錾刻效果则需要 Alpha 1 通道来实现，因此，灯光颜色设置与选择 Alpha 1 作为纹理非常重要。

步骤 07 至此，铜板錾刻画制作完成，将该图像效果保存为"综合练习——制作铜板錾刻画 .psd"文件。

13.6 职场实战——人物照片美颜

　　拍摄人物照片时因为各种原因，往往会拍摄出一些色彩暗淡、人物皮肤粗糙、显老的照片，面对这样的照片往往令人沮丧。打开"素材"/"人物照片01.jpg"图像文件，这是一幅人物照片，照片中的女人皮肤粗糙、暗淡、略显年老，如图 13-62 所示。

图 13-62　原照片

　　这一节就来对这幅照片进行处理，使照片中的人物恢复年轻漂亮的风采，效果如图 13-63 所示。

图 13-63　处理后的照片效果

13.6.1 去除照片中的噪点

扫一扫，看视频

　　照片人物皮肤粗糙，人物显老，这往往是由于照片上的噪点太多造成的，通过对照片降噪，可以解决这一问题。这一节对照片进行降噪处理。

步骤 01 按 Ctrl+ 加号组合键将图像放大显示，发现该照片中噪点确实较多，如图 13-64 所示。下面就通过通道对其降噪。

图 13-64　照片放大效果

步骤 02 执行【窗口】/【通道】命令打开【通道】面板，分别进入"红""绿"和"蓝"通道，发现"蓝"通道与"绿"通道中人物脸部噪点较多，如图 13-65 所示。

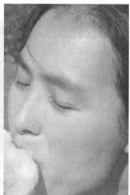

图 13-65　"蓝""绿"通道效果

步骤 03 按 Ctrl+J 组合键将背景层复制为背景副本层，然后进入"蓝"通道，执行【滤镜】/【模糊】/【表面模糊】命令，在打开的【表面模糊】对话框中设置"半径"为 10 像素,"阈值"为 15 色阶,单击"确定"按钮,对"蓝"通道进行模糊处理,效果如图 13-66 所示。

图 13-66 模糊处理"蓝"通道

步骤 04 依照相同的方法和参数设置,继续对"绿"通道进行表面模糊处理,处理后的效果如图 13-67 所示。

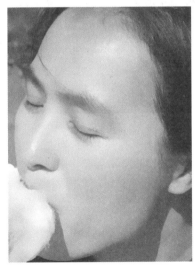

图 13-67 模糊处理"绿"通道

步骤 05 依照相同的方法和参数设置,对"红"通道也进行表面模糊处理,处理后的效果如图 13-68 所示。

步骤 06 单击"RGB"通道回到颜色通道,发现照片中的噪点基本没有了,人物皮肤变得光滑细嫩,如图 13-69 所示。

图 13-68 模糊处理"红"通道

图 13-69 降噪后的照片效果

13.6.2 处理照片清晰度与颜色

通过对照片降噪,使人物皮肤看起来很光滑细嫩,但模糊处理使得照片清晰度不足,尤其是棉花糖图像在模糊处理后比较模糊。下面对照片进行清晰化处理。

扫一扫,看视频

步骤 01 打开【通道】面板,并进入"红"通道,激活 "历史记录画笔工具",选择合适大小的画笔,在棉花糖图像上拖曳鼠标进行恢复。

步骤 02 进入"绿"通道和"蓝"通道,依照相同的方法对棉花糖进行恢复，效果如图 13-70 所示。

图 13-70　恢复棉花糖图像

步骤 03 单击"RGB"通道回到颜色通道，执行【滤镜】/【锐化】/【智能锐化】命令，设置"数量"为 200%，设置"半径"为 3 像素，如图 13-71 所示。

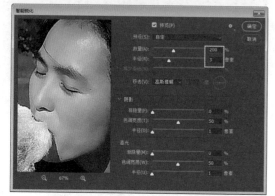

图 13-71　锐化参数设置

步骤 04 单击"确定"按钮，对照片进行清晰化处理，效果如图 13-72 所示。

步骤 05 按 Ctrl+J 组合键将图层 1 复制为图层 1 拷贝层，并设置其混合模式为"滤色"，"不透明度"为 30%，效果如图 13-73 所示。

图 13-72　清晰化处理效果

图 13-73　亮度处理

步骤 06 按 Ctrl+Shift+Alt+E 组合键盖印图层生成图层 2，单击【图层】面板下方的 "添加新的填充和调整图层"按钮，选择【通道混合器】命令，打开【属性】对话框。

步骤 07 在【通道混合器】对话框的"输出通道"列表中选择"绿"通道，然后调整"红色"的值为 -6%，其他设置默认，调整人物红润的肌肤效果，如图 13-74 所示。

图 13-74　调整照片颜色

步骤 08 至此，照片处理完毕，将该照片存储为"职场实战——人物照片美颜 .psd"图像。

Chapter 14

第 14 章

3D、动作与自动处理

本章导读

　　PS CC 中的 3D 功能，可以让用户很方便地从二维图中创建 3D 模型，而动作可以自动完成许多重复性的工作，减少用户的工作量。这一章学习 3D 功能与动作的相关知识。

本章主要内容如下

- 3D 基础知识
- 创建 3D 与网格模型
- 创建与编辑 3D 凸纹
- 应用动作功能
- 自动处理
- 综合练习——冰绿茶饮料广告设计
- 职场实战——"5.1" 促销海报设计

14.1 3D 基础知识

PS CC 的 3D 功能使用户可以实现由平面到 3D 的快速转换，能够设定 3D 的位置、编辑 3D 纹理和光照，以及从多个渲染模式中进行选择。

3D 文件包含"网格""材质"和"光源"等组件，这一节介绍 3D 文件的组件。

14.1.1 认识 3D 网格模型

扫一扫，看视频

网格模型是由成千上万个单独的多边形框架结构组成的线框，网格提供 3D 模型的底层结构，3D 网格模型通常至少包含一个或多个网格。

在 PS CC 中，用户可以在多种渲染模式下查看网格，还可以分别对每个网格进行操作，例如修改网格中实际的多边形、更改网格方向、通过沿不同坐标进行缩放以变换其形状等。另外，用户还可以通过使用预先提供的形状或转换现有的 2D 图层，创建自己的 3D 网格。图 14-1 所示为将一幅平面图像转换为 3D 帽子、圆环、圆球网格对象的效果。

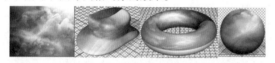
图 14-1　从平面图中创建 3D 模型

14.1.2 了解 3D 网格模型材质

扫一扫，看视频

如果说模型是骨架，那么材质就是皮肤，只有为模型赋予了皮肤，模型才会有生命力。在 PS CC 中，3D 网格模型可以有一种或多种相关的材质，这些材质控制整个网格的外观或局部网格的外观。依次构建于被称为纹理映射的子组件，纹理映射本身就是一种 2D 图像文件，它可以产生各种品质，例如颜色、图案、反光度或崎岖度。

PS CC 材质最多可使用 9 种不同的纹理映射来定义其整体外观。图 14-2 所示为帽子各表面设置的不同材质。

图 14-2　为模型设定不同材质

14.1.3 设置 3D 网格模型的光源

扫一扫，看视频

光源是空间物体显示的基础，如果没有光源，所有物体都不可见。在 PS CC 中，三维场景光源包括无限光、点测光、点光以及环绕场景的基于图像的光。用户可以移动和调整现有光照的颜色和强度，并且可以将新光照添加到 3D 场景中。图 14-3 所示为不同光源方向、颜色和强度照明下的帽子。

图 14-3　3D 模型的光源

14.2 创建 3D 与网格模型

PS CC 可以将 2D 图层作为起始点，生成各种基本的 3D 对象。例如，将 2D 图层转换到 3D 明信片中（具有 3D 属性的平面）；将 2D 图层围绕 3D 对象，如锥形、立方体或圆柱体等，通过 2D 图像中的灰度信息创建 3D 网格；通过在 3D 空间中凸出 2D 对象，模拟一种称为凸纹的金属加工技术；从多帧文件（如 DICOM 医学成像文件）生成 3D 体积等。这一节学习创建 3D 与网格模型的相关知识。

14.2.1 创建 3D 模型

扫一扫，看视频

用户可以从所选图层、路径以及选区创建 3D 模型。下面以"从所选图层创建 3D 模型"为例学习创建 3D 模型的相关知识。

实例——从所选图层创建 3D 模型

步骤 01 打开"素材"/"背景.jpg"素材文件，执行【3D】/【从所选图层创建 3D 模型】命令，此时 2D 图像转换为 3D 对象。

步骤 02 移动光标到图像的上、下、左、右 4 个角位置，光标显示 图标，此时按住鼠标拖曳旋转视图，如图 14-4 所示。

步骤 03 移动光标到坐标中心位置，上下拖曳鼠标，推拉镜头；移动光标到各坐标轴上拖曳，移动视图，如图 14-5 所示。

图 14-4　旋转视图

图 14-5　推拉镜头与移动

步骤 04 执行【窗口】/【属性】以及【3D】命令，打开这两个面板，为模型制作材质、设置灯光以及形状编辑等，如图 14-6 所示。

图 14-6　【属性】面板与【3D】面板

🚀 **小贴士**

激活 ✛ "移动工具"，在其选项栏的右侧显示 3D 模式的相关工具按钮，如图 14-7 所示。

图 14-7　3D 模式的相关工具

使用这些工具，可以对 3D 模型进行旋转、移动、滚动相机等操作。

步骤 05 设置完成后，在【图层】面板右击 3D 图层，选择相关命令，可以对 3D 图层进行导出、渲染以及

栅格化等操作。

🚀 **小贴士**

3D 模型材质的制作、灯光、形状设置以及渲染、导出、栅格化等相关操作，将在后面章节进行详细讲解。另外，【从所选路径新建 3D 模型】命令需要事先创建闭合路径，然后系统会根据路径形状创建一个 3D 模型，而【从当前选区新建 3D 模型】命令则是需要创建一个选区，然后从选区创建一个 3D 模型，这些操作与【从所选图层新建 3D 模型】的操作完全相同，在此不再赘述。

14.2.2　创建明信片网格

用户可以从 2D 图层中创建 3D 明信片，从而创建显示阴影和反射（来自场景中其他对象）的表面效果。下面通过具体实例学习创建明信片网格的相关知识。

扫一扫，看视频

实例——创建明信片网格

步骤 01 打开"素材"/"女孩 .jpg"素材文件。

步骤 02 执行【3D】/【从图层新建网格】/【明信片】命令，此时 2D 图像转换为 3D 网格。

步骤 03 依照 14.2.1 小节调整 3D 模型的方法，对明信片网格进行旋转、移动等操作，效果如图 14-8 所示。

图 14-8　调整明信片

步骤 04 打开【属性】面板与【3D】面板，在【3D】面板上单击 "滤镜:整个场景"按钮，进入"场景"选项，在【属性】对话框中激活 "场景"按钮，在"预设"列表中选择一种系统预设，例如选择"素描草"，此时明信片效果如图 14-9 所示。

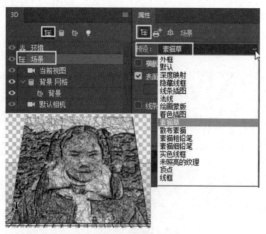

图 14-9　选择场景预设

步骤 05 在【3D】面板中激活 "滤镜：材质" 按钮，在【属性】面板中选择一种材质，并设置材质相关参数，如图 14-10 所示。

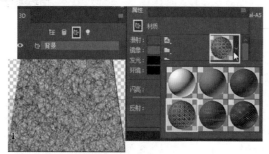

图 14-10　选择材质

步骤 06 设置完成后，在【图层】面板中右击网格明信片图层，选择相关命令，可以将网格明信片进行导出、渲染以及栅格化等操作。

14.2.3　创建网格预设

网格预设是系统预设的一些 3D 模型，这些网格包括圆环、球面或帽子等单一网格对象，以及锥形、立方体、圆柱体、易拉罐或酒瓶等多网格对象。下面通过具体实例学习通过网格预设创建 3D 网格的方法。

扫一扫，看视频

实例——创建网格预设

步骤 01 打开 "素材" / "人物照片 01.jpg" 素材文件，执行【3D】/【从图层新建网格】/【网格预设】命令，在其子菜单中包含多个网格，如图 14-11 所示。

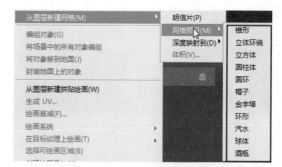

图 14-11　【网格预设】子菜单

步骤 02 选择【汽水】命令，2D 图层转换为【图层】面板中的 3D 图层，原始 2D 图层作为 "漫射" 纹理映射显示在【图层】面板中，它可用于新 3D 对象的一个或多个表面，其他表面可能会指定具有默认颜色设置的默认 "漫射" 纹理映射，如图 14-12 所示。

图 14-12　创建 3D 网格

步骤 03 可以在【3D】面板和【属性】面板中对 3D 网格进行场景、材质、灯光等设置，效果如图 14-13 所示。

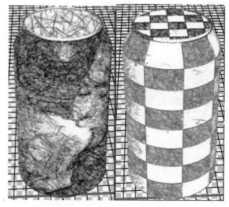

图 14-13　设置场景与材质

步骤 04 分别选择其他预设，创建其他 3D 网格模型，这些预设的创建方法都相同，在此不再一一讲解。图 14-14 所示是常见的几种预设。

图 14-14　几种常见的预设效果

步骤 05 创建完成后，将 3D 图层以 3D 文件格式导出，或格式化后以 PSD 格式存储，以保留新 3D 内容。

14.2.4　深度映射

【深度映射到】命令可将图像根据颜色明度值不同转换为深度不一的表面。较亮的值生成表面上凸起的区域，较暗的值生成凹下的区域，从而将深度映射应用于 4 个可能的几何形状中的一个，以创建 3D 模型。

扫一扫，看视频

在菜单栏的【3D】/【从图层新建网格】/【深度映射到】菜单下有一组菜单命令，执行相关命令即可将图像进行深度映射，以创建 3D 模型，如图 14-15 所示。

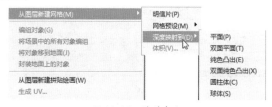

图 14-15　菜单命令

下面通过一个简单的实例操作学习【深度映射到】命令的相关操作知识。

实例——深度映射

步骤 01 继续 14.2.3 小节的操作，执行【3D】/【从图层新建网格】/【深度映射到】/【平面】命令，此时可将图像深度映射到平面表面，如图 14-16 所示。

步骤 02 将模型沿 X 轴旋转，调整模型的透视，查看效果，如图 14-17 所示。

图 14-16　深度映射到平面效果

图 14-17　调整透视效果

步骤 03 分别执行其他相关命令，创建其他深度映射效果，如图 14-18 所示。

图 14-18　其他深度映射效果

14.3 创建与编辑 3D 凸纹

凸纹是指一种金属加工技术，在该技术中通过对对象表面朝相反方向进行锻造，来对对象表面进行塑形和添加图案。在 PS CC 中，可以将 2D 对象转换到 3D 网格中，使用户可以在 3D 空间中精确地进行凸出、膨胀和调整位置。创建 3D 凸纹的对象包括文本图层、选区、图层蒙版以及所选路径等。这一节学习创建 3D 凸纹的相关知识。

14.3.1 创建 3D 凸纹

下面以创建 3D 文本凸纹为例学习创建 3D 凸纹的方法和技巧。

实例——创建 3D 凸纹

扫一扫，看视频

步骤 01 新建一个图像文件，输入"凸纹"文字内容，然后将文本图层栅格化。

步骤 02 打开【3D】面板，在"源"列表中选择"选中的图层"选项，然后选择"3D 模型"选项，单击 创建 按钮创建三维模型，效果如图 14-19 所示。

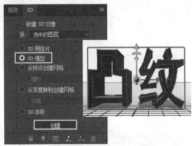

图 14-19 创建 3D 凸纹

步骤 03 在【3D】面板中激活 "整个场景"按钮，双击"凸纹前膨胀材质"选项打开【属性】面板，选择一种材质，例如选择砖块纹理材质，如图 14-20 所示。

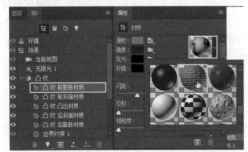

图 14-20 在【属性】面板中选择纹理材质

步骤 04 设置漫射、镜像、发光以及环境的颜色，并在下方选项设置该纹理材质的各属性，此时"凸纹"文字效果如图 14-21 所示。

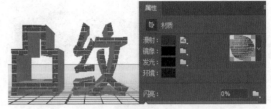

图 14-21 设置膨胀材质

🚀 小贴士

单击各选项右侧的 按钮，在弹出的列表中选择相关选项，可以载入一个图像文件作为纹理，或者对现有纹理进行编辑等操作。如果选择【编辑纹理】选项，则会将该纹理以文件的形式打开，然后对纹理进行编辑。

步骤 05 在 "移动工具"选项栏的右侧激活 "环绕移动 3D 相机"按钮，调整 3D 相机以方便观察文字效果。

步骤 06 在【3D】面板中选择"场景"选项，在【属性】面板的"预设"列表中选择一种预设，例如选择"线条插图"预设，调整场景的表面样式，如图 14-22 所示。

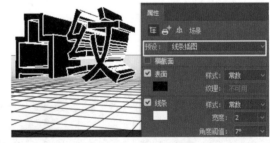

图 14-22 设置 3D 场景

步骤 07 在【3D】面板中选择"凸纹"选项，在【属性】面板中单击 "变形"按钮进入变形面板，在"形状预设"列表中选择一种预设，并设置"凸出深度""扭转"以及"锥度"参数进行变形，如图 14-23 所示。

步骤 08 在"形状预设"列表中分别选择其他形状，并设置材质以及其他设置，制作文本的凸纹效果。

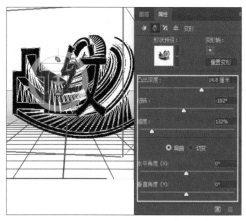

图 14-23　设置形状以及深度

14.3.2　编辑 3D 凸纹

默认情况下，3D 凸纹效果可以创建多种材质的单个网格。如果要单独控制不同的元素（如文本字符串中的每个字母），用户可以为每个闭合路径创建单独的网格。需要注意的是，如果存在大量的闭合路径，则产生的网格可能会创建难以编辑的高度复杂的 3D 场景。下面通过具体实例学习编辑 3D 凸纹的相关知识。

扫一扫，看视频

实例——编辑 3D 凸纹

步骤 01 继续 14.3.1 小节的操作，执行【3D】/【拆分凸出】命令，此时弹出警告对话框，如图 14-24 所示。

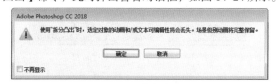

图 14-24　警告对话框

步骤 02 单击"确定"按钮确认将其拆分，打开【3D】面板，单击 "滤镜:网格"按钮，此时会发现文本字符串中的每个字母都被分开了，如图 14-25 所示。

步骤 03 单击 "滤镜:材质"按钮进入材质对话框，查看各字符串的材质以及其他设置，如图 14-26 所示。

步骤 04 在材质对话框下面对各字符串的凸起纹理进行调整，效果如图 14-27 所示。

图 14-25　拆分文字

图 14-26　查看材质

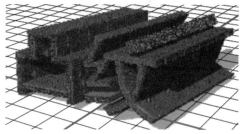

图 14-27　调整凸起纹理

小贴士

除可以在选定图层上创建 3D 凸纹外，还可以创建 3D 选区凸纹、3D 图层蒙版凸纹以及 3D 路径凸纹等，这些创建方法与创建 3D 文本凸纹的方法相同，在此不再一一讲解，大家可以尝试操作。

14.3.3　渲染 3D 文件

当用户制作好 3D 效果之后，可以将 3D 效果进行渲染并进行栅格化等操作，渲染时可以进行渲染设置，渲染设置决定如何绘制 3D 模型。PS CC 会安装许多带有常见设置的预设。自定设置以创建自己的预设。需要说明的是，渲染设置是图层特定的，如果文档包含多个 3D 图层，请为每个图层分别指定渲染设置。这一节通过具体实例学习 3D 渲染的相关知识。

扫一扫，看视频

实例——渲染 3D 文件

步骤 01 继续 14.3.2 小节的操作，在【3D】面板中选择"场景"选项，在【属性】面板中可以进行渲染的设置，系统预设下渲染设置为"表面"渲染，即显示模型的可见表面以及制作的材质等，如图 14-28 所示。

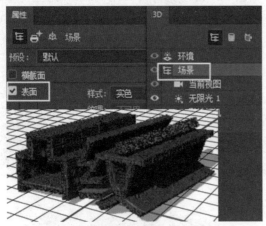

图 14-28 【3D】面板与【属性】面板

步骤 02 用户可以根据具体需要设置渲染内容，其中"线框"和"顶点"预设会显示底层结构，如图 14-29 所示。

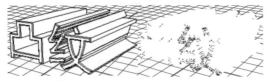

图 14-29 "线框"和"顶点"预设

步骤 03 用户可以在"预设"列表以及"样式"列表中进行其他相关设置，设置好渲染选项后，单击【3D】面板下方的 ◙ "渲染"按钮，即可对场景进行渲染。

步骤 04 渲染使用光线跟踪和更高的取样速率以捕捉更逼真的光照和阴影效果，渲染时可能需要一点时间，具体取决于 3D 场景中的模型、光照和映射，请耐心等待，渲染完成后，可创建最终渲染以产生用于 Web、打印或动画的最高品质输出效果，如图 14-30 所示。

图 14-30 渲染后的 3D 场景

14.3.4 存储和导出 3D 文件

扫一扫，看视频

保留文件中的 3D 内容，请以 PS CC 格式或另一受支持的图像格式存储文件。还可以用受支持的 3D 文件格式将 3D 图层导出为文件，可以用以下所有受支持的 3D 格式导出 3D 图层：Collada DAE、Wavefront/OBJ、U3D 和 Google Earth 4 KMZ。选取导出格式时，需考虑以下因素。

- "纹理"图层以所有 3D 文件格式存储，但是 U3D 只保留"漫射""环境"和"不透明度"纹理映射。
- Wavefront/OBJ 格式不存储相机设置、光源和动画。
- 只有 Collada DAE 格式会存储渲染设置。
下面学习存储与导出 3D 文件的相关知识。

实例——导出 3D 文件

步骤 01 执行【3D】/【导出 3D 图层】命令，打开【导出属性】对话框。

步骤 02 选取 3D 文件格式以及纹理格式，并设置尺寸等，如图 14-31 所示。

图 14-31 【导出属性】对话框

步骤 03 单击"确定"按钮，打开【另存为】对话框，为导出的图层设置路径并命名，如图 14-32 所示。

图 14-32 【另存为】对话框

步骤 04 单击"保存"按钮，将其导出并保存。

命令，用户可以重复使用这些动作，并在【动作】面板中记录、播放、编辑、删除、存储、载入和替换动作，使其能够合理地处理图像。

所有动作都放置在组中，组用来保存动作，方便以后对动作进行编辑，或与其他动作进行区分。因此，要想新建一个动作，首先要新建一个组，用来存储动作。下面通过具体实例学习新建与记录动作的相关知识。

实例——新建与记录动作

步骤 01 执行【窗口】/【动作】命令，打开【动作】面板，单击【动作】面板中的 "创建新组"按钮，打开【新建组】对话框，如图 14-34 所示。

图 14-34　【新建组】对话框

步骤 02 在"名称"输入框中输入新组的名称，单击"确定"按钮，即可在【动作】面板中建立一个名为"组 1"的新组，如图 14-35 所示。

图 14-35　新建组

小贴士

🚀 **小贴士**

要保留 3D 模型的位置、光源、渲染模式和横截面，请将包含 3D 图层的文件以 PSD、PSB、TIFF 或 PDF 格式存储。

执行【文件】/【存储】或【文件】/【存储为】命令，选择 Photoshop (PSD)、Photoshop PDF 或 TIFF 格式，然后将其保存。

另外，可以将 3D 图层进行栅格化，这类似于将文本层栅格化。在【图层】面板中选择 3D 图层并右击，选择快捷菜单中的【栅格化 3D】命令，这样就可以将其栅格化，如图 14-33 所示。

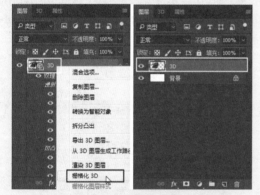

图 14-33　栅格化 3D 图层

需要说明的是，只有不再编辑 3D 模型位置、渲染模式、纹理或光源时，才可将 3D 图层栅格化，栅格化后的图像会保留 3D 场景的外观，但格式为平面化的 2D 格式。

14.4 应用动作功能

动作功能可以将日常工作中的操作记录为一系列的动作，这些动作不仅可以重复执行，而且还可以根据图像的处理要求对其进行编辑，从而帮助用户完成这些重复性的操作。这一节学习应用动作功能的相关知识。

14.4.1　新建与记录动作

动作可以应用一系列滤镜以及其他命令，并将这一系列命令组合并编为组，组可以更好地组织、创建一系列的动作，每一个动作都运用了不同系列的滤镜及其他

🚀 **小贴士**

动作用来记录操作过程，并将操作过程组合为动作组，放置在组下，这样便于对动作进行管理与操作。一般情况下，动作根据建立的先后顺序以"动作 1""动作 2"依次命名。

下面以调整照片颜色的过程为例学习录制动作的方法。

步骤 03 打开"素材"/"人物照片 01.jpg"素材文件，单击【动作】面板下方的 "创建新动作"按钮，打开【新建动作】对话框，在"名称"输入框中输入"色

扫一扫，看视频

彩校正"，在"组"列表中选择"组 1"，将该动作放置在组 1，如图 14-36 所示。

图 14-36　新建动作组

步骤 04 单击"记录"按钮开始记录，此时，【动作】面板中的 ⬤ 按钮显示为红色按钮，说明已开始记录，会将以后的所有操作记录为动作，如图 14-37 所示。

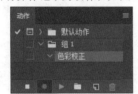

图 14-37　开始记录动作

步骤 05 执行【图像】/【调整】/【色相/饱和度】命令，打开【色相/饱和度】对话框，设置参数，如图 14-38 所示。

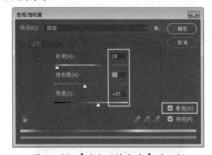

图 14-38　【色相/饱和度】对话框

步骤 06 单击"确定"按钮确认关闭【色相/饱和度】对话框，完成对图像颜色的校正，同时【动作】面板也详细记录了这些操作，如图 14-39 所示。

图 14-39　记录的动作

步骤 07 单击红色按钮左侧的 ⬛ "停止播放/记录"

按钮，停止记录，这样就将校正图像颜色的操作过程记录了下来。

14.4.2　应用动作记录

记录好所需动作后，可以在能够满足该动作条件的任意图像中使用动作。下面通过具体实例学习应用动作的方法。

扫一扫，看视频

实例——应用动作记录

步骤 01 继续 14.4.1 小节的操作，重新打开"素材"/"女孩.jpg"素材文件。

步骤 02 在【动作】面板中的"组 1"下激活名为"颜色校正"的动作，单击面板下的 ▶ "播放选定的动作"按钮播放该动作，对"女孩.jpg"图像进行颜色校正，结果如图 14-40 所示。

图 14-40　使用动作处理图像

14.4.3　调整动作记录

记录的动作并不能完全满足所有图像的编辑要求，这时用户可以对记录的动作进行编辑，例如改变记录的内容、重新设

扫一扫，看视频　置编辑参数等。在重新设置原动作记录中的参数设置时，如果原动作记录中的某一个命令有参数设置对话框，系统会自动打开该对话框，允许用户对参数进行修改。下面以前面记录的"颜色校正"动作为例，学习重新调整原动作记录参数的操作。

实例——调整动作记录

步骤 01 在【动作】面板中激活记录的"颜色校正"动作。

步骤 02 单击【动作】面板右上角的▤按钮，选择【再次记录】命令，此时，【动作】面板的播放按钮和记录按钮同时激活，如图 14-41 所示。

图 14-41　重新记录动作

步骤 03 系统同时打开【色相/饱和度】对话框，用户可以重新设置各参数，如图 14-42 所示。

图 14-42　重新设置参数

步骤 04 单击"确定"按钮，【动作】面板将修改后的参数记录在动作中，如图 14-43 所示。

图 14-43　修改后的动作

　小贴士

打开【动作】面板菜单，选择相关命令，可以

调整已记录的动作、向【动作】记录中插入"停止"动作、插入其他菜单项目、复制动作、删除动作等，如图 14-44 所示。

图 14-44　【动作】面板菜单

这些操作都比较简单，在此不再详细讲解，读者可以自己尝试操作。

◈ 练一练

继续上面的操作，创建由【阈值】和【径向模糊】组成的动作对"女孩.jpg"图像进行处理，如图 14-45 所示。

图 14-45　使用动作处理图像

对动作进行调整，添加【色相/饱和度】菜单项目，继续对图像进行调整，如图 14-46 所示。

图 14-46　添加其他动作处理图像

◈ 操作提示

（1）新建名为"组 2"的动作组，并新建"动作 2"。

（2）分别执行【阈值】和【径向模糊】命令，处理图像并记录动作。

（3）执行【插入菜单项目】命令，选择【色相/饱和度】命令进行插入，并设置参数调好图像。

14.5 自动处理

自动处理其实就是对大量图像进行自动处理的过程，在【文件】/【自动】菜单下，有一组命令，可以对大量的图像进行自动处理，如图 14-47 所示。

图 14-47 【自动】子菜单

这些自动处理图像的操作基本相似，这一节以【批处理】、【联系表Ⅱ】、【合并到 HDR Pro】、【PDF 演示文稿】4 种自动处理命令为例进行讲解，其他自动处理命令，读者可以自己尝试操作。

14.5.1 【批处理】命令

批处理其实就是利用动作记录的一系列图像处理命令，自动对图像进行快速处理。在进行图像批处理前，首先要在【动作】面板中录制批处理图像的过程。下面使用 14.4 节所记录的"颜色校正"动作，对多幅照片进行色彩校正。

扫一扫，看视频

实例——使用【批处理】命令处理图像

步骤 01 单击【文件】/【自动】/【批处理】命令，打开【批处理】对话框，如图 14-48 所示。

- "组"：选择动作所在的组，如果选择"默认动作"选项，则使用系统默认的组的动作进行处理图像。
- "动作"：一个组中可以包含多个动作，如果选择了某个组，则在此选择该组中的一个动作。
- "源"：选择需要批处理的文件，如果选择"文件夹"选项，表示要处理某个文件夹中的文件，单

击下方的 选择(C)... 按钮，在打开的【浏览文件夹】对话框中选择该文件夹。

图 14-48 【批处理】对话框

- "目标"：选择处理后的文件的存储方式，有"无""文件夹"和"存储并关闭"3 个选项，选择"无"选项，表示将处理的文件不保存，直接在界面中打开；选择"存储并关闭"选项，将处理后的图像保存在源文件夹下并关闭；选择"文件夹"选项，则单击下方的 选择(C)... 按钮，在打开的【浏览文件夹】对话框中选择要存储文件的文件夹。

步骤 02 在"组"列表中选择名为"组 2"的组；在"动作"列表中选择名为"动作 2"的动作；在"源"列表中选择"文件夹"选项，单击 选择(C)... 按钮，选择"素材"/"批处理"文件夹，在该文件夹中有 4 幅照片。

步骤 03 在"目标"列表中选择"无"选项，表示处理后的照片不保存，直接打开，单击"确定"按钮，系统自动使用记录的动作调整照片颜色，结果如图 14-49 所示。

图 14-49 批处理图像

⚡ 练一练

读者自己记录一个图像色彩处理的动作记录，然

后准备几幅图像，使用【批处理】命令对图像进行批处理。

14.5.2　【联系表 II】命令

【联系表 II】命令可以将大量的图像进行合理排版，制作彩插、整理文件等。该命令不使用【动作】面板中记录的动作就可以完成操作。下面通过具体实例学习使用【联系表 II】命令处理图像的相关知识。

扫一扫，看视频

实例——使用【联系表 II】命令处理图像

步骤 01 执行【文件】/【自动】/【联系表】命令，打开【联系表 II】对话框，如图 14-50 所示。

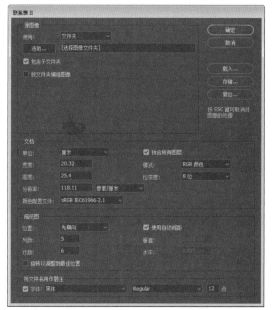

图 14-50　【联系表 II】对话框

- "使用"：选择图像来源，有"文件夹"和"当前打开的文档"等选项，如果选择"文件夹"选项，则单击"选取"按钮，在打开的【浏览文件夹】对话框中选择要处理的文件夹。
- "文档"：设置要放置文件的版面大小、色彩模式以及文档单位、分辨率等。
- "缩览图"：设置图像的排列方式、图像间距等。

步骤 02 在"使用"列表中选择"文件夹"选项，然后单击"选取"按钮，选择"素材"/"批处理"文件

夹，在该文件夹中有 4 幅照片。

步骤 03 在"文档"选项下设置"单位""宽度""高度""分辨率"等；在"缩览图"选项下设置图像的排列方式、图像间距等，如图 14-51 所示。

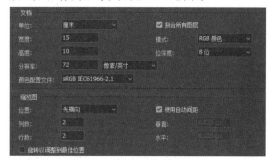

图 14-51　设置文件参数

步骤 04 设置完成后，单击"确定"按钮，系统将自动对"批处理"文件夹下的图像进行排列，结果如图 14-52 所示。

（a）海边风景.jpg　（b）风景.jpg　（c）风景 05.jpg　（d）风景 06.jpg

图 14-52　照片排列效果

练一练

读者自己准备几幅图像，使用【联系表 II】命令对图像进行排版。

14.5.3　【合并到 HDR Pro】命令

使用【合并到 HDR Pro】命令，可以制作高动态范围图像。所谓高动态范围图像，是指相比普通的图像，可以提供更多的亮度与图像细节，根据不同的图像，利用每个曝光时间相对应最佳细节的 LDR 图像来合成最终 HDR 图像，能够更好地反映人在真实环境中的视觉效果。下面通过具体实例学习使用【合并到 HDR Pro】命令制作高动态范围图像的方法。

扫一扫，看视频

实例——使用【合并到 HDR Pro】命令制作高动态范围图像

步骤 01 单击【文件】/【自动】/【合并到 HDR Pro】命令，打开【合并到 HDR Pro】对话框。

步骤 02 在"使用"列表中选择图像来源，有"文件

夹"和"文件"两个选项，在此选择"文件"选项。

步骤 03 单击 浏览(B)... 按钮，选择"素材"/"批处理"文件夹中的"风景05.jpg"和"风景06.jpg"两幅图像，单击"确定"按钮，这两幅图像出现在列表中，如图14-53所示。

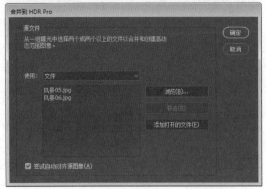

图 14-53 【合并到 HDR Pro】对话框设置

步骤 04 单击"确定"按钮，系统会自动对所选图像进行合并，合并完成后再次打开【手动设置曝光值】对话框，如图14-54所示。

图 14-54 【手动设置曝光值】对话框

🚀 **小贴士**

在制作动态范围图像时，所有图像要大小一致，否则不能合并。另外，也可以使用动作功能将其操作录制为动作，方便以后为其他图像制作高动态范围图像。

步骤 05 设置完成后单击"确定"按钮，再次打开【合并到 HDR Pro】对话框，如图14-55所示。

步骤 06 在"预设"列表中选择所需的效果，例如选择"城市暮光"选项，并设置"边缘光""色调和细节"以及"高级"等参数，单击"确定"按钮，则系统将

这一幅图像处理为高动态图像，如图14-56所示。

图 14-55 打开【合并到 HDR Pro】对话框

图 14-56 制作的高动态图像

📣 **练一练**

在 3ds Max 三维场景渲染中，使用 VR 渲染器渲染场景时经常会用到高动态范围图像作为渲染贴图，下面请读者自己准备几幅图像，使用【合并到 HDR Pro】命令制作自己的高动态范围图像，方便以后在 3ds Max 三维设计中使用。

14.5.4 【PDF 演示文稿】命令

【PDF 演示文稿】命令可以将多幅图像创建为 PDF 文稿。下面通过一个具体实例学习创建 PDF 演示文稿的方法。

扫一扫，看视频

实例——使用【PDF 演示文稿】命令制作 PDF 文件

步骤 01 单击【文件】/【自动】/【PDF 演示文稿】命令，打开【PDF 演示文稿】对话框。

步骤 02 单击 浏览(B)... 按钮，选择"素材"/"批处理"文件夹中的 4 幅图像，单击"确定"按钮，这 4 幅图像出现在列表中，然后在右侧设置 PDF 文稿的参数输出选项，如图 14-57 所示。

图 14-57　【PDF 演示文稿】对话框设置

步骤 03 单击"存储"按钮打开【另存为】对话框，设置 PDF 文件的存储路径并将其保存，打开【存储 Adobe PDF】对话框，进行其他设置，如图 14-58 所示。

图 14-58　【存储 Adobe PDF】对话框

步骤 04 单击 存储 PDF 按钮，完成 PDF 文稿的输出，可以在相关存储路径下选择并打开创建的 PDF 文件查看，如图 14-59 所示。

图 14-59　创建的 PDF 文件

14.6　综合练习——冰绿茶饮料广告设计

PS CC 中的 3D 功能非常强大，用户可以轻松实现由二维到三维的转换。这一节就利用 3D 功能制作一款冰绿茶饮料广告，效果如图 14-60 所示。

图 14-60　冰绿茶饮料广告设计

14.6.1　制作三维冰绿茶饮料罐

这一小节制作一个三维冰绿茶饮料罐。

步骤 01 打开"素材"/"水面 .jpg"素材文件，按 Ctrl+J 组合键将背景复制为背景副本层，然后执行【图像】/【调整】/【色相/饱和度】命令，调整图像颜色为绿色，如图 14-61 所示。

扫一扫，看视频

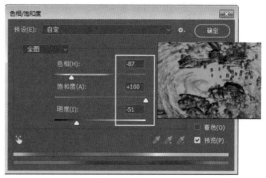

图 14-61　调整图像颜色

步骤 02 激活 T "横排文字工具"，选择合适的字体，在图像上输入"骆驼冰茶"的白色文字，然后使用深绿颜色对文字进行描边，效果如图 14-62 所示。

小贴士

输入文字并描边的操作比较简单，在此不再详细讲解，读者可以根据自己的喜好选择合适的字体、颜色等输入文字，然后使用合适的颜色进行描边。

图 14-62　输入文字并描边

步骤 03 将文字层与背景副本层合并，将背景层暂时隐藏，执行【3D】/【从图层新建网格】/【网格预设】/【汽水】命令，创建一个 3D 网格的饮料罐模型，并调整模型的形态，如图 14-63 所示。

图 14-63　制作的 3D 饮料罐模型

步骤 04 在【图层】面板的 3D 图层上右击，选择【栅格化 3D】命令，将 3D 图层栅格化，完成冰绿茶饮料罐的制作。

14.6.2　制作冰块

这一小节来制作冰块。

步骤 01 继续 14.6.1 小节的操作，将饮料罐图层暂时隐藏，显示背景层，并再次将其复制为背景副本层，之后再次将背景层隐藏。

扫一扫，看视频

步骤 02 执行【3D】/【从图层新建网格】/【网格预设】/【立体环绕】命令，创建一个 3D 立方体模型，并调整模型的形态，如图 14-64 所示。

图 14-64　3D 立方体模型

步骤 03 依照前面的操作，将该 3D 图层再次栅格化，按 D 键设置系统颜色为默认颜色。

步骤 04 执行【滤镜】/【艺术效果】/【海绵】命令，设置参数处理图像，如图 14-65 所示。

图 14-65　【海绵】滤镜效果

步骤 05 执行【滤镜】/【艺术效果】/【塑料包装】命令，设置参数处理图像，如图 14-66 所示。

图 14-66　【塑料包装】滤镜效果

步骤 06 执行【滤镜】/【扭曲】/【海洋波纹】命令，设置参数处理图像，如图 14-67 所示。

步骤 07 按住 Ctrl 键并单击立方体图层载入立方体的选区，执行【选择】/【修改】/【平滑】命令，设置"取样半径"为 100 像素，如图 14-68 所示。

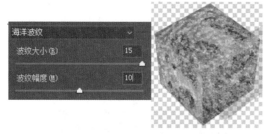

图 14-67　【海洋波纹】滤镜效果

图 14-68　平滑选区设置

步骤 08 单击"确定"按钮，然后执行【选择】/【反选】命令将选区翻转，按 Delete 键删除，效果如图 14-69 所示。

图 14-69　反选并删除

步骤 09 执行【选择】/【反选】命令将选区翻转，然后新建图层 1，再执行【编辑】/【描边】命令，设置相关参数，如图 14-70 所示。

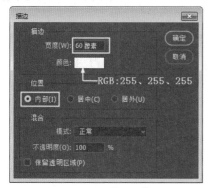

图 14-70　设置【描边】参数

步骤 10 单击"确定"按钮，描边效果如图 14-71 所示。

图 14-71　描边效果

步骤 11 执行【滤镜】/【模糊】/【径向模糊】命令，设置参数，如图 14-72 所示。

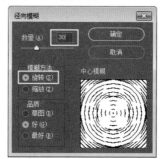

图 14-72　【径向模糊】设置

步骤 12 单击"确定"按钮，效果如图 14-73 所示。

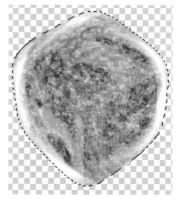

图 14-73　【径向模糊】效果

步骤 13 将背景副本层合并到图层 1，执行【图像】/【调整】/【亮度/对比度】命令，设置"亮度"为 50，"对比度"为 100，单击"确定"按钮，完成冰块的制作，效果如图 14-74 所示。

图 14-74 【亮度 / 对比度】效果

14.6.3 处理背景并合成广告效果

这一小节处理背景图像并进行广告效果合成。

扫一扫，看视频

步骤 01 继续 14.6.1 小节的操作。显示隐藏的背景层，依照 14.6.1 小节步骤 01 的操作调整背景图像的颜色，然后激活 ■ "渐变工具"，设置"蓝色（R:15、G:0、B:207）到透明"的渐变色，采用"线性渐变"方式在背景层上垂直拉渐变，效果如图 14-75 所示。

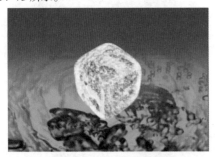

图 14-75 处理背景图像

步骤 02 激活图层 1，按 Ctrl+J 组合键将图层 1 中的冰块多次复制，调整大小并放置在图像下方位置，效果如图 14-76 所示。

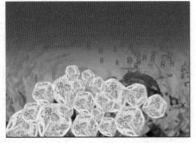

图 14-76 复制冰块图像

步骤 03 将除图层 1 外的其他复制的冰块图层全部合并为图层 1 副本层，激活"椭圆选框工具"，设置"羽化"为 500 像素，在冰块图像中间位置创建选区。

步骤 04 执行【滤镜】/【扭曲】/【旋转扭曲】命令，设置"角度"为 -999°，单击"确定"按钮，对图层 1 副本层中的冰块进行扭曲处理，效果如图 14-77 所示。

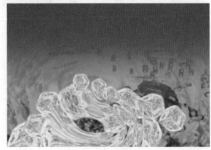

图 14-77 扭曲效果

步骤 05 显示饮料罐图层，将其调整到冰块图像上方，然后执行【图像】/【调整】/【亮度 / 对比度】命令，设置"亮度"为 -115，"对比度"为 100，单击"确定"按钮，效果如图 14-78 所示。

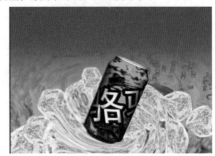

图 14-78 调整饮料罐亮度与对比度

步骤 06 激活图层 1，将其调整到饮料罐图层的上方层，然后依照前面的操作对其进行多次复制，并调整大小，将其堆放在饮料罐周围，然后将其合并为图层 1，效果如图 14-79 所示。

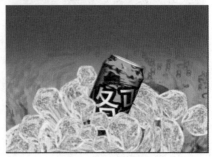

图 14-79 复制冰块图像

步骤 07 在【图层】面板中调整图层 1 与图层 1 副本层的混合模式为"点光"模式，此时图像效果如图 14-80 所示。

图 14-80　设置混合模式效果

步骤 08 使用 **T** "横排文字工具"，选择合适的字体，输入"喝'骆驼'冰绿茶，冰爽一'下'"的白色广告语，并为文字描绿色（R:1、G:150、B:5）边，完成该广告设计，效果如图 14-81 所示。

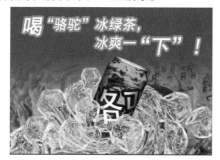

图 14-81　广告设计最终效果

🚀 小贴士

　　广告语的输入比较简单，在此不再详细讲解，读者可以根据自己的喜好，选择不同字体进行输入。

步骤 09 将该图像效果保存为"综合练习——冰绿茶饮料广告设计 .psd"文件。

14.7 职场实战——"5.1"促销海报设计

　　"5.1"就要到了，各大商场都会乘此机会进行商品促销活动，这一节就来制作某商场"5.1"节促销海报，效果如图 14-82 所示。

图 14-82　"5.1"促销海报

14.7.1　处理背景并制作 3D 文字

　　这一小节处理背景图像。

步骤 01 打开"素材"/"照片 18.jpg"和"风景 05.jpg"素材文件，激活"风景 05.jpg"照片，按 Ctrl+A 组合键将图像全部选中，按 Ctrl+C 组合键将其复制，然后将该文件关闭。

扫一扫，看视频

步骤 02 激活"照片 18.jpg"图像，执行【图像】/【调整】/【亮度/对比度】命令，设置"亮度"为 37，"对比度"为 100，然后确认，调整图像亮度/对比度。

步骤 03 激活 "快速选择工具"，将该图像天空选中，然后执行【编辑】/【选择性粘贴】/【贴入】命令，将拷贝的图像贴入该背景选区，按 Ctrl+T 组合键，使用自由变换工具调整图像大小，效果如图 14-83 所示。

图 14-83　处理后的背景图像

步骤 04 将粘贴的图层合并到背景层，激活 **T** "横排文字工具"，选择一种粗体字体，设置字体大小为 500 点，设置字体颜色为白色（R:255、G:255、B:255），在图像左上方单击并输入"5.1"的文字内容，然后在【字符】面板中调整文字高度为150%，效果如图 14-84 所示。

图 14-84　输入文字

步骤 05 执行【3D】/【从所选图层新建3D模型】命令，然后激活 ✛ "移动工具"，在其选项栏激活 ⟳ "旋转3D对象"按钮，对输入的3D文字进行旋转，并激活 ✛ "移动3D对象"按钮，将3D文字调整到画面左边位置，如图 14-85 所示。

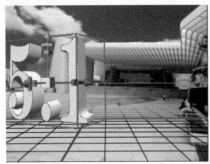

图 14-85　调整 3D 文字

步骤 06 打开【属性】面板，激活 ⬚ "变形"按钮，选择默认的形状类型，选择"切变"选项，然后设置"凸出深度"为40.25厘米，"扭转"为0°，"锥度"为35%，"水平角度"为14°，"垂直角度"为-8°，其他参数默认，此时文字效果如图 14-86 所示。

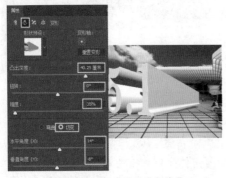

图 14-86　3D 变形设置与效果

步骤 07 执行【窗口】/【3D】命令打开【3D】面板，单击 ▣ "材质"按钮，激活 "5.1"凸出材质选项，然后单击 "漫射"颜色按钮，调整该颜色为红色（R：255、G：0、B：0），其他材质默认，此时文字效果如图 14-87 所示。

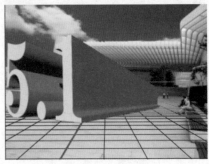

图 14-87　调整材质

步骤 08 在【属性】面板中激活 ☀ "无限光"按钮，在图像中按住调整灯光照射方向，使其与背景光照方向一致，如图 14-88 所示。

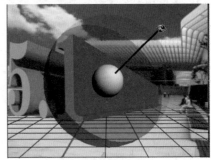

图 14-88　调整灯光

步骤 09 在【图层】面板中右击 3D 图层，选择【栅格化 3D】命令将 3D 图层栅格化，效果如图 14-89 所示。

图 14-89　制作的 3D 文字

步骤 10 依照相同的方法，继续制作出"骆驼购物广场"的 3D 文字，将其栅格化后调整到建筑物上方合适位置，完成 3D 文字的制作，效果如图 14-90 所示。

图 14-90　制作的 3D 文字

14.7.2　添加其他元素并输入文字

这一小节向海报中添加其他设计元素，并输入相关文字，该操作比较简单。

扫一扫，看视频

步骤 01 激活 **T** "横排文字工具"，选择一种粗体的字体，设置字体大小为 12 点，设置字体颜色为白色（R:255、G:255、B:255），在图像上方输入"时尚服装 / 精品丝绸 / 绿色食品 / 南北干货 / 家用电器 / 数码产品"文字内容。

步骤 02 分别设置文字颜色为黄色（R:255、G:255、B:0）和黑色（R:0、G:0、B:0），在图像中输入其他广告语文字，然后将文字栅格化。

步骤 03 按 Ctrl+T 组合键为该文字层添加自由变换框，按住 Ctrl 键的同时，将光标移动到变换框右边的控制点上向下拖曳鼠标，对文字进行调整，使其与 3D 文字透视相一致，并将其放置在 3D 文字位置，结果如图 14-91 所示。

图 14-91　输入文字

步骤 04 打开"素材" / "人物照片 02.jpg"素材文件，使用 "快速选择工具"将人物选中，并将其拖到当前文件中，效果如图 14-92 所示。

图 14-92　添加人物图像

步骤 05 执行【编辑】/【变换】/【水平翻转】命令将人物图像水平翻转，然后按 Ctrl+T 组合键添加自由变换框，调整人物大小与位置，如图 14-93 所示。

图 14-93　翻转并调整人物图像

步骤 06 按 Ctrl+J 组合键将人物图像复制为副本，并将副本层调整到人物层的下方，按 Ctrl+T 组合键添加自由变换框，按住 Ctrl 键的同时，调整控制点对副本人物进行变形，制作人物投影图像，如图 14-94 所示。

图 14-94　制作人物投影图像

步骤 07 按 Enter 键确认，然后在【图层】面板中激活 "锁定透明像素"按钮锁定该层的透明区域，之后向该图层填充黑色，如图 14-95 所示。

步骤 08 取消透明区域的锁定，执行【滤镜】/【模糊】/【高斯模糊】命令，设置模糊"半径"为 10 像素并确认，最后在【图层】面板中设置该人物投影图层的"不透明度"为 55%，效果如图 14-96 所示。

图 14-95　填充黑色

图 14-96　模糊并设置不透明度

步骤 09 打开"素材"/"礼物盒.jpg"素材文件，使

用 "快速选择工具"将礼物盒图像选中，并将其拖到当前图像左下角位置，效果如图 14-97 所示。

图 14-97　添加礼物盒图像

步骤 10 至此，海报制作完毕，将该图像存储为"职场实战——5.1 促销海报设计.psd"图像。

读书笔记

Chapter
15
第 15 章

滤镜及其应用

本章导读

　　【滤镜】是 PS CC 中的最精彩部分，图像的许多特效都是通过滤镜来实现的这一章学习 PS CC 滤镜及其应用的相关知识。

本章主要内容如下

- 认识滤镜
- 滤镜图像特效制作
- 滤镜文字特效制作

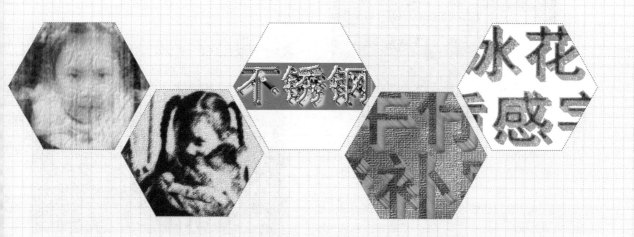

15.1 认识滤镜

在 PS CC 中有两种滤镜，一种是 PS CC 系统自带的滤镜，叫内建滤镜；另一种是厂商开发的一些相容于 PS 系统的外挂滤镜，如 Kais Power Tools /Eye Candy 等。需要注意的是，不管内建滤镜还是外挂滤镜，大多数滤镜不能对点阵图、索引色以及 16 位通道等图像进行处理，有些滤镜只适用于 RGB 模式的图像上。这一节来认识内建滤镜。

15.1.1 【滤镜库】滤镜

与 PS 早期版本不同，PS CC 新增了【滤镜库】命令，该命令集合了大多数常用滤镜，不仅可以使用一种滤镜效果处理图像，还可以新建效果图层，在效果图层上添加其他滤镜进行多种效果处理。下面通过一个简单的实例学习【滤镜库】命令的使用方法。

扫一扫，看视频

实例——使用【滤镜库】命令处理图像

步骤 01 打开"素材"/"女孩 .jpg"素材文件，执行【滤镜】/【滤镜库】命令，打开【滤镜库】对话框。

步骤 02 单击【素描】滤镜前面的▼按钮将其展开，单击【便条纸】滤镜，即可将其应用到图像上，在右侧调整各参数，对图像进行处理，如图 15-1 所示。

图 15-1　使用【便条纸】滤镜

步骤 03 单击面板下方的 □ "新建效果图层"按钮新建一个效果图层，该效果图层将沿用上一次的滤镜再次对图像进行处理。

步骤 04 选中新建的效果图层，单击"半调图案"滤镜，将该滤镜应用到效果图层上，然后在右侧调整滤镜的各参数，继续对图像进行处理，如图 15-2 所示。

图 15-2　选择半调图案效果

步骤 05 使用相同的方法，继续新建效果图层，并选择其他滤镜对图像进行处理，处理完成后，单击"确定"按钮关闭该对话框。

 小贴士

如果想删除某一个效果图层，则选中该图层，然后单击面板下方的 □ "删除"按钮，即可将其删除，删除效果图层后，该层上的滤镜效果也会同时消失。

15.1.2 【Camera Raw】滤镜

扫一扫，看视频

【Camera Raw】滤镜是一个功能非常强大的照片处理工具，可以对照片进行多种形式的处理，包括颜色、大小、透视等一系列操作。这一节通过一个实例学习【Camera Raw】滤镜的使用方法。

实例——使用【Camera Raw】滤镜处理图像

步骤 01 取消 15.1.1 小节滤镜效果的处理，执行【滤镜】/【Camera Raw】命令打开该对话框，该对话框由工具栏、视窗以及参数设置三部分组成，如图 15-3 所示。

图 15-3　【Camera Raw】对话框

- **工具栏**:处理图像时的多种工具,各工具功能如下。

　　🔍 "缩放工具":调整视窗中的图像显示大小。

　　✋ "抓手工具":当视窗中图像放大后,使用该工具平移图像以便查看。

　　✏ "白平衡工具":设置参数调整图像的白平衡。

　　✏ "颜色取样器工具":在图像上单击进行颜色取样。

　　✏ "目标调整工具":在目标图像上拖曳鼠标进行调整。

　　✣ "变换工具":在右侧参数区设置参数调整图像的透视变换。

　　✏ "污点去除工具":在右侧参数区设置参数,在视窗中修复图像污点。

　　✛ "红眼去除工具":设置选项与参数,在视窗中修复照片红眼。

　　✏ "调整画笔工具":在视窗的图像上拖曳确定调整区域,在右侧参数区设置选项与参数以调整图像。

　　▭ "渐变滤镜":在视窗图像上拖曳创建渐变区域,在右侧参数区设置选项与参数以调整区域的图像。

　　◯ "径向滤镜":在视窗图像上拖曳创建径向渐变区域,在右侧参数区设置选项与参数调整区域的图像。

- **视窗**:视窗用于显示与查看图像,可以设置图像显示比例、原图与效果图的对比图等。单击视窗区右下方的▣按钮,可以使原图与效果图同时显示,或者原图与效果图轮换显示,如图 15-4 所示。

图 15-4　视窗

　　连续单击该按钮时可以有多种显示方式,例如图像一半显示原图一半显示效果图。图 15-5 所示为水平半显与垂直半显。

（a）水平半显　　　　　（b）垂直半显

图 15-5　视窗显示效果

- **参数区**:调整当前工具的各参数对图像进行处理。

　　激活 ✏ "白平衡工具"后,会在参数区的上方显示另一组工具按钮,这些按钮主要用于选择调整图像的方法,如图 15-6 所示。

图 15-6　白平衡工具按钮

　　各按钮功能如下。

- ⚙ "基本":对照片进行色温、色调、曝光度等基本效果调整。

- ▦ "曲线":对照片的高光、亮调、暗调以及阴影进行曲线调整。

- ▲ "细节":对照片的细节部分进行清晰度以及杂色处理。

- ▤ "HSL/灰度":对照片的色相、饱和度以及明度进行各颜色处理,勾选"灰度"选项,即可将照片转换灰度图像。

- ▤ "色调分离":对照片的高光与阴影部分的色相与饱和度进行调整。

- ▥ "镜头校正":对照片镜头扭曲度、照片紫边以及晕影进行处理。

- **fx** "效果"：对照片上的薄雾、颗粒以及晕影进行处理。

- **相机校准**："相机校准"：对照片上的红、绿、蓝三原色的色相以及饱和度进行校准。

步骤 **02** 单击视窗区右下方的 **Y** 按钮，使原图与效果图同时显示。

步骤 **03** 单击工具栏中的 **✎** "白平衡工具"，再单击参数区上方的 **⊙** "基本"按钮，在参数区设置各参数对照片进行色温、色调、曝光度等调整，如图 15-7 所示。

图 15-7　调整照片白平衡

步骤 **04** 单击参数区上方的 **△** "细节"按钮，在参数区设置各参数对照片的清晰度以及杂色等细节进行调整，如图 15-8 所示。

图 15-8　调整照片细节

步骤 **05** 单击 **☰** "色调分离"按钮，在参数区设置各参数对照片的高光与阴影部分的色相与饱和度进行调整，如图 15-9 所示。

步骤 **06** 激活 **⊙** "相机校准"按钮，调整各参数，对照片上的红、绿、蓝三原色的色相以及饱和度进行校准，效果如图 15-10 所示。

图 15-9　色调分离效果

图 15-10　相机校准效果

步骤 **07** 调整完毕后，单击"确定"按钮。

🚀 **小贴士**

【Camera Raw】滤镜除调整照片白平衡外，用户也可以通过该滤镜调整照片的红眼、去除照片污点以及透视效果等，这些效果的调整方法类似于图像颜色校正命令，大家可以自行进行操作练习，在此不再赘述。

15.1.3 【液化】滤镜

扫一扫，看视频

　　　　　　【液化】滤镜可以对图像进行类似于液体融化的变形效果处理，在 PS CC 中，该滤镜还新增了专门针对人像五官的处理功能，可以很方便地对人像五官进行修饰。这一小节通过简单实例学习【液化】滤镜的应用方法。

实例——使用【液化】滤镜处理图像

步骤 01 继续 15.1.2 小节的操作。按 F12 键使打开的照片恢复为原来的效果。

步骤 02 执行【滤镜】/【液化】命令打开【液化】对话框,如图 15-11 所示。

图 15-11 【液化】对话框

该对话框分为以下 3 部分。

- **工具栏**:液化处理图像的各种工具,具体如下。

  "向前变形工具":对图像进行推移变形。

  "重建工具":对图像进行恢复操作。

  "平滑工具":对图像进行平滑处理。

  "顺时针旋转扭曲工具":对图像进行顺时针旋转扭曲。

  "皱褶工具":对图像进行皱褶扭曲处理。

  "膨胀工具":对图像进行膨胀扭曲处理。

  "左推工具":对图像进行左推扭曲处理。

  "冻结蒙版工具":对蒙版进行冻结。

  "解冻蒙版工具":解冻蒙版。

  "脸部工具":对照片人脸五官进行处理。

  "抓手工具":图像放大后平移图像。

  "缩放工具":缩放图像。

- **显示区**:实时显示图像效果。

- **参数设置区**:激活相关工具,在右侧参数区设置参数对图像进行处理。

步骤 03 激活 "膨胀工具",在右侧参数区设置参数,将光标移动到照片中人脸上,按住鼠标对照片中的人脸进行膨胀变形处理,如图 15-12 所示。

步骤 04 激活 "向前变形工具",在右侧参数区设置参数,将光标移动到照片中的人脸上,按住鼠标向下拖曳,对照片人脸进行向前变形处理,如图 15-13 所示。

图 15-12 膨胀变形

图 15-13 向前变形

步骤 05 激活 "皱褶工具",在右侧参数区设置参数,将光标移动到照片中的人脸上,按住鼠标拖曳,对照片人脸进行皱褶变形处理,如图 15-14 所示。

图 15-14 皱褶变形

步骤 06 激活 ⤢ "顺时针旋转扭曲工具"，在右侧参数区设置参数，将光标移动到照片中的人脸上，按住鼠标拖曳，对照片人脸进行顺时针变形处理，如图 15-15 所示。

图 15-15　顺时针变形

步骤 07 激活 ✎ "平滑工具"，在右侧参数区设置参数，将光标移动到照片中的人脸上，按住鼠标拖曳，对照片人脸进行平滑处理，如图 15-16 所示。

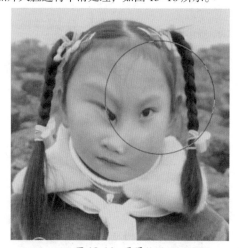

图 15-16　平滑处理

步骤 08 激活 ✐ "重建工具"，在右侧参数区设置参数，将光标移动到照片人脸上，按住鼠标拖曳，对照片人脸进行恢复处理，如图 15-17 所示。

步骤 09 ♀ "脸部工具"功能非常强大，激活该工具后，将光标移动到各五官位置，会出现白色变形框，直接拖动变形框，就可以完成对五官的变形，如图 15-18 所示。

图 15-17　恢复变形

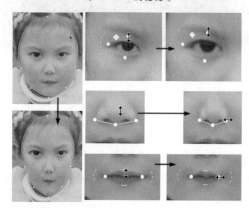

图 15-18　人脸变形

步骤 10 另外，在右侧参数区可以设置各参数，对五官进行调整，如图 15-19 所示。

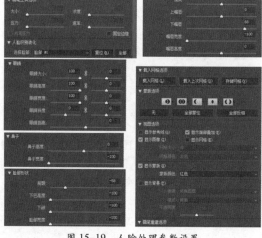

图 15-19　人脸处理参数设置

小贴士

【液化】滤镜看起来复杂，其实具体操作相对比较简单，在此不再详述，读者可以自己尝试操作。

15.1.4 其他滤镜

扫一扫，看视频

除以上所讲的这些滤镜外，PS CC 还有其他滤镜，这些滤镜都放置在【滤镜】菜单下，如图 15–20 所示。

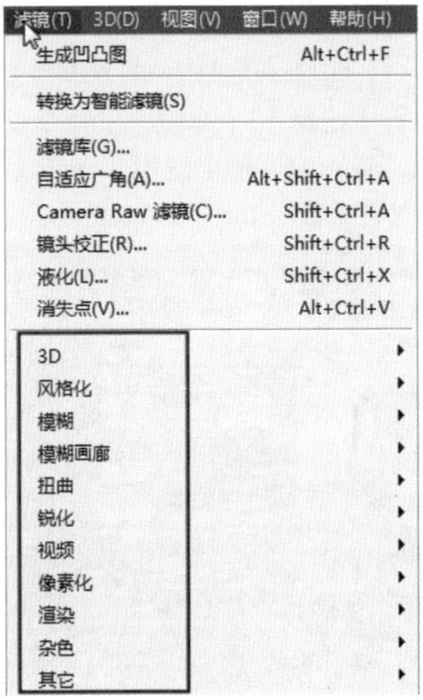

图 15–20 其他【滤镜】命令

执行相关滤镜命令，在其子菜单下会显示同一类型的其他滤镜命令，执行相关菜单命令，即对图像进行滤镜处理，例如执行【滤镜】/【风格化】/【查找边缘】命令，即可对照片进行处理，如图 15–21 所示；执行【滤镜】/【模糊画廊】/【场景模糊】命令，即可对照片场景进行模糊处理，如图 15–22 所示。

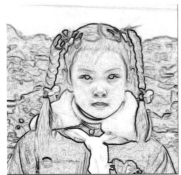

图 15–21 【查找边缘】滤镜效果

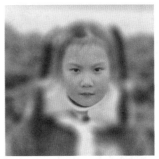

图 15–22 【模糊画廊】滤镜效果

有一些滤镜还会打开相关滤镜对话框，通过设置参数对图像进行处理，例如执行【滤镜】/【扭曲】/【旋转扭曲】命令，即可打开【旋转扭曲】对话框，通过设置参数对图像进行旋转扭曲处理，如图 15–23 所示。

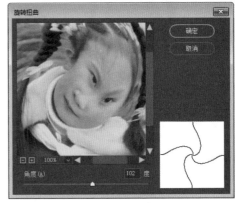

图 15–23 【旋转扭曲】滤镜效果

其他滤镜的操作相对比较简单，在此不再详细讲解，读者可以自行尝试操作。

15.2 滤镜图像特效制作

在 15.1 节中主要介绍了各种滤镜的基本操作方法和功能，滤镜的操作其实很简单，只要应用得当，可以实现很多特效。这一节通过相关实例学习滤镜在图像特效制作中的应用方法和相关技巧。

15.2.1 斑驳的墙面

扫一扫，看视频

简易杂乱的图像往往会给人一种混乱的感觉，影响图像的整体效果，这一小节利用特效功能对图 15–24 所示的照片背景进行处理，制作斑驳的墙面效果，如图 15–25 所示。

图 15-24　原图像效果

图 15-25　处理背景后的图像效果

实例——制作斑驳的墙面

步骤 01 打开"素材"/"照片 16.jpg"素材文件，使用 "快速选择工具"将除人物图像外的背景墙面选中，如图 15-26 所示。

图 15-26　选择背景

步骤 02 按 D 键设置系统默认颜色，执行【滤镜】/【渲染】/【云彩】命令，在背景上制作云彩效果，如图 15-27 所示。

图 15-27　制作云彩效果

步骤 03 执行【滤镜】/【滤镜库】命令，打开【滤镜库】对话框，展开【素描】滤镜，单击【便条纸】滤镜，然后设置各参数，如图 15-28 所示。

图 15-28　设置参数

步骤 04 单击"确定"按钮，图像效果如图 15-29 所示。

图 15-29　【便条纸】滤镜效果

步骤 05 执行【图层】/【新建】/【通过剪切的图层】命令将背景剪切到图层 1，按住 Ctrl 键并单击图层 1 将其载入选区，执行【选择】/【反选】命令选取人物图像。

步骤 06 激活背景层，再次执行【图层】/【新建】/【通过剪切的图层】命令将人物图像剪切到图层 2。

步骤 07 按 Ctrl+J 组合键将图层 2 拷贝为图层 2 拷贝层，然后将图层 1 移动到图层 2 的下方，如图 15–30 所示。

图 15–30　调整图层顺序

步骤 08 制作人物投影。激活图层 2，按 Ctrl+T 组合键添加自由变换框，按住 Ctrl 键的同时调整变换框，对图层 2 进行变形，如图 15–31 所示。

图 15–31　变形图像

步骤 09 按 Enter 键确认，然后激活【图层】面板中的 ■ "锁定透明像素" 按钮，向图像中填充黑色，效果如图 15–32 所示。

图 15–32　填充黑色

步骤 10 单击【图层】面板中的 ■ "锁定透明像素" 按钮取消锁定，执行【滤镜】/【模糊】/【高斯模糊】命令，设置 "半径" 为 5，单击 "确定" 按钮，对图像进行模糊处理，效果如图 15–33 所示。

图 15–33　模糊处理

步骤 11 在【图层】面板中设置该层 "不透明度" 为 60%，完成图像投影的制作，效果如图 15–34 所示。

图 15–34　设置不透明度

步骤 12 至此，图像效果处理完毕，将该图像存储为 "斑驳的墙面 .psd" 文件。

15.2.2　照片快速转化为油画

　　滤镜的功能非常强大，只要操作得当，可以制作出想要的任何效果，打开 "素材" / "照片 19.jpg" 素材文件，如图 15–35 所示。这一节利用滤镜功能，将该旧照片快速转化成一幅油画，如图 15–36 所示。

扫一扫，看视频

图 15-35 打开图像

图 15-37 【干笔画】滤镜

图 15-36 油画效果

图 15-38 "颜色加深"模式

实例——制作照片快速转换为油画

步骤 01 执行【滤镜】/【滤镜库】命令，打开【滤镜库】对话框，在【艺术效果】滤镜下选择【干笔画】滤镜，设置"画笔大小"为 10，"画笔细部"为 10，"纹理"为 2，然后确认，照片效果如图 15-37 所示。

步骤 02 按 Ctrl+J 组合键将图层 1 复制为图层 1 拷贝层，在【图层】面板设置图层 1 拷贝层的混合模式为"颜色加深"模式，照片效果如图 15-38 所示。

步骤 03 按 Ctrl+Shift+Alt+E 组合键盖印图层生成图层 2，再按 Ctrl+J 组合键将图层 2 复制为图层 2 拷贝层，在【图层】面板中设置图层 2 拷贝层的混合模式为"颜色加深"模式，设置"不透明度"为 50%，照片效果如图 15-39 所示。

步骤 04 按 Ctrl+Shift+Alt+E 组合键盖印图层生成图层 3，执行【滤镜】/【滤镜库】命令，打开【滤镜库】对话框，在【纹理】滤镜下选择【纹理化】滤镜，在"纹理"列表中选择"画布"选项，设置"缩放"为

100，"凸现"为 10，然后确认，照片效果如图 15-40 所示。

图 15-39 "颜色加深"模式

图 15-40 【纹理化】滤镜效果

步骤 05 这样就完成了由照片到油画的转换，将该图像效果存储为"照片快速转化为油画 .jpg"文件。

15.2.3 怀旧照片

怀旧照片能带给我们无限的回忆，这一小节利用滤镜功能，将照片处理成一幅

扫一扫，看视频

怀旧照片。打开"素材"/"女孩 .jpg"素材文件，如图 15-41 所示。处理结果如图 15-42 所示。

图 15-41 原照片

图 15-42 怀旧照片

实例——制作怀旧照片

步骤 01 使用 "快速选择工具"将除人物图像外的背景墙面选中，执行【滤镜】/【模糊】/【径向模糊】命令，选择"缩放"模糊方式，设置"数量"为 100 并确认，图像效果如图 15-43 所示。

步骤 02 按 Ctrl+D 组合键取消选区，执行【滤镜】/【滤镜库】命令，打开【滤镜库】对话框，在【扭曲】滤镜下选择【扩散亮光】滤镜，设置"颗粒"为 10，"发光量"为 5，"清除数量"为 16，单击"确定"按钮，照片效果如图 15-44 所示。

图 15-43 【径向模糊】滤镜效果

图 15-44 【扩散亮光】滤镜效果

步骤 03 激活 ❤ "多边形套索工具"，设置其 "羽化" 为 100 像素，同时按下选项栏中的 ▣ "添加到选区" 按钮，在照片中创建多个选区，如图 15-45 所示。

图 15-45 创建选区

步骤 04 执行【滤镜】/【滤镜库】命令，打开【滤镜库】对话框，在【纹理】滤镜下选择【颗粒】滤镜，在 "颗粒类型" 列表中选择 "垂直" 选项，然后设置 "强度" 为 70，设置 "对比度" 为 40，单击 "确定" 按钮，照片效果如图 15-46 所示。

图 15-46 【颗粒】滤镜效果

步骤 05 按 Ctrl+D 组合键取消选区，继续执行【滤镜】/【滤镜库】命令，打开【滤镜库】对话框，在【纹理】滤镜下选择【纹理化】滤镜，在 "纹理" 列表中选择 "纹理" 选项，单击右侧的 ▤ 按钮，选择 "载入纹理" 命令，选择 "素材" / "纹理 .psd" 图像，并设置 "缩放" 为 170，设置 "凸现" 为 7，单击 "确定" 按钮，照片效果如图 15-47 所示。

图 15-47 【纹理化】滤镜效果

步骤 06 执行【图像】/【调整】/【色相 / 饱和度】命令，勾选 "着色" 选项，然后设置 "色相" 为 20，"饱和度" 为 15，"明度" 为 −8，单击 "确定" 按钮，调整照片颜色，效果如图 15-48 所示。

图 15-48　调整颜色

步骤 07 至此，怀旧照片效果制作完毕，将该照片存储为"怀旧照片.jpg"文件。

15.2.4　彩笔素描画

素描是绘画的基本功，打开"素材"/"照片 17.jpg"图像文件，这是一幅人物照片，如图 15-49 所示。下面利用滤镜功能制作一幅彩笔素描画，效果如图 15-50 所示。

扫一扫，看视频

图 15-49　原照片

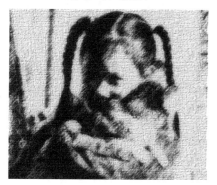

图 15-50　彩笔素描画

实例——制作彩笔素描画

步骤 01 按 D 键设置系统默认颜色，执行【滤镜】/【滤镜库】命令，打开【滤镜库】对话框，在【素描】滤镜下选择【绘图笔】滤镜，设置"描边长度"为 15，"明/暗平衡"为 40，其他设置默认，单击"确定"按钮，照片效果如图 15-51 所示。

图 15-51　【绘图笔】滤镜效果

步骤 02 执行【滤镜】/【模糊】/【表面模糊】命令，设置"半径"为 10 像素，"阈值"为 150 色阶，单击"确定"按钮，照片效果如图 15-52 所示。

图 15-52　【表面模糊】滤镜效果

步骤 03 执行【滤镜】/【滤镜库】命令，打开【滤镜库】对话框，在【纹理】滤镜下选择【纹理化】滤镜，在"纹理"列表中选择"画布"选项，并设置"缩放"为 140，"凸现"为 10，其他设置默认，单击"确定"按钮，照片效果如图 15-53 所示。

步骤 04 执行【图像】/【调整】/【色相/饱和度】命令，勾选"着色"选项，然后设置"色相"为 0，"饱和度"为 45，"明度"为 0，单击"确定"按钮，调整照片颜色，效果如图 15-54 所示。

图 15-53 【纹理化】滤镜效果

图 15-54 调整颜色

步骤 05 至此，彩笔素描画制作完毕，将该照片存储为"彩笔素描画 .jpg"文件。

15.2.5 敷面膜的女人

滤镜功能强大，制作一个特效并不需要太多的滤镜命令，往往只需要 1~2 个滤镜命令即可实现，打开"素材"/"照片 04.jpg"素材文件，这是一幅人物照片，如图 15-55 所示。下面利用滤镜功能制作一幅敷面膜的女人的照片，效果如图 15-56 所示。

扫一扫，看视频

图 15-55 原图像

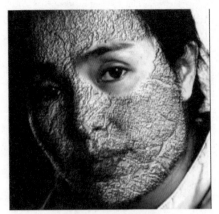

图 15-56 图像特效

实例——制作敷面膜的女人

步骤 01 按 Ctrl+J 组合键将背景层复制为背景拷贝层，激活 "多边形选框工具"，设置"羽化"为 5 像素，将照片中女人的脸选中，如图 15-57 所示。

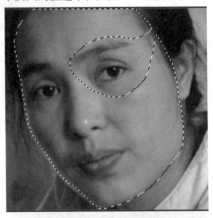

图 15-57 选取右边脸

步骤 02 打开"素材"/"纹理 .psd"图像文件，按 Ctrl+A 组合键将图像全部选中，按 Ctrl+C 组合键将其复制，然后关闭该图像文件。

步骤 03 打开【通道】面板，新建 Alpha 1 通道，按 Alt+Ctrl+Shift+V 组合键将复制的纹理图像粘贴到 Alpha 1 通道，如图 15-58 所示。

步骤 04 单击"RGB"通道返回颜色通道，在【图层】面板中将背景拷贝层关闭，激活背景层，执行【滤镜】/【渲染】/【光照效果】命令，在【光照效果】对话框的"纹理"列表中选择"Alpha 1"通道，并设置其他参数，如图 15-59 所示。

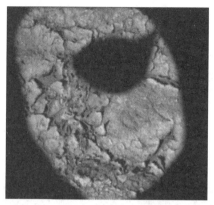

图 15-58　粘贴图像到通道

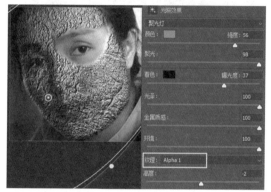

图 15-59　设置光照参数

步骤 05 单击"确定"按钮，然后显示隐藏的背景拷贝层，并设置其混合模式为"线性光"模式，照片效果如图 15-60 所示。

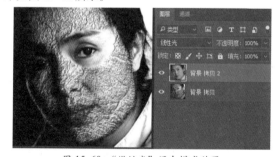

图 15-60　"线性光"混合模式效果

步骤 06 至此，敷面膜的女人图像效果制作完毕，将该图像存储为"敷面膜的女人 .psd"文件。

15.2.6　十字绣画像

十字绣是我国传统手工艺术，深受人们的喜爱。打开"素材"/"照片 04.jpg"

扫一扫，看视频

素材文件，如图 15-61 所示。下面利用滤镜功能制作一幅十字绣人物像，效果如图 15-62 所示。

图 15-61　原图像

图 15-62　十字绣人物像

实例——制作十字绣人物像

步骤 01 执行【滤镜】/【滤镜库】命令，在打开的对话框中选择【纹理】滤镜下的【拼缀图】滤镜，并设置"方形大小"为 4，"凸现"为 0，单击"确定"按钮，照片效果如图 15-63 所示。

步骤 02 执行【存储为】命令将该图像存储为"素材"/"纹理 02.psd"图像文件。

步骤 03 执行【滤镜】/【滤镜库】命令，在打开的对话框中选择【纹理】滤镜下的【纹理化】滤镜，在"纹理"列表右侧单击 按钮，选择【载入纹理】命令，载入保存的"纹理 02.psd"图像文件，然后设置"缩放"为 100%，"凸现"为 40，单击"确定"按钮，图像效果如图 15-64 所示。

图 15-63 【拼缀图】滤镜效果

图 15-64 【纹理化】滤镜效果

步骤 04 执行【图像】/【调整】/【色相/饱和度】命令，设置"色相"为 0，"饱和度"为 100，"明度"为 0，然后确认，效果如图 15-65 所示。

图 15-65 调整色相/饱和度

步骤 05 至此，十字绣人物像制作完毕，将该图像存储为"十字绣人物像.psd"文件。

15.3 滤镜文字特效制作

特效文字在图像设计中的应用也很重要，这一节使用滤镜结合其他图像处理命令，制作几种常见的特效文字。

扫一扫，看视频

15.3.1 彩色不锈钢字

不锈钢具有高反射金属质感，这一节制作彩色不锈钢字，效果如图 15-66 所示。

图 15-66 彩色不锈钢字

实例——制作彩色不锈钢字

步骤 01 建立名为"不锈钢金属字"的图像文件，并输入"不锈钢"黑色文字，如图 15-67 所示。

不锈钢

图 15-67 输入文字

步骤 02 栅格化文字，按住 Ctrl 键在【图层】面板中单击文字层建立其选区。

步骤 03 打开【通道】面板，建立 Alpha 1 通道，然后向 Alpha 1 通道填充白色（R:255、G:255、B:255），最后将选区保存在 Alpha 2 通道。

步骤 04 按 Ctrl+D 组合键取消选区，执行【滤镜】/【模糊】/【高斯模糊】命令，设置"半径"为 5，然后确认，对 Alpha 1 通道中的文字进行模糊处理。

步骤 05 执行【滤镜】/【风格化】/【浮雕】命令，设置"角度"为 135%，"高度"为 10，"数量"为 60%，单击"确定"按钮，结果如图 15-68 所示。

图 15-68 浮雕效果

步骤 06 单击 "RGB" 通道回到颜色通道，执行【图像】/【应用图像】命令，各参数设置如图 15-69 所示。

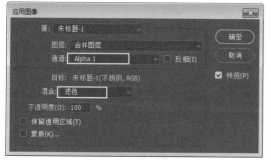

图 15-69 【应用图像】设置

步骤 07 单击 "确定" 按钮，然后按住 Ctrl 键并在【通道】面板中单击 Alpha 2 通道，载入保存的文字选区。

步骤 08 执行【选择】/【修改】/【扩展】命令，设置 "扩展值" 为 3，单击 "确定" 按钮，向外扩展选区。

步骤 09 执行【图像】/【调整】/【曲线】命令，在【曲线】对话框的曲线上单击添加控制点，然后设置曲线形态，如图 15-70 所示。

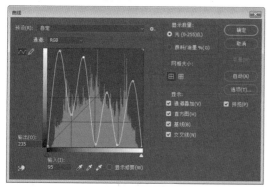

图 15-70 曲线设置

步骤 10 单击 "确定" 按钮，调整文字的金属质感效果，结果如图 15-71 所示。

图 15-71 文字金属质感效果

步骤 11 执行【图像】/【调整】/【亮度/对比度】命令，设置 "亮度" 为 77，"对比度" 为 49，单击 "确

定" 按钮，文字效果如图 15-72 所示。

图 15-72 调整亮度/对比度

步骤 12 新建图层 1，激活 "渐变工具"，选择系统预设的 "色谱" 渐变色，以 "线性" 渐变方式在文字选区中拉渐变，最后设置图层 1 的混合模式为 "颜色"，文字效果如图 15-73 所示。

图 15-73 填充渐变色并设置混合模式

步骤 13 将图层 1 与文字层合并，按 Ctrl+Shift+I 组合键反转选区，激活 "移动工具"，按住 Ctrl+Alt 组合键的同时，按向上和向左的方向键多次，对文字进行移动复制，效果如图 15-74 所示。

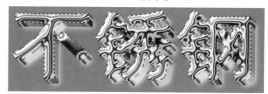

图 15-74 移动复制文字

步骤 14 按 Ctrl+Shift+I 组合键反转选区，执行【图像】/【调整】/【亮度/对比度】命令，设置 "亮度" 为 0，"对比度" 为 100，单击 "确定" 按钮，文字效果如图 15-75 所示。

图 15-75 调整后的文字效果

步骤 15 至此，彩色不锈钢文字制作完毕，将该图像存储为 "彩色不锈钢字.psd" 文件。

15.3.2 牛仔缝补字

扫一扫，看视频

牛仔布料制作的服装深受年轻人的喜爱，这一节制作牛仔布料制作的特效文字，效果如图 15-76 所示。

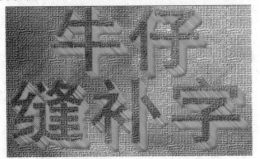

图 15-76 牛仔缝补字

实例——制作牛仔缝补字

步骤 01 打开"素材"/"背景 .jpg"素材文件，执行【滤镜】/【滤镜库】命令，在打开的对话框中选择【纹理】滤镜下的【纹理化】滤镜，在"纹理"列表中选择"粗麻布"选项，并设置"缩放"为 100，"凸现"为 20，单击"确定"按钮，图像效果如图 15-77 所示。

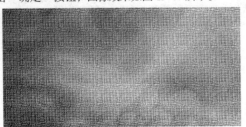

图 15-77 【纹理化】滤镜效果

步骤 02 输入"牛仔缝补字"的文字蒙版，并执行【图像】/【调整】/【色相/饱和度】命令，设置"色相"为 28，"饱和度"为 100，"明度"为 7，单击"确定"按钮，图像效果如图 15-78 所示。

图 15-78 输入文字并调色

步骤 03 执行【图层】/【新建】/【通过拷贝的图层】命令，创建到图层 1 的文字层，然后按住 Ctrl 键并单击图层 1 载入文字选区。

步骤 04 打开【路径】面板，在面板菜单中选择【建立工作路径】命令，在打开的【建立工作路径】对话框中设置"容差"为 0.5，单击"确定"按钮，建立工作路径。

步骤 05 激活 ✐ "铅笔工具"，打开【画笔设置】对话框，选择一种画笔，并设置参数，如图 15-79 所示。

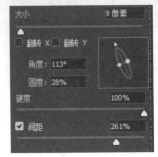

图 15-79 设置画笔参数

步骤 06 设置前景色为土黄色（R:255、G:174、B:0），再次打开【路径】面板菜单，选择【描边路径】命令，在打开的【描边路径】对话框中选择"铅笔"选项，单击"确定"按钮，描边路径效果如图 15-80 所示。

图 15-80 面板路径

步骤 07 为图层 1 添加"斜面和浮雕"图层样式，设置参数，文字效果如图 15-81 所示。

图 15-81 制作浮雕效果

步骤 08 按住 Ctrl 键并单击图层 1 载入文字选区，激活 ✛ "移动工具"，按住 Ctrl+Alt 组合键的同时，按向上和向左的方向键多次，对文字进行移动复制，效果如图 15-82 所示。

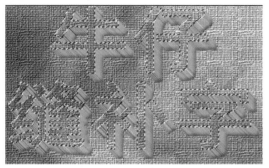

图 15-82 移动复制文字

步骤 09 执行【图像】/【调整】/【亮度/对比度】命令，设置"亮度"为 -150，"对比度"为 100，单击"确定"按钮，文字效果如图 15-83 所示。

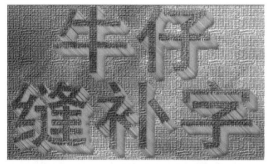

图 15-83 调整亮度/对比度

步骤 10 至此，文字效果制作完毕，将该图像存储为"牛仔缝补字 .psd"文件。

15.3.3 彩石堆砌字

扫一扫，看视频

彩石是室内装饰中常用的一种装饰材料，这一节制作由彩石堆砌而成的特效文字，效果如图 15-84 所示。

图 15-84 彩石堆砌字

实例——制作彩石堆砌字

步骤 01 打开"素材"/"背景 .jpg"素材文件，输入"彩石堆砌字"的文字蒙版，然后执行【图层】/【新建】/【通过拷贝的图层】命令，将文字拷贝到图层 1。

步骤 02 按 D 键设置系统默认颜色，执行【滤镜】/【滤镜库】命令，在打开的对话框中选择【纹理】滤镜下的【染色玻璃】滤镜，设置"单元大小"为 10，"边框粗细"为 4，其他设置默认，单击"确定"按钮，制作文字效果，如图 15-85 所示。

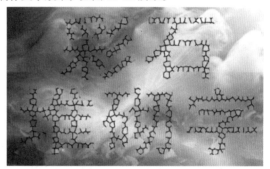

图 15-85 制作彩色玻璃效果

步骤 03 激活 "魔棒工具"，设置"容差"为 100，取消"连续"选项的勾选，在文字的黑色线条上单击将所有线条选中，然后右击并选择【通过拷贝的图层】命令，将黑色线条拷贝到图层 2。

步骤 04 执行【滤镜】/【杂色】/【添加杂色】命令，设置"数量"为 400%，向图层 2 的黑色线条上添加杂色。

步骤 05 激活图层 1，添加"斜面和浮雕"图层样式，并设置各参数，制作文字的浮雕效果，如图 15-86 所示。

图 15-86 浮雕效果

步骤 06 将图层 1 与图层 2 合并，按住 Ctrl 键并单击图层 1 载入文字选区，激活 "移动工具"，按住 Ctrl+Alt 组合键的同时，按向上和向左的方向键多次，对文字进行移动复制，效果如图 15-87 所示。

图 15-87　移动复制文字

步骤 07 执行【图像】/【调整】/【色相/饱和度】命令，设置参数调整文字的颜色，如图 15-88 所示。

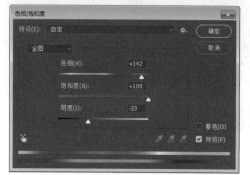

图 15-88　设置【色相/饱和度】参数

步骤 08 单击"确定"按钮，文字效果如图 15-89 所示。

图 15-89　调整文字的颜色

步骤 09 至此，彩石堆砌字制作完毕，将该文字效果存储为"彩石堆砌字 .psd"文件。

15.3.4　冰花质感字

　　天气寒冷会形成冰花，冰花晶莹剔透，发出蓝盈盈的冷光，这一节制作冰花质感的特效文字，效果如图 15-90 所示。

扫一扫，看视频

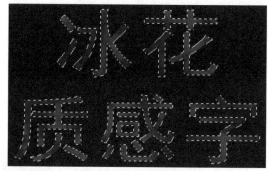

图 15-90　冰花质感字

实例——制作冰花质感字

步骤 01 新建名为"冰花质感字"的图像文件，设置前景色为浅蓝色（R:79、G:79、B:250），背景色为深蓝色（R:2、G:2、B:67），按 Ctrl+Delete 组合键向背景层填充背景色。

步骤 02 新建图层 1，并输入"冰花质感字"的文字蒙版，然后执行【滤镜】/【渲染】/【云彩】命令，制作云彩效果，结果如图 15-91 所示。

图 15-91　【云彩】滤镜效果

步骤 03 执行【滤镜】/【滤镜库】命令，选择【艺术效果】滤镜下的【海绵】滤镜，设置"画笔大小"为1，"清晰度"为 25，"平滑度"为 10，此时文字效果如图 15-92 所示。

图 15-92　【海绵】滤镜效果

步骤 04 单击【滤镜库】右下角的 ☜ "新建滤镜" 按钮新建一个滤镜，然后选择【艺术效果】滤镜下的【塑料包装】滤镜，并设置各参数制作文字效果，如图 15-93 所示。

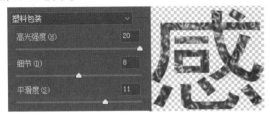

图 15-93　【塑料包装】滤镜效果

步骤 05 新建一个滤镜，并选择【扭曲】滤镜下的【海洋波纹】滤镜，设置各参数制作文字效果，结果如图 15-94 所示。

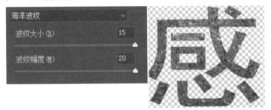

图 15-94　【海洋波纹】滤镜效果

步骤 06 执行【选择】/【修改】/【羽化】命令，在打开的【羽化选区】对话框中设置 "羽化半径" 为 10 像素，单击 "确定" 按钮对选区进行羽化。

步骤 07 新建图层 1，执行【编辑】/【描边】命令，设置描边 "宽度" 为 10px，"颜色" 为白色（R:255、G:255、B:255），"位置" 为 "居中"，单击 "确定" 按钮对选区描边，结果如图 15-95 所示。

图 15-95　描边效果

步骤 08 按住 Ctrl 键并单击文字层，重新载入文字选区，按 Ctrl+Shift+I 组合键将载入的选区反转，然后按 Delete 键删除图像，再按 Ctrl+D 组合键取消选区，文字效果如图 15-96 所示。

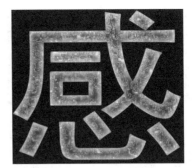

图 15-96　反选并删除

步骤 09 按住 Ctrl 键并单击文字层载入文字选区，激活 ✛ "移动工具"，按住 Ctrl+Alt 组合键的同时，按向上和向左的方向键多次，对文字进行移动复制，效果如图 15-97 所示。

图 15-97　移动复制文字

步骤 10 按 Ctrl+Shift+I 组合键将选区反转，依照步骤 03 ~ 步骤 05 的操作，使用滤镜对文字进行处理，效果如图 15-98 所示。

图 15-98　滤镜处理效果

步骤 11 执行【图像】/【调整】/【亮度/对比度】命令，设置 "亮度" 为 30，"对比度" 为 100，单击 "确定" 按钮调整文字亮度/对比度，如图 15-99 所示。

图 15-99　调整亮度/对比度

步骤 12 按 Ctrl+Shift+I 组合键将选区反转，继续执行【图像】/【调整】/【亮度/对比度】命令，设置"亮度"为 –30，"对比度"为 100，单击"确定"按钮调整文字亮度/对比度，如图 15-100 所示。

图 15-100　调整文字的亮度/对比度

步骤 13 打开"素材"/"背景 .jpg"素材文件，按 Ctrl+A 组合键将图像全部选中，按 Ctrl+C 组合键将其复制，然后关闭该图像。

步骤 14 按住 Ctrl 键并单击文字层重新载入文字选区，按 Alt+Ctrl+Shift+V 组合键将复制的背景图像粘贴到文字选区内，然后调整其图层混合模式为"颜色"模式，最后向背景层填充白色，文字效果如图 15-101 所示。

图 15-101　特效文字最终效果

步骤 15 至此，冰花质感字制作完毕，将该文字效果存储为"冰花质感字 .psd"文件。

15.3.5　毛笔楷书勾勒字

扫一扫，看视频

我国毛笔书法艺术享誉世界，这一小节制作具有毛笔楷书艺术效果的特效文字，如图 15-102 所示。

图 15-102　毛笔楷书字

实例——制作毛笔楷书勾勒字

步骤 01 新建名为"毛笔楷书勾勒字"的图像文件，在图像上输入"毛笔楷书勾勒"的黑色楷体文字，如图 15-103 所示。

图 15-103　输入文字

步骤 02 按 Ctrl+J 组合键将文字层复制为文字副本层，并将文字层隐藏，激活文字副本层，按住 Ctrl 键单击文字副本层，载入其文字选区。

步骤 03 执行【图层】/【图层蒙版】/【显示选区】命令，此时文字添加了蒙版，如图 15-104 所示。

图 15-104　添加图层蒙版

步骤 04 执行【滤镜】/【滤镜库】命令,选择【素描】滤镜下的【铬黄渐变】滤镜,设置"细节"为 10,"平滑度"为 0,此时文字效果如图 15-105 所示。

图 15-105　【铬黄渐变】滤镜效果

步骤 05 显示被隐藏的文字层,并将该层作为当前操作图层,然后按住 Ctrl 键并单击该文字层,载入文字选区。

步骤 06 执行【图层】/【图层蒙版】/【显示选区】命令,为该文字层添加图层蒙版,然后执行【滤镜库】命令,选择【素描】滤镜下的【撕边】滤镜,设置相关选项参数,对文字进行处理,如图 15-106 所示。

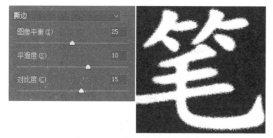

图 15-106　【撕边】滤镜效果

步骤 07 按住 Ctrl 键并单击文字层载入其选区,打开【路径】面板,单击【路径】面板下方的 ◉ "建立工作路径"按钮,将选区转换为路径。

步骤 08 激活 ✐ "画笔工具",在【画笔设置】对话框中选择画笔并设置参数,如图 15-107 所示。

图 15-107　画笔设置

步骤 09 设置前景色为黑色(R:0、G:0、B:0),新建图层 1,单击【路径】面板下方的 ◯ "使用前景色描边路径"按钮描绘路径,结果如图 15-108 所示。

图 15-108　描边路径效果

步骤 10 将文字层关闭或删除,然后将图层 1 与文字副本层合并,完成该文字效果的制作,结果如图 15-109 所示。

图 15-109　毛笔楷书文字效果

步骤 11 执行【存储为】命令,将该文字效果存储为"毛笔楷书勾勒字 .psd"文件。

15.3.6　火焰爆炸字

这一小节制作火焰爆炸的特效文字,如图 15-110 所示。

实例——制作火焰爆炸字

扫一扫,看视频

步骤 01 新建名为"火焰爆炸字"的图像文件,在图像上输入"火焰爆炸字"的黑色文字,然后将文字栅格化。

步骤 02 执行【滤镜】/【其他】/【最小值】命令,在弹出的【最小值】对话框中设置"半径"为 6 像素,单击"确定"按钮。

步骤 03 执行【滤镜】/【扭曲】/【波纹】命令,设置"数量"为 999,单击"确定"按钮,文字效果如图 15-111 所示。

图 15-110　火焰爆炸字

图 15-111　【波纹】滤镜

步骤 04 执行【滤镜】/【模糊】/【径向模糊】命令，勾选"缩放"选项，然后设置"数量"为 60，单击"确定"按钮，文字效果如图 15-112 所示。

图 15-112　【径向模糊】滤镜

步骤 05 执行【图像】/【模式】/【灰度】命令，单击 **拼合(F)** 按钮，继续在弹出的信息对话框中单击 **扔掉** 按钮，将图层合并并丢掉颜色信息，将图像转换为灰度模式图像。

步骤 06 执行【图像】/【模式】/【索引颜色】命令，将图像转为索引颜色模式。

步骤 07 执行【图像】/【模式】/【颜色表】命令，在弹出的【颜色表】对话框的"颜色表"列表中选择"黑体"选项，单击"确定"按钮，此时文字效果如图 15-113 所示。

图 15-113　【颜色表】效果

步骤 08 执行【图像】/【模式】/【RGB 颜色】命令，将文件转换为 RGB 模式。

步骤 09 按 D 键设置前景色为黑色，然后使用 **T** "横排文字工具"在图像中重新输入文字"火焰爆炸字"的文字内容，并将其栅格化。

步骤 10 执行【滤镜】/【风格化】/【拼贴】命令，在弹出的【拼贴】对话框中设置各项参数，如图 15-114 所示。

图 15-114　【拼贴】设置

步骤 11 单击"确定"按钮，此时文字效果如图 15-115 所示。

图 15-115　【拼贴】滤镜效果

步骤 12 执行【存储为】命令，将该文字效果存储为"火焰爆炸字 .psd"文件。